나 혼자 푼다

바빠 수학 문장제

이지스에듀

지은이 | 징검다리 교육연구소, 최순미

징검다리 교육연구소는 적은 시간을 투입해도 오래 기억에 남는 학습의 과학을 생각하는 이지스에듀의 공부 연구소입니다. 아이들이 기계적으로 공부하지 않도록, 두뇌가 활성화되는 과학적 학습 설계가 적용된 책을 만듭니다.

최순미 선생님은 징검다리 교육연구소의 대표 저자입니다. 지난 20여 년 동안 EBS, 동아출판, 디딤돌, 대교 등과 함께 100여 종이 넘는 교재 개발에 참여해 온, 초등 수학 전문 개발자입니다. 이지스에듀에서 《바빠 연산법》, 《나 혼자 푼다 바빠 수학 문장제》 시리즈를 집필, 개발했습니다.

나혼자 푼다 바빠 수학 문장제 5-1

(이 책은 2020년 6월에 출간한 '나 혼자 푼다! 수학 문장제 5-1'을 새 교육과정에 맞춰 개정했습니다.)

초판 인쇄 2026년 4월 1일
초판 발행 2026년 4월 1일
지은이 징검다리 교육연구소, 최순미
발행인 이지연　　　　　　　　　　　　　**펴낸곳** 이지스퍼블리싱(주)
출판사 등록번호 제313-2010-123호　　　　**제조국명** 대한민국
주소 서울시 마포구 잔다리로 109 이지스 빌딩 5층(우편번호 04003)
대표전화 02-325-1722　　　　　　　　　　**팩스** 02-326-1723
이지스퍼블리싱 홈페이지 www.easyspub.com　　**이지스에듀 카페** www.easysedu.co.kr
바빠 아지트 블로그 blog.naver.com/easyspub　**인스타그램** @easys_edu
페이스북 www.facebook.com/easyspub2014　**이메일** service@easyspub.co.kr

기획 및 책임 편집 김현주 | 박지연, 김경진, 이지혜　**교정 교열** 김민경, 김정수　**전산편집** 이츠북스
표지 및 내지 디자인 손한나, 김세리　**일러스트** 김학수, 이츠북스　**인쇄** 보광문화사　**독자지원** 박애림, 이세진, 김수경
영업 및 문의 이주동, 김요한(support@easyspub.co.kr)　**마케팅** 라혜주

ISBN 979-11-6303-837-5 64410
ISBN 979-11-6303-590-9(세트)
가격 15,000원

• **이지스에듀**는 이지스퍼블리싱(주)의 교육 브랜드입니다.
　(이지스에듀는 학생들을 탈락시키지 않고 모두 목적지까지 데려가는 책을 만듭니다!)

이제 문장제도 나 혼자 푼다!

막막하지 않아요! 빈칸을 채우면 저절로 완성!

∷ 개정된 검정 교과서의 대표 유형 문장제를 모두 담았어요!

'나 혼자 푼다 바빠 수학 문장제'는 개정된 검정 교과서 10종을 모두 분석해 대표 유형 문제를 선별해 담았습니다. 수학 교과서 전 단원의 대표 유형을 개념이 녹아 있는 문장제로 훈련해, 이 책만 다 풀어도 한 학기 수학의 기본 개념이 모두 잡힙니다!

∷ 나 혼자서 풀도록 도와주는 착한 수학 문장제 책이에요.

'나 혼자 푼다 바빠 수학 문장제'는 어떻게 하면 수학 문장제를 연산 풀듯 쉽게 풀 수 있을지 고민하며 만든 책입니다. 이 책을 미리 경험한 학부모님들은 '어려운 서술을 쉽게 알려주는 착한 문제집!', '쉽게 설명이 되어 있어 아이가 만족하며 풀어요!'라며 감탄했습니다.

이 책은 조금씩 수준을 높여 도전하게 하는 '작은 발걸음 방식(스몰 스텝)'으로 문제를 구성했습니다. 누구나 쉽게 도전할 수 있는 단답형 문제부터 학교 시험 문장제까지, 서서히 빈칸을 늘려 가며 풀이 과정과 답을 쓰도록 구성했습니다. 아이들은 스스로 문제를 해결하는 과정에서 성취감을 맛보게 되며, 수학에 대한 흥미를 높일 수 있습니다.

∷ 수학은 혼자 푸는 시간이 꼭 필요해요!

수학은 혼자 푸는 시간이 꼭 필요합니다. 운동도 누군가 거들어 주게 되면 근력이 생기지 않듯이, 부모님의 설명을 들으며 푼다면 사고력 근육은 생기지 않습니다. 그렇다고 문제가 너무 어려우면 아이들은 혼자 풀기 힘듭니다.

'나 혼자 푼다 바빠 수학 문장제'는 쉽게 풀 수 있는 기초 문장제부터 요즘 학교 시험 스타일 문장제까지 단계적으로 구성한 책으로, 아이들이 스스로 도전하고 성취감을 맛볼 수 있습니다. 문장제는 충분히 생각하며 한 문제라도 정확히 풀어야겠다는 마음가짐이 필요합니다. 부모님이 대신 풀어 주지 마세요! 답답해 보여도 조금만 기다려 주세요.

혼자서 문제를 해결하면 수학에 자신감이 생기고, 어느 순간 수학적 사고력도 향상되는 효과를 볼 수 있습니다. 이렇게 만들어진 문제 해결력과 수학적 사고력은 고학년 수학은 물론이고, 중학 수학도 잘할 수 있는 디딤돌이 될 거예요!

1 교과서 대표 유형 집중 훈련!

같은 유형으로 반복 연습해서, 익숙해지도록 도와줘요!

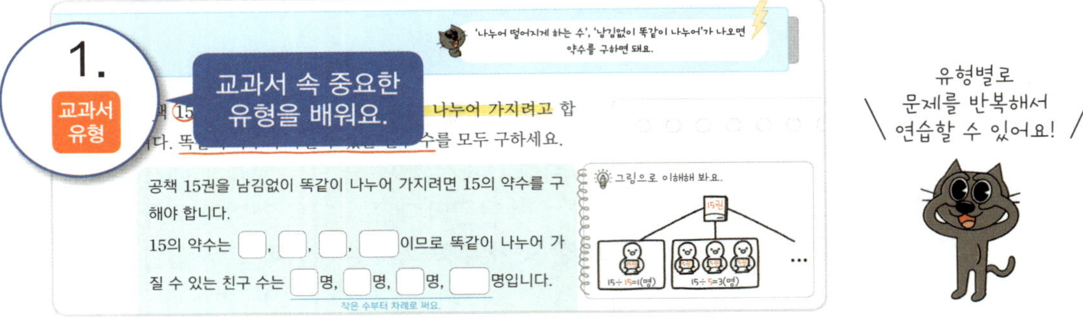

2 혼자 푸는데도 선생님이 옆에 있는 것 같아요!

친절한 도움말이 담겨 있어요.

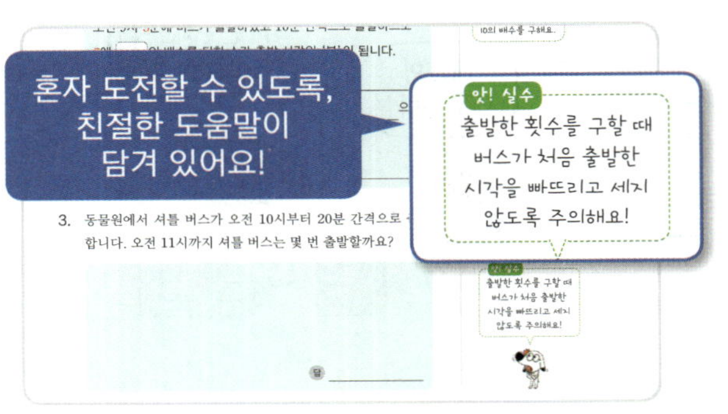

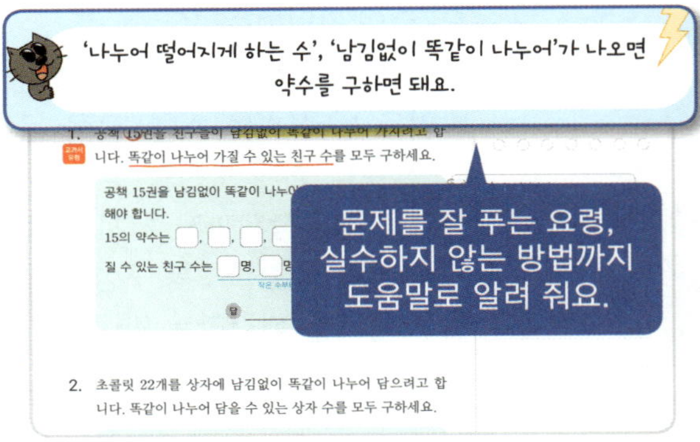

3 문제 해결의 실마리를 찾는 훈련!

숫자에는 동그라미, 구하는 것(주로 마지막 문장)에는 밑줄을 치며 푸는 습관을 들여 보세요.
문제를 정확히 읽고 빨리 이해할 수 있습니다. 소리 내어 문제를 읽는 것도 좋아요!

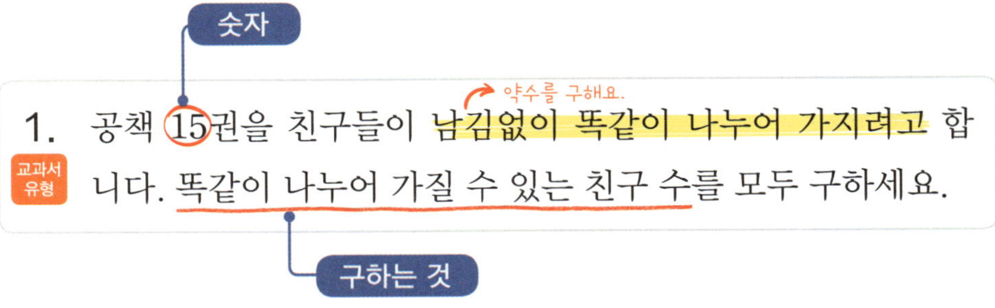

4 나만의 문제 해결 전략 만들기!

스케치북에 낙서하듯, 포스트잇에 필기하듯 나만의 해결 전략을 만들어 쉽게 풀이를 써 봐요.

1. 그림과 같이 직선 산책로의 입구에서부터 14 m 간격으로 나무를 심었습니다. 입구에서 6번째 나무까지의 거리는 몇 m일까요? (단, 나무의 두께는 생각하지 않습니다.)

문제에서 숫자는 ◯, 조건 또는 구하는 것은 ____로 표시해 보세요.

그림으로 알아봐요.

나무 수: ☐그루
간격 수: ☐군데

나무 사이의 거리는 14의 (약수 . 배수)이고, 입구부터 6번째

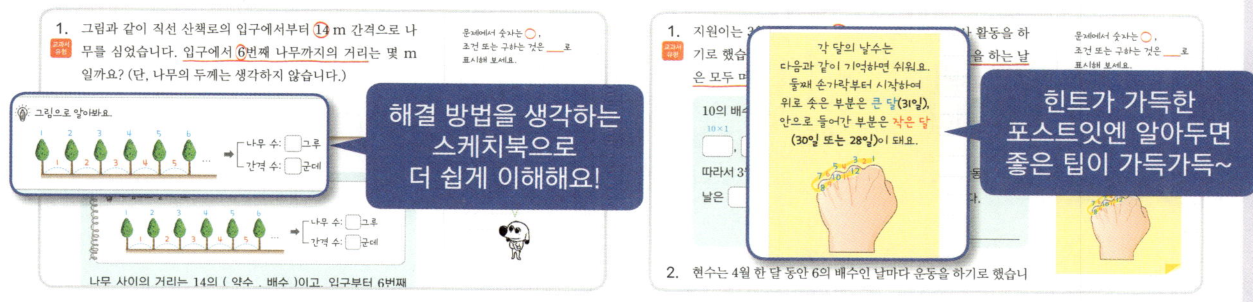

1. 지원이는 3... 활동을 하기로 했습... 을 하는 날은 모두 ...

10의 배수

10×1

따라서 3...

날은

2. 현수는 4월 한 달 동안 6의 배수인 날마다 운동을 하기로 했습니

5 빈칸을 채우면 풀이는 저절로 완성!

빈칸을 따라 쓰고 채우다 보면 긴 풀이 과정도 나 혼자 완성할 수 있어요!

상자를 쌓을 때마다 높이가 진희는 ☐ cm씩 높아지고, 민재는 ☐ cm씩 높아지므로 ☐과 ☐의 ____를 구해야 합니다.

2) 6　4
　　☐☐　➡ 6과 4의 최소공배수
　　　　: 2 × ☐ × ☐ = ☐

따라서 두 사람이 쌓은 상자의 높이가 처음으로 같아질 때의 높이는 ☐ cm입니다.

27과 18의 ____를 구해야 합니다.

☐)　27　18
☐)　☐☐　➡ 12와 18의 최소공배수
　　☐☐　　: ____ = ☐

따라서 두 사람이 쌓은 상자의 높이가 처음으로 같아질 때의 높이는 ☐ cm입니다.

답 ____

6 시험에 자주 나오는 문제로 마무리!

단원평가도 문제없어요! 각 마당마다 시험에 자주 나오는 주관식 문제를 담았어요. 실제 시험을 치르는 것처럼 풀면 학교 시험까지 준비 끝!

마지막 마당 통과 문제

약수와 배수

점수 　/ 100

한 문제당 10점

1. ... 25개를 상자에 남김없이 똑같이 ...

(　　　　)

2. 두 자리 수 중에서 19의 배수는 모두

6. 사탕 32개와 과자 12개를 최대한 많은 친구에게 남김없이 똑같이 나누어 주려고 합니다. 한 사람에게 줄 사탕과 과자는 각각 몇 개일까요?　(20점)

사탕 (　　　　)
과자 (　　　　)

단원평가　2. 약수와 배수

/ 100

한 문제당 10점

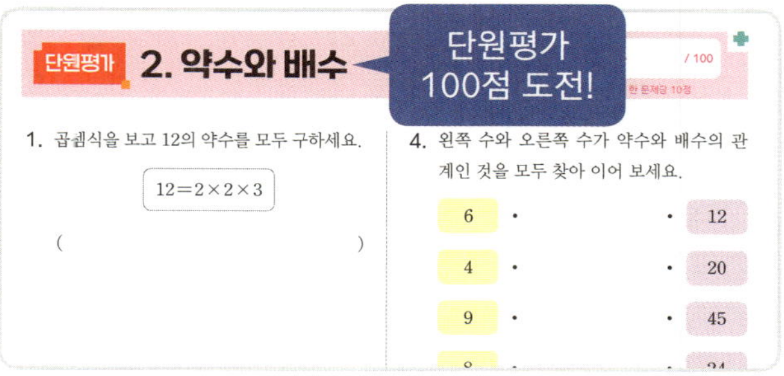

1. 곱셈식을 보고 12의 약수를 모두 구하세요.

$$12 = 2 \times 2 \times 3$$

(　　　　　　　　)

4. 왼쪽 수와 오른쪽 수가 약수와 배수의 관계인 것을 모두 찾아 이어 보세요.

6	12
4	20
9	45
8	24

정답 및 풀이 25쪽에
특별 부록 단원평가도 있어요!

자연수의 혼합 계산

첫째 마당에서는 자연수의 혼합 계산을 활용한 문장제를 배웁니다.
긴 문장은 끊어 읽고 수와 조건을 찾아 하나의 식으로 나타내어 문제를
해결해 보세요.

를 채워 문장을 완성하면, 학교 시험 자신감 충전 완료!

📍 공부한 날짜

01	덧셈과 뺄셈이 섞여 있는 식	월	일	✔
02	곱셈과 나눗셈이 섞여 있는 식	월	일	
03	덧셈, 뺄셈, 곱셈이 섞여 있는 식	월	일	
04	덧셈, 뺄셈, 나눗셈이 섞여 있는 식	월	일	
05	덧셈, 뺄셈, 곱셈, 나눗셈이 섞여 있는 식	월	일	

덧셈과 뺄셈이 섞여 있는 식

1. 내 나이는 몇 살인지 하나의 식으로 나타내어 구하세요.

내 나이는 26과 5의 합에서 19를 뺀 수입니다.

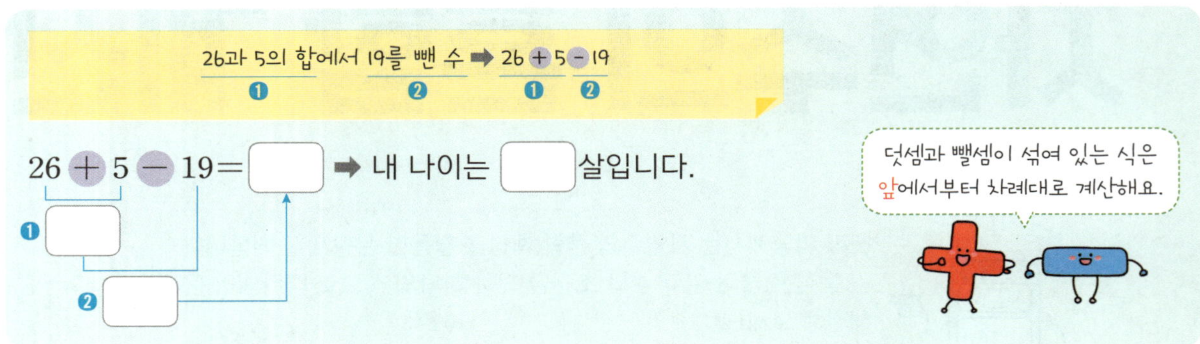

2. 내가 좋아하는 수는 얼마인지 하나의 식으로 나타내어 구하세요.

내가 좋아하는 수는 100에서 45를 뺀 수에 22를 더한 수입니다.

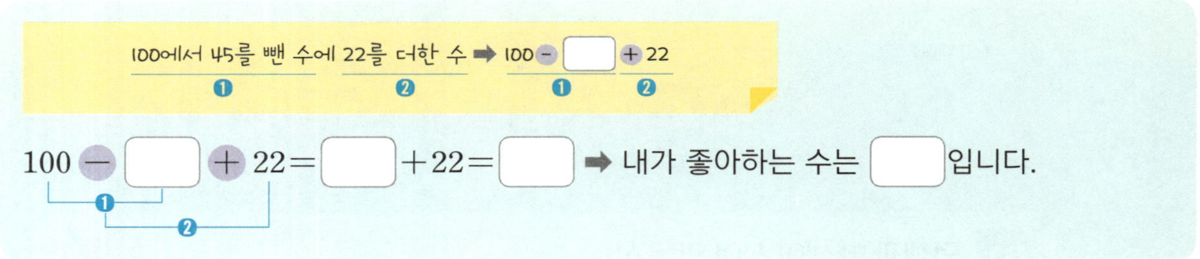

3. 바빠독이 말한 수는 얼마인지 하나의 식으로 나타내어 구하세요.

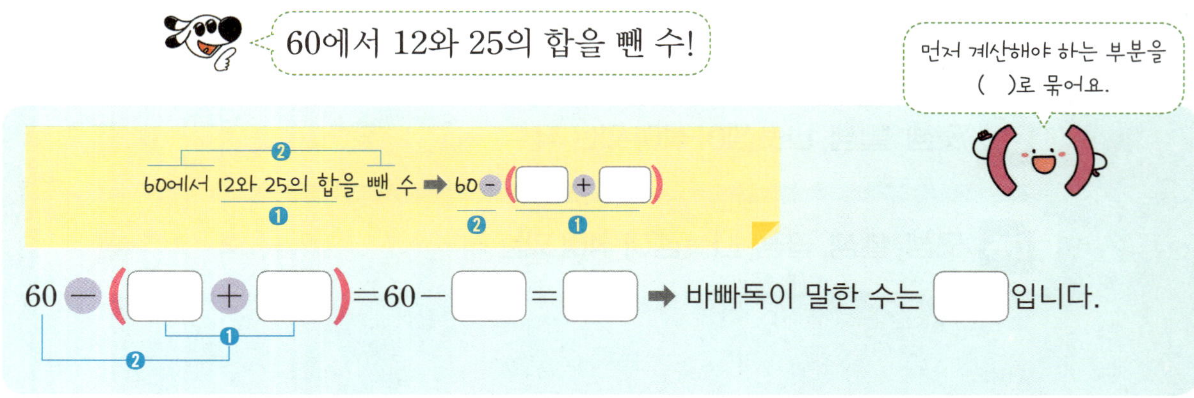

1. 바구니에 딸기 맛 사탕이 20개, 포도 맛 사탕이 14개 들어 있습니다. 그중에서 8개를 먹었다면 남은 사탕은 몇 개인지 하나의 식으로 나타내어 구하세요.

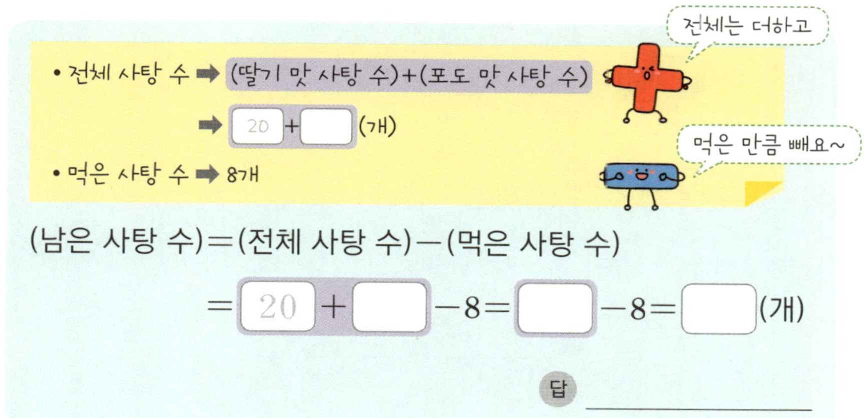

2. 공원에서 학교까지의 거리는 몇 m인지 하나의 식으로 나타내어 구하세요.

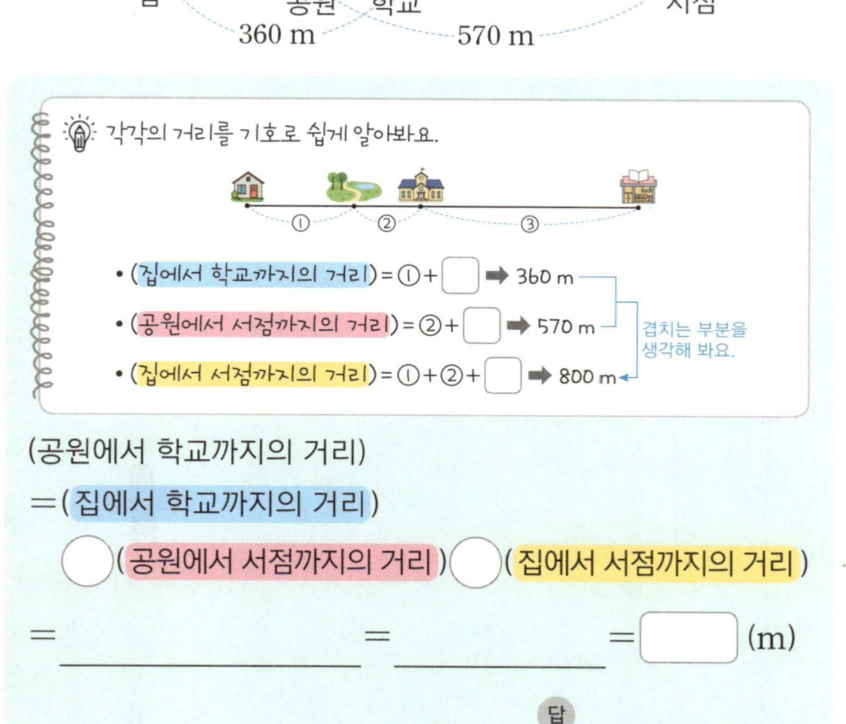

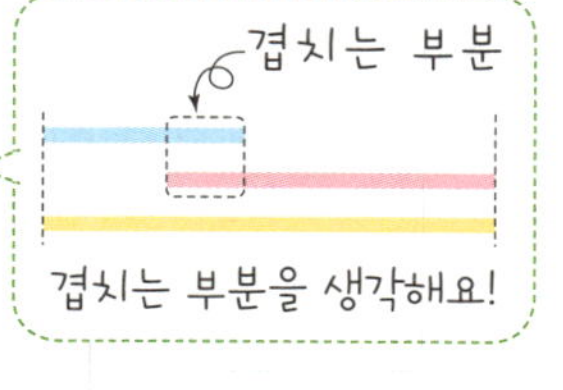

1. 교실에 있던 학생 ⑮명 중 ⑥명이 **나가고** ②명이 **들어왔다면** 지금
교실에 있는 학생은 몇 명인지 하나의 식으로 나타내어 구하세요.

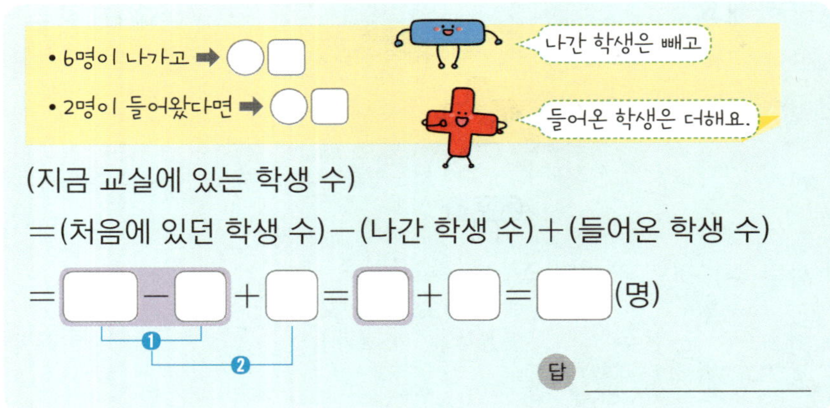

(지금 교실에 있는 학생 수)

= (처음에 있던 학생 수) - (나간 학생 수) + (들어온 학생 수)

= ☐ - ☐ + ☐ = ☐ + ☐ = ☐ (명)

답 ___________

2. 준우는 빵 12개 중 4개를 먹고 7개를 사 왔습니다. 지금 있는
빵은 몇 개인지 하나의 식으로 나타내어 구하세요.

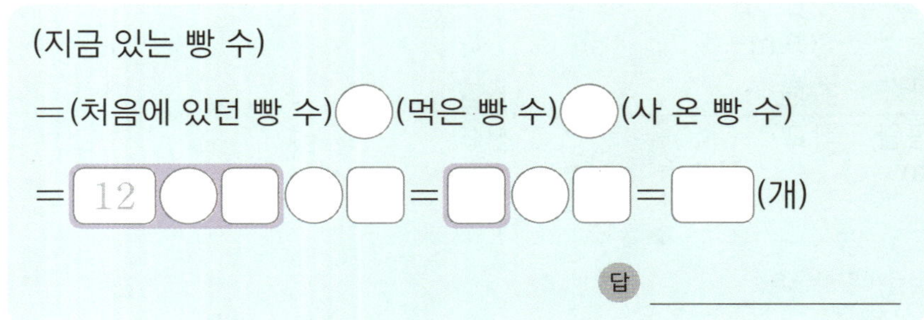

(지금 있는 빵 수)

= (처음에 있던 빵 수) ◯ (먹은 빵 수) ◯ (사 온 빵 수)

= 12 ◯ ☐ ◯ ☐ = ☐ ◯ ☐ = ☐ (개)

답 ___________

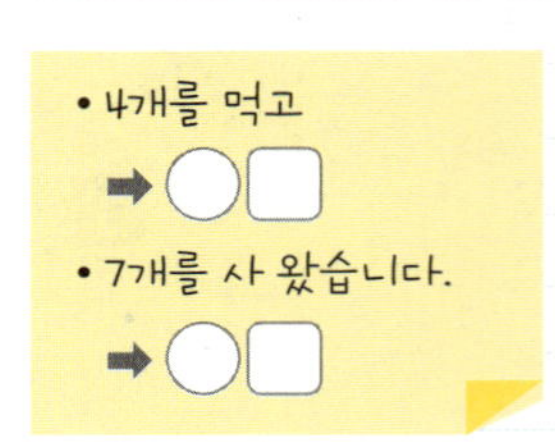

3. 버스에 사람이 22명 타고 있었는데 이번 정류장에서 8명이
내리고 13명이 탔습니다. 지금 버스 안에 있는 사람은 몇 명
인지 하나의 식으로 나타내어 구하세요.

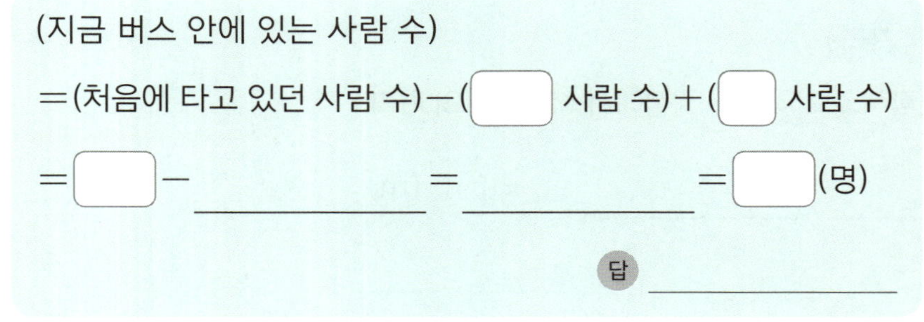

(지금 버스 안에 있는 사람 수)

= (처음에 타고 있던 사람 수) - (☐ 사람 수) + (☐ 사람 수)

= ☐ - _________ = _________ = ☐ (명)

답 ___________

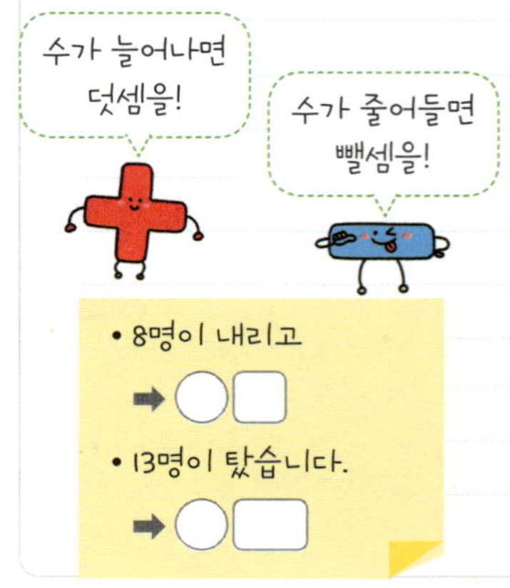

문제에서 숫자는 ◯,
조건 또는 구하는 것은 ___로
표시해 보세요.

1. 햄버거 가게에서 은지는 햄버거를 1개 먹었고, 현서는 핫도그 1개와 주스 1잔을 먹었습니다. 은지는 현서보다 얼마를 더 많이 내야 하는지 하나의 식으로 나타내어 구하세요.

햄버거 1개	핫도그 1개	주스 1잔
4500원	1800원	1000원

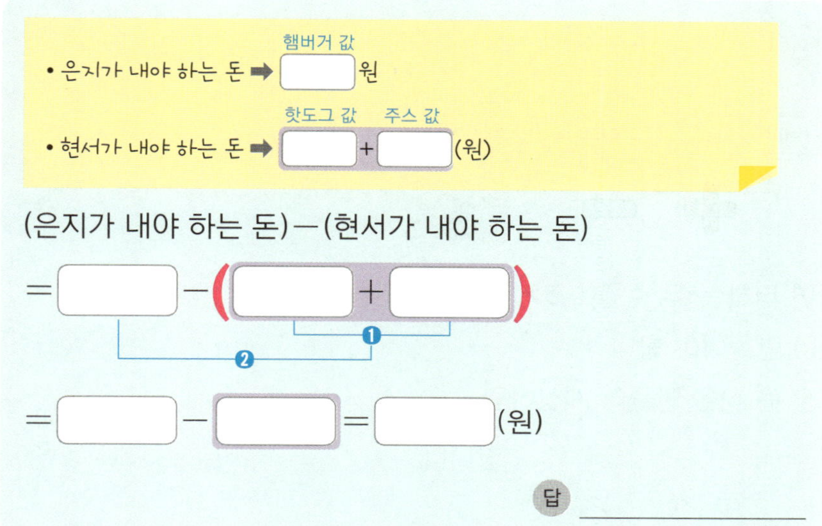

2. 지수는 800원짜리 아이스크림 1개와 1500원짜리 과자 1봉지를 사고 3000원을 냈습니다. 지수가 받은 거스름돈은 얼마인지 하나의 식으로 나타내어 구하세요.

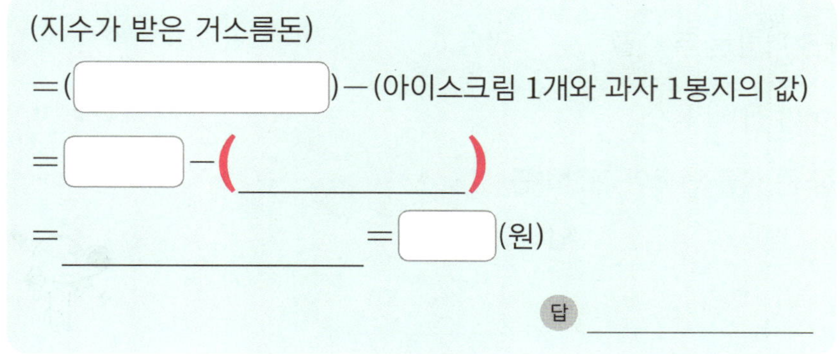

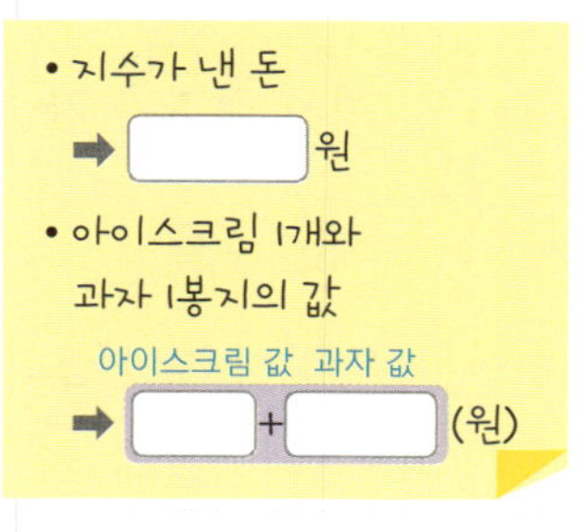

⭐ 수 카드 3장을 한 번씩만 사용하여 계산 결과가 가장 큰 식을 만들었을 때 계산 결과를 구하세요.

$$\boxed{} + \boxed{} - \boxed{}$$

1.

$$\boxed{24} \quad \boxed{9} \quad \boxed{15}$$

💡 식을 만들어 봐요.

$$\boxed{} \; + \; \boxed{} \; - \; \boxed{}$$

계산 결과가 가장 크려면 더하는 두 수를 (크게 , 작게) 만들고,
빼는 수를 (크게 , 작게) 만들어야 합니다.
따라서 계산 결과가 가장 큰 식을 만들어 계산하면

$$24 + \boxed{} - \boxed{} = \boxed{} - \boxed{} = \boxed{} \text{입니다.}$$

답 __________

2.

$$\boxed{11} \quad \boxed{22} \quad \boxed{17}$$

계산 결과가 가장 크려면 더하는 두 수를 $\boxed{}$ 만들고,

빼는 수를 $\boxed{}$ 만들어야 합니다.

따라서 계산 결과가 가장 큰 식을 만들어 계산하면

$$\boxed{} = \boxed{} = \boxed{} \text{입니다.}$$

답 __________

02 곱셈과 나눗셈이 섞여 있는 식

1. 수빈이의 나이는 몇 살인지 하나의 식으로 나타내어 구하세요.

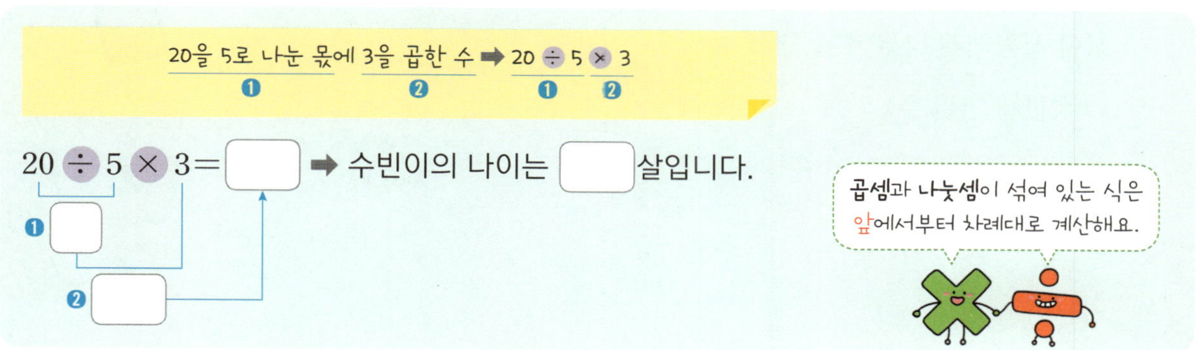

2. 진호네 반 학생은 몇 명인지 하나의 식으로 나타내어 구하세요.

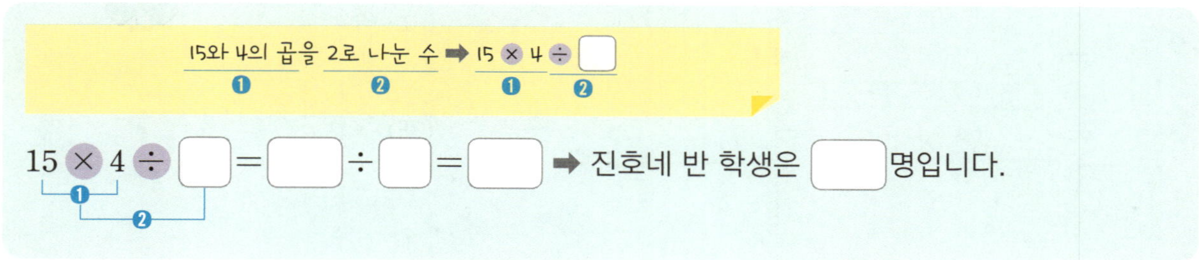

3. 민지네 가족은 몇 명인지 하나의 식으로 나타내어 구하세요.

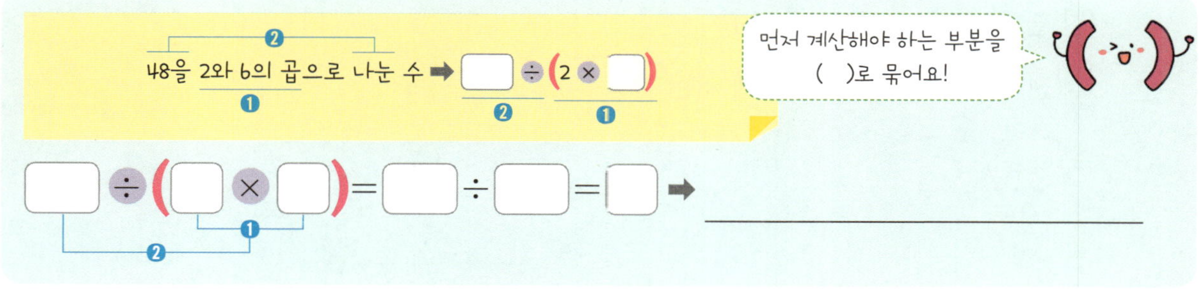

1. 연필 ③타를 친구 ④명에게 똑같이 나누어 주려고 합니다. 한 사람에게 연필을 몇 자루씩 나누어 주면 되는지 하나의 식으로 나타내어 구하세요.

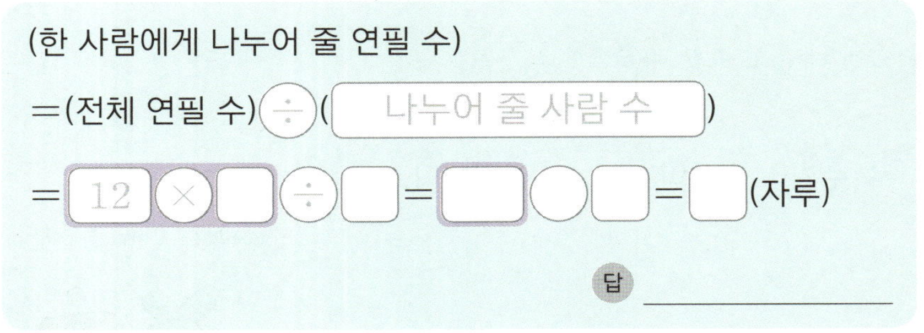

2. 한 판에 30개인 달걀 2판을 5개의 통에 똑같이 나누어 담으려고 합니다. 한 통에 달걀을 몇 개씩 나누어 담아야 하는지 하나의 식으로 나타내어 구하세요.

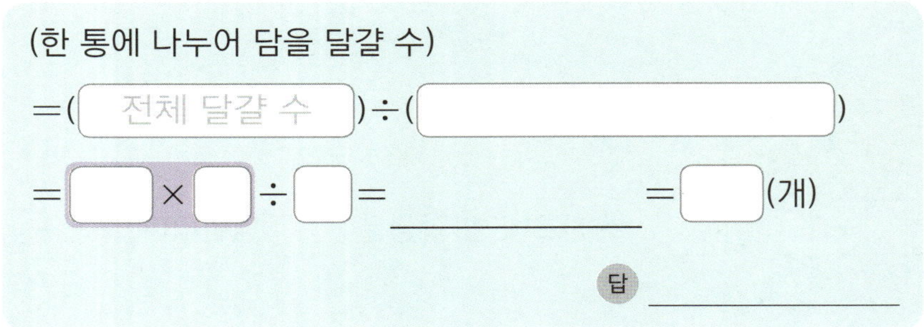

3. 운동장에 학생들이 6명씩 15줄로 서 있습니다. 이 학생들이 한 줄에 9명씩 다시 선다면 몇 줄이 되는지 하나의 식으로 나타내어 구하세요.

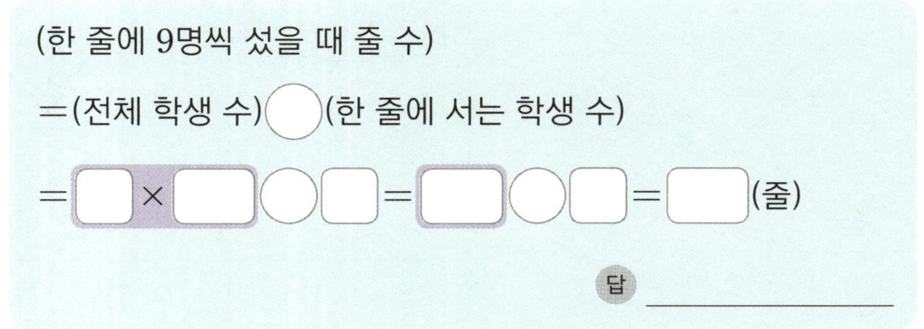

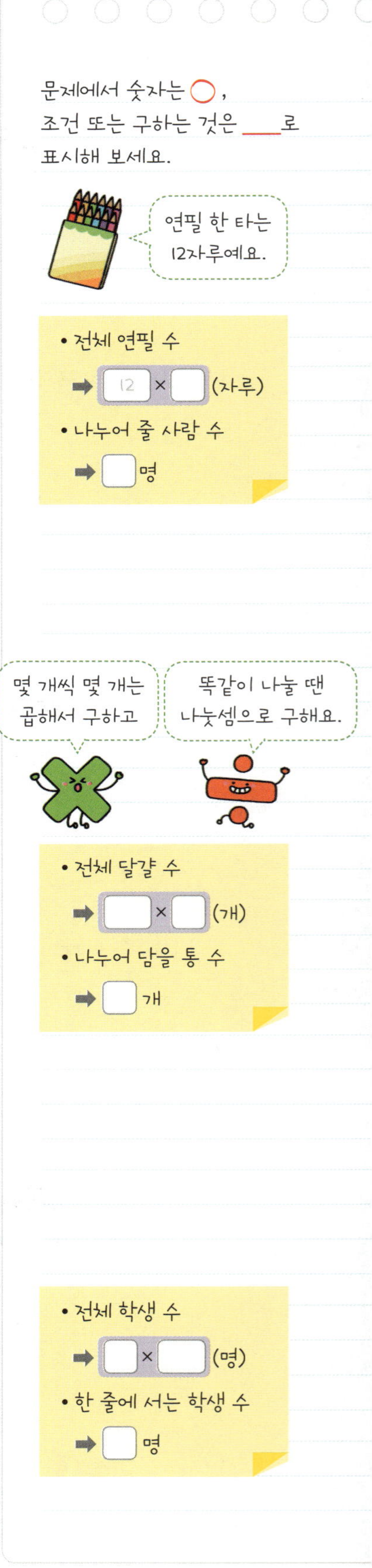

1. 사과 40개를 5상자에 똑같이 나누어 담았습니다. 이 중 2상자에
담은 사과는 몇 개인지 하나의 식으로 나타내어 구하세요.

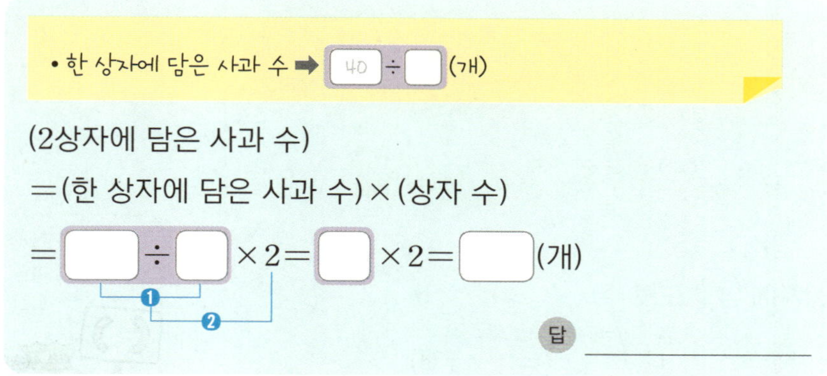

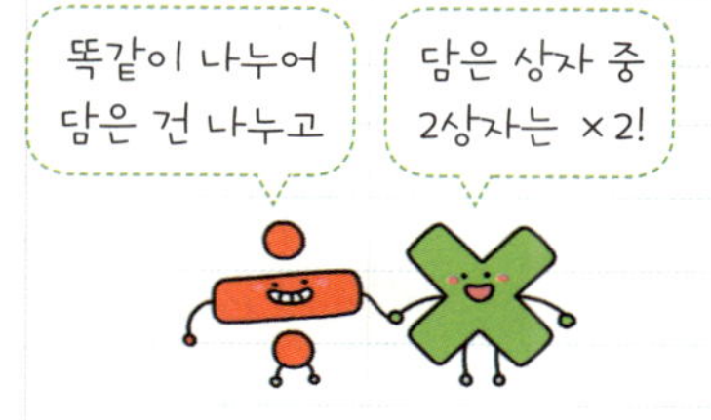

2. 사탕 42개를 7상자에 똑같이 나누어 담았습니다. 이 중 3상자
에 담은 사탕은 몇 개인지 하나의 식으로 나타내어 구하세요.

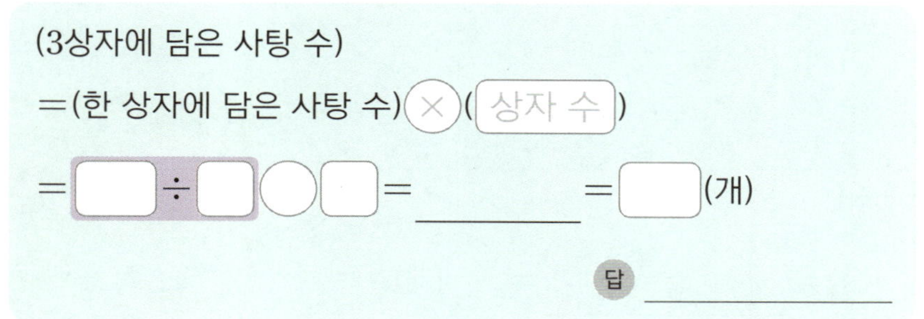

3. 선호네 반 학생 35명을 7명씩 나누어 모둠을 만들었습니다.
한 모둠당 종이학을 20개씩 만들었다면 선호네 반 학생이 만든
종이학은 모두 몇 개인지 하나의 식으로 나타내어 구하세요.

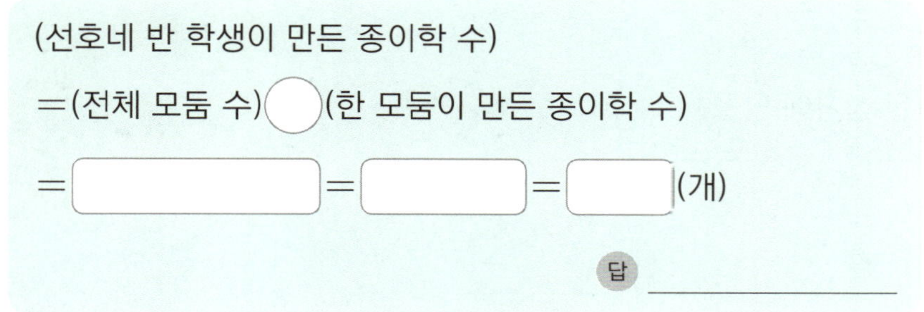

1. 도넛 60개를 한 상자에 4개씩 3줄로 담으려고 합니다. 도넛을 모두 담으려면 <u>필요한 상자는 몇 개</u>인지 하나의 식으로 나타내어 구하세요.

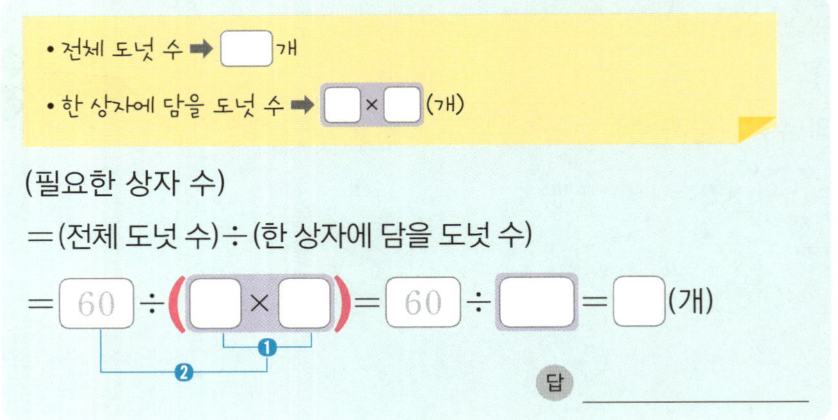

2. 곶감 45개를 한 상자에 3개씩 5줄로 담으려고 합니다. 곶감을 모두 담으려면 필요한 상자는 몇 개인지 하나의 식으로 나타내어 구하세요.

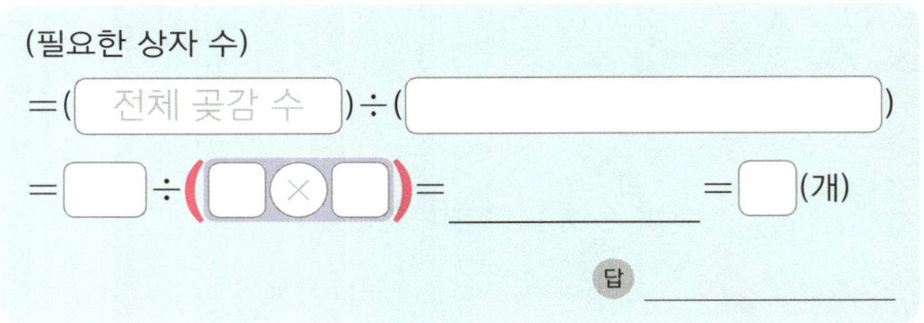

3. 귤 100개를 한 상자에 5개씩 4줄로 담으려고 합니다. 귤을 모두 담으려면 필요한 상자는 몇 개인지 하나의 식으로 나타내어 구하세요.

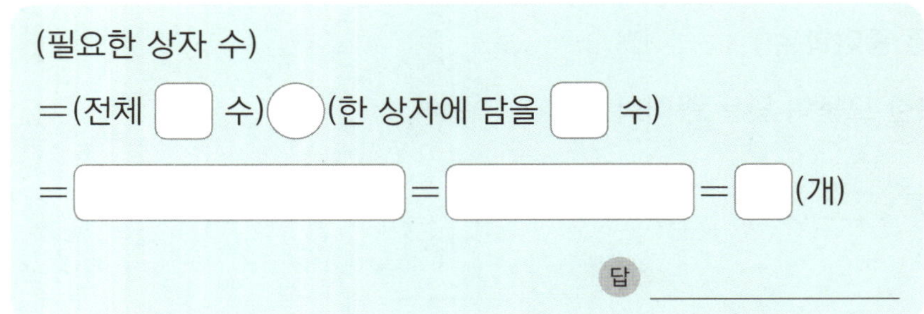

1. 어느 수제 피자 가게에서 한 사람이 피자를 한 시간에 8판씩
   만듭니다. 3명이 피자 120판을 만들려면 몇 시간이 걸리는지
   하나의 식으로 나타내어 구하세요.

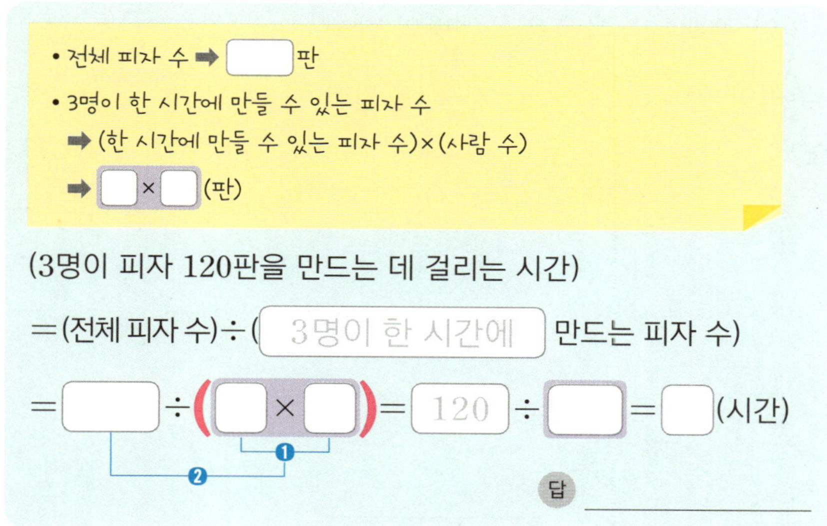

2. 한 사람이 종이배를 한 시간에 14개씩 접습니다. 5명이 종이
   배 210개를 접으려면 몇 시간이 걸리는지 하나의 식으로 나
   타내어 구하세요.

(5명이 종이배 210개를 접는 데 걸리는 시간)
=(전체 종이배 수)
  ◯(5명이 한 시간에 접을 수 있는 종이배 수)
= ☐ ÷(☐ × ☐)
= ____________ = ☐ (시간)
답 ____________

• 전체 종이배 수
  ➡ ☐ 개
• 5명이 한 시간에 접을 수 있는
  종이배 수
  ➡ ☐ × ☐ (개)

⭐ 식에 알맞은 문제를 만들어 풀이 과정을 쓰고, 답을 구하세요.

1.

$$10 \times 3 \div 5$$

문제 한 묶음에 ☐10 권인 공책 ☐묶음을 ☐명의 학생에게 똑같이 나누어 주려고 합니다. 한 사람에게 몇 권씩 나누어 주어야 할까요?

(한 사람에게 나누어 줄 ☐ 수)
= (전체 공책 수) ÷ (☐)
= $10 \times$ ☐ ÷ ☐ = ☐ ÷ ☐ = ☐ (권)

답 _______________

2.

$$16 \times 5 \div 4$$

문제 도넛 가게에서 도넛을 한 판에 ☐개씩 ☐판 구워서 _______________________________

_______________________________ ?

답 _______________

03 덧셈, 뺄셈, 곱셈이 섞여 있는 식

1. 진호 동생의 나이는 몇 살인지 하나의 식으로 나타내어 구하세요.

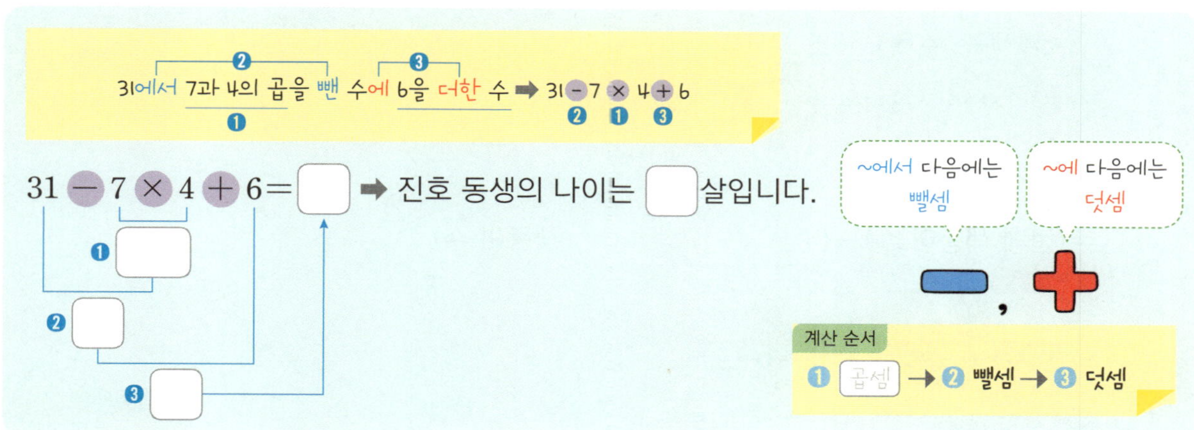

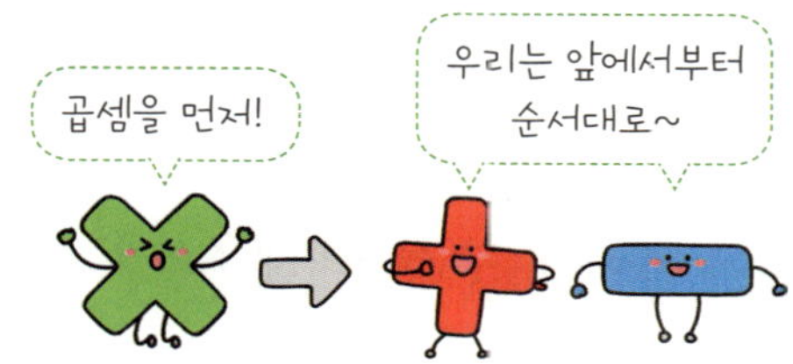

2. 바빠독이 말한 수는 얼마인지 하나의 식으로 나타내어 구하세요.

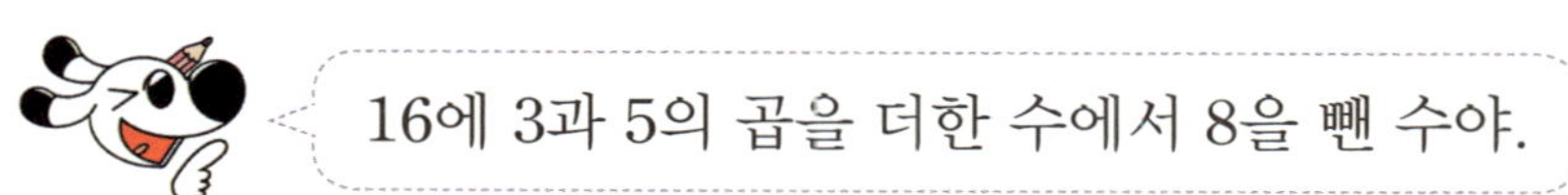

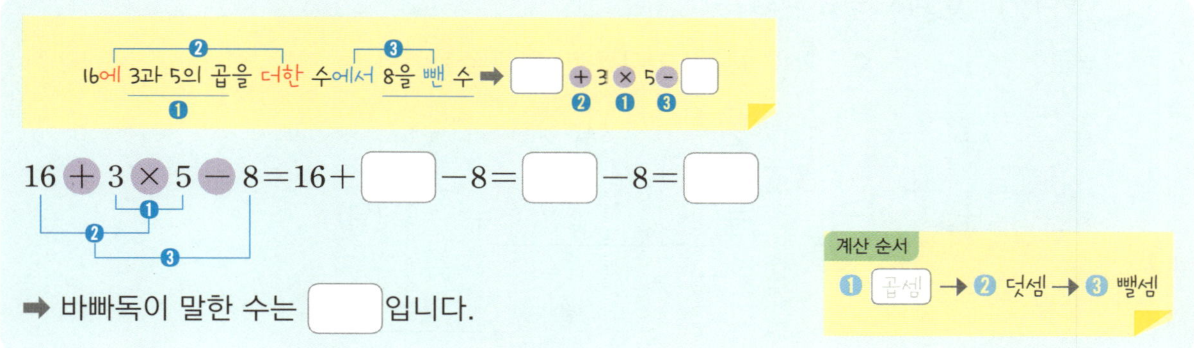

1. 빨간색 색종이가 24장, 파란색 색종이가 27장 있습니다. 색종이를 한 사람당 8장씩 4명의 친구가 사용했다면 남은 색종이는 몇 장인지 하나의 식으로 나타내어 구하세요.

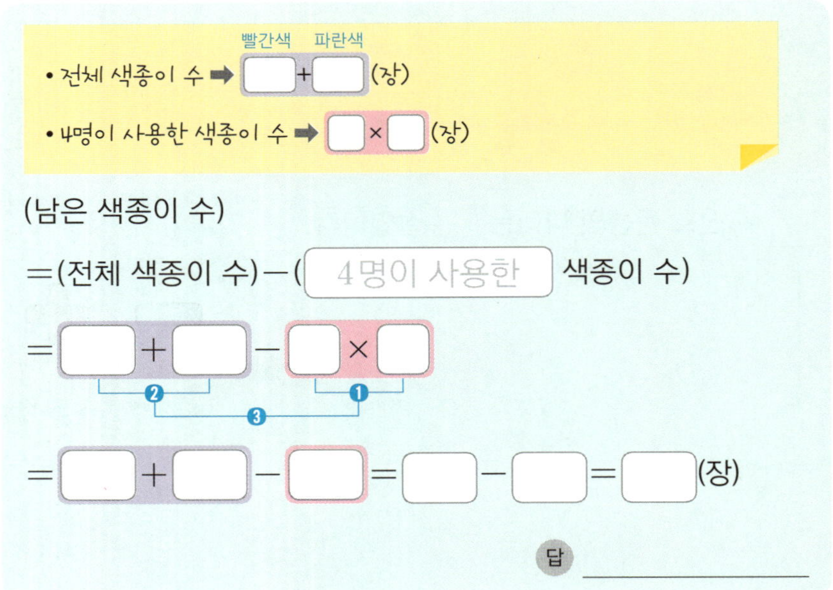

2. 남학생 13명, 여학생 15명이 놀이 기구 한 대에 6명씩 3대에 탔습니다. 놀이 기구를 타지 못한 학생은 몇 명인지 하나의 식으로 나타내어 구하세요.

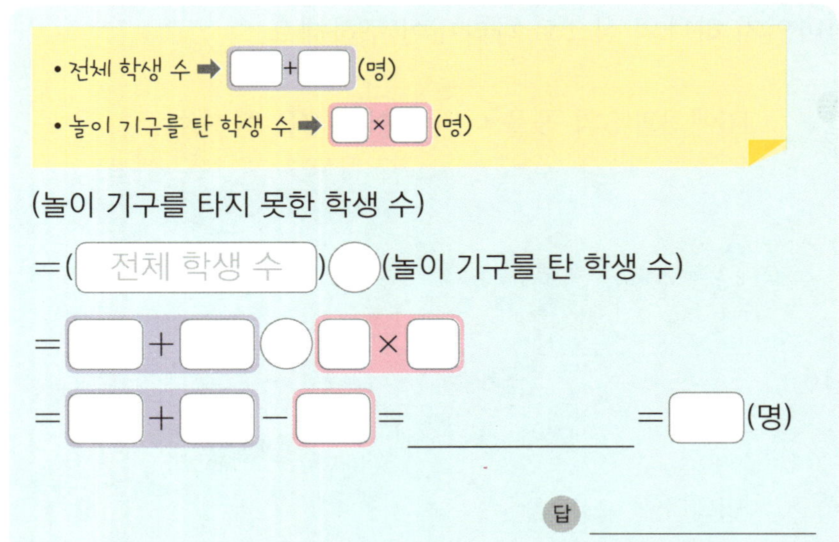

1. 수지네 반은 남학생이 ⑮명, 여학생이 ⑰명입니다. 수지네 반 학생이 ⑨명씩 ②모둠으로 나누어 야구를 하고, 야구를 하지 않는 나머지 학생들은 모두 응원을 했습니다. <u>응원을 한 학생은 몇 명인지</u> 하나의 식으로 나타내어 구하세요.

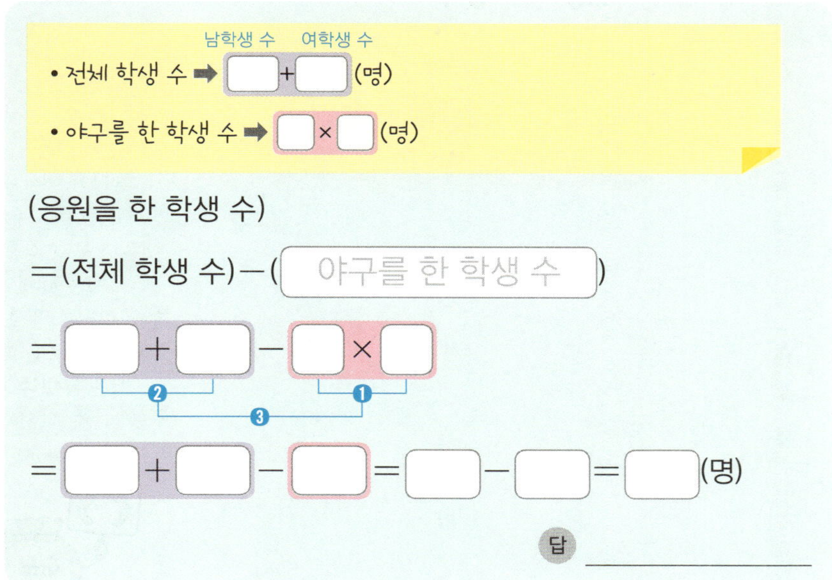

2. 민석이네 반 학생 30명이 12명씩 2모둠으로 나누어 피구를 하고, 피구를 하지 않는 나머지 학생들은 다른 반 학생 3명과 함께 응원을 했습니다. 응원을 한 학생은 모두 몇 명인지 하나의 식으로 나타내어 구하세요.

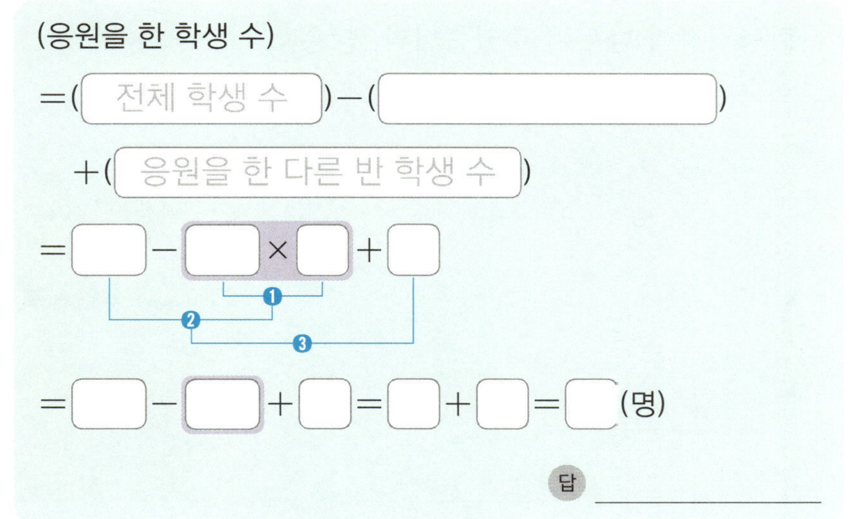

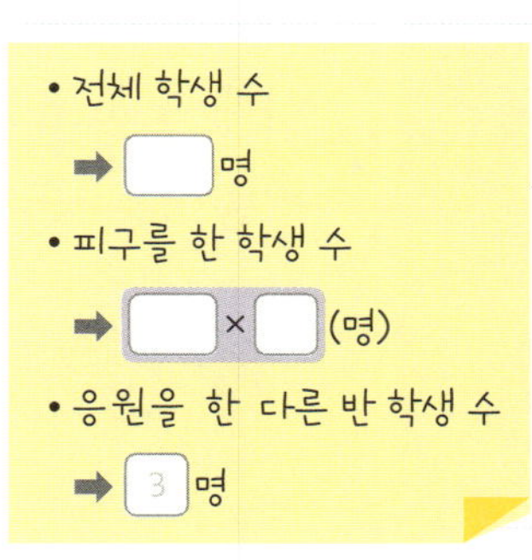

1. 초콜릿이 ⑤⓪개 있습니다. 남학생 ④명과 여학생 ③명이 각각 ⑤개씩 먹었습니다. <u>남은 초콜릿은 몇 개</u>인지 하나의 식으로 나타내어 구하세요.

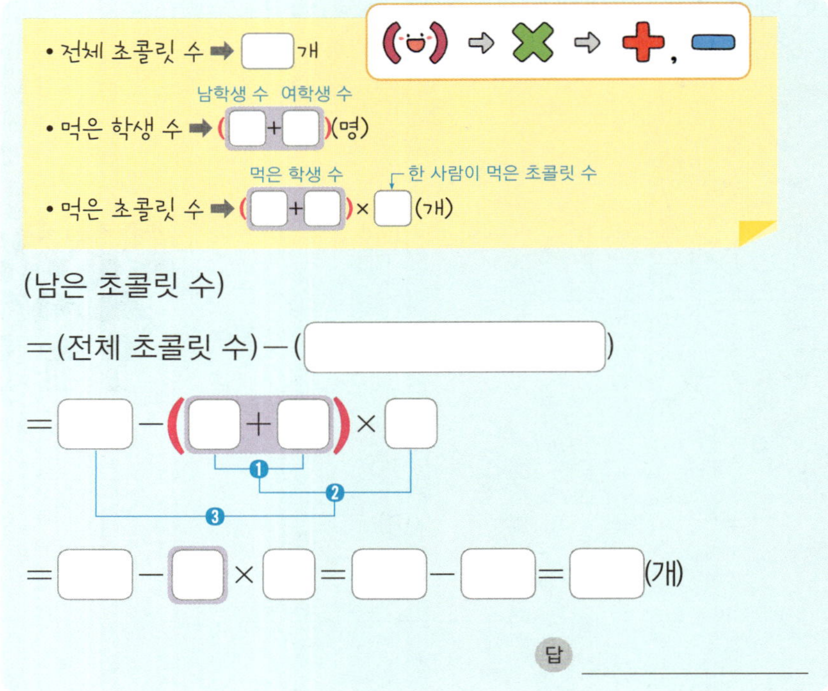

2. 색종이가 30장 있습니다. 이 색종이를 지우네 모둠 5명과 민서네 모둠 6명에게 한 사람당 2장씩 나누어 주었습니다. 남은 색종이는 몇 장인지 하나의 식으로 나타내어 구하세요.

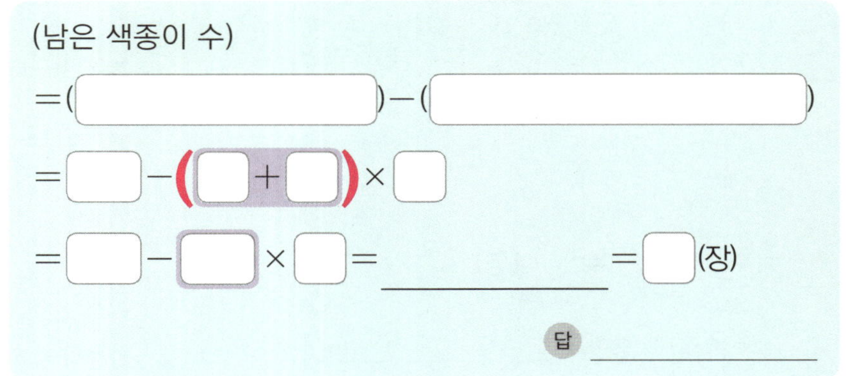

1. 민재는 12살이고, 동생은 민재보다 4살 어립니다. 어머니는 동생 나이의 6배보다 3살 적습니다. 어머니의 나이는 몇 살인지 하나의 식으로 나타내어 구하세요.

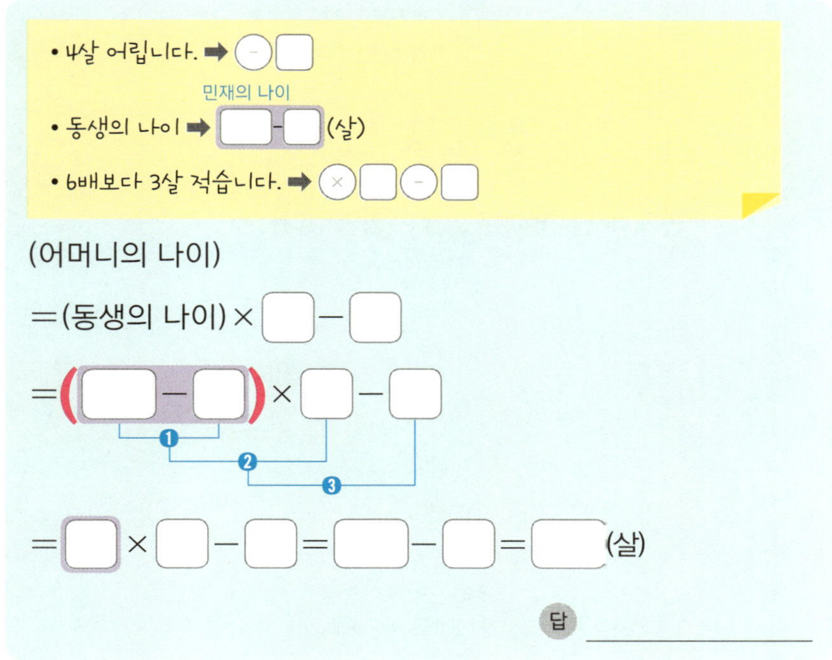

2. 혜리는 12살이고, 언니는 혜리보다 2살 많습니다. 아버지는 언니 나이의 3배보다 5살 많습니다. 아버지의 나이는 몇 살인지 하나의 식으로 나타내어 구하세요.

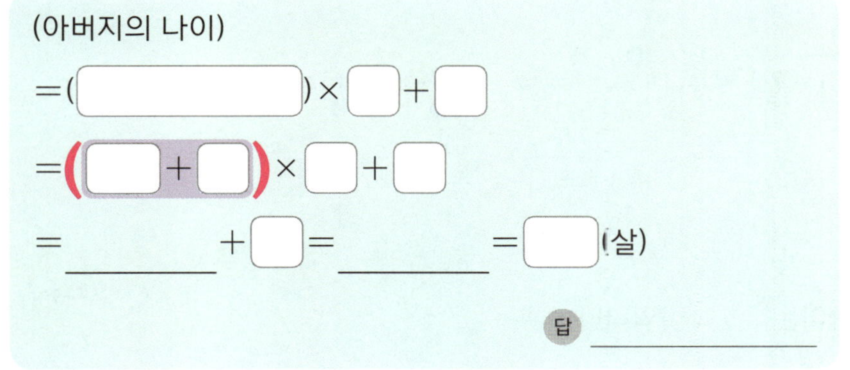

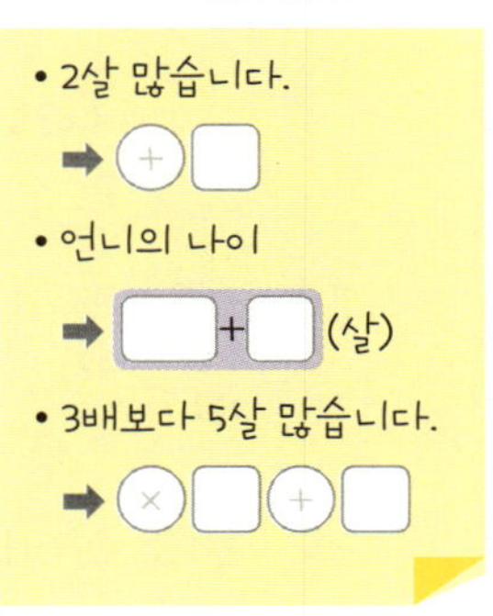

 덧셈, 뺄셈, 나눗셈이 섞여 있는 식

1. 민지네 반 학생은 몇 명인지 하나의 식으로 나타내어 구하세요.

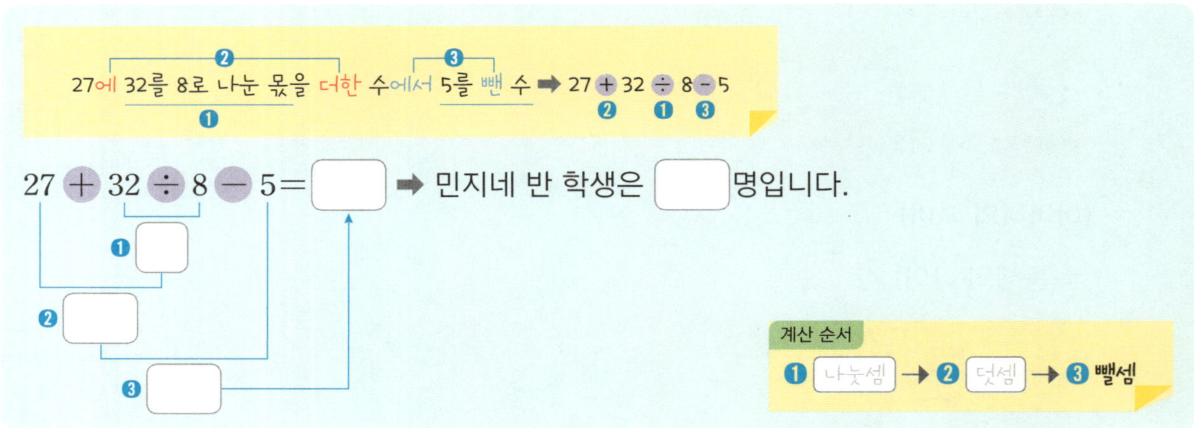

$$27 + 32 \div 8 - 5 = \boxed{}$$ ➡ 민지네 반 학생은 $\boxed{}$ 명입니다.

2. 수빈이 어머니의 나이는 몇 살인지 하나의 식으로 나타내어 구하세요.

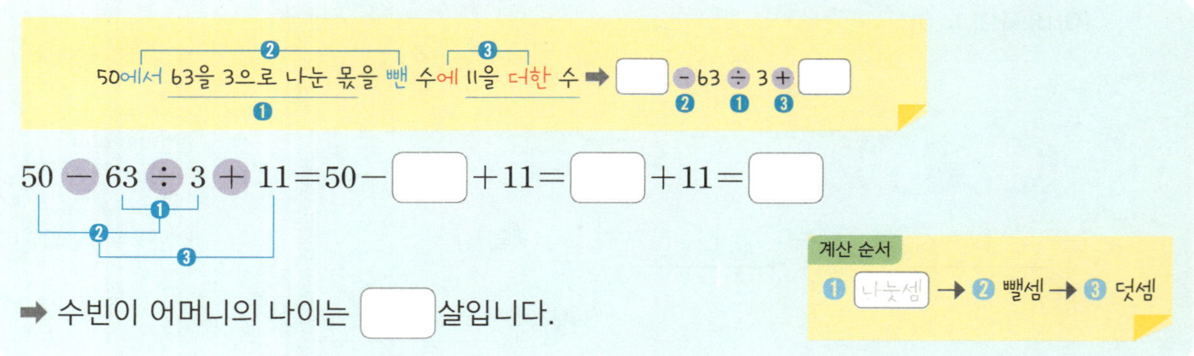

$$50 - 63 \div 3 + 11 = 50 - \boxed{} + 11 = \boxed{} + 11 = \boxed{}$$

➡ 수빈이 어머니의 나이는 $\boxed{}$ 살입니다.

1. 키위 ③개의 무게는 ⑳⑩g이고 귤 ④개의 무게는 ㉛⑩g입니다. 키위 1개의 무게는 귤 1개의 무게보다 얼마나 더 무거운지 하나의 식으로 나타내어 구하세요. (단, 같은 종류의 과일의 무게는 각각 같습니다.)

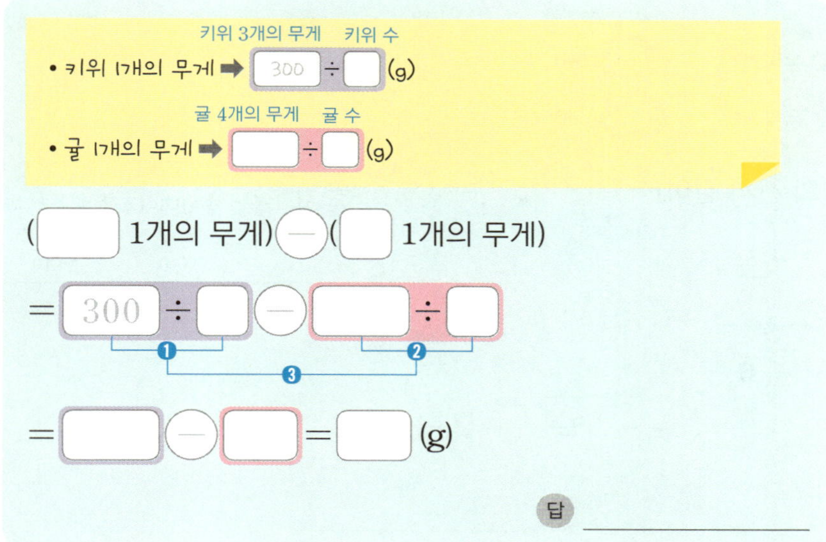

2. 빵 가게에서 단팥빵은 5개에 6000원이고, 찹쌀 도넛은 5개에 4000원입니다. 단팥빵 1개는 찹쌀 도넛 1개보다 얼마나 더 비싼지 하나의 식으로 나타내어 구하세요.

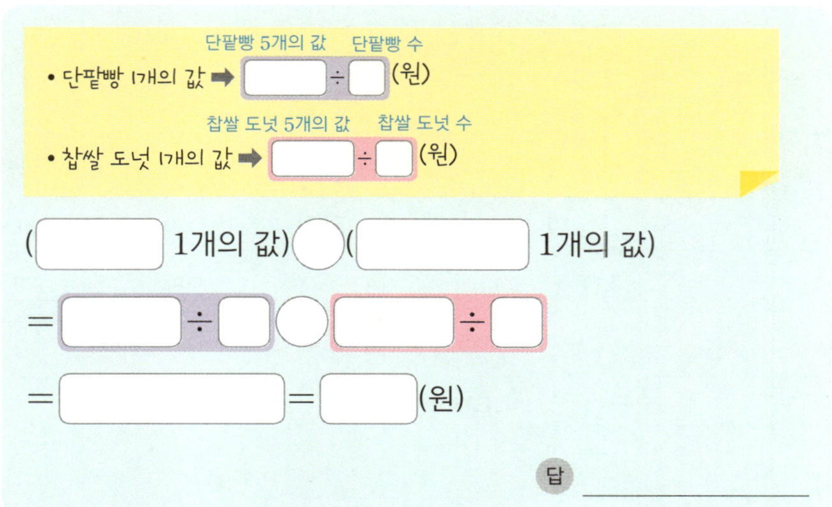

1. 길이가 ⃝24 cm인 종이테이프를 ⃝2등분한 것 중 한 도막과 ⃝66 cm인 종이테이프를 ⃝6등분한 것 중 한 도막을 ⃝5 cm가 겹쳐지도록 길게 이어 붙였습니다. <u>이어 붙인 종이테이프의 전체 길이는 몇 cm인지</u> 하나의 식으로 나타내어 구하세요.

교과서 유형

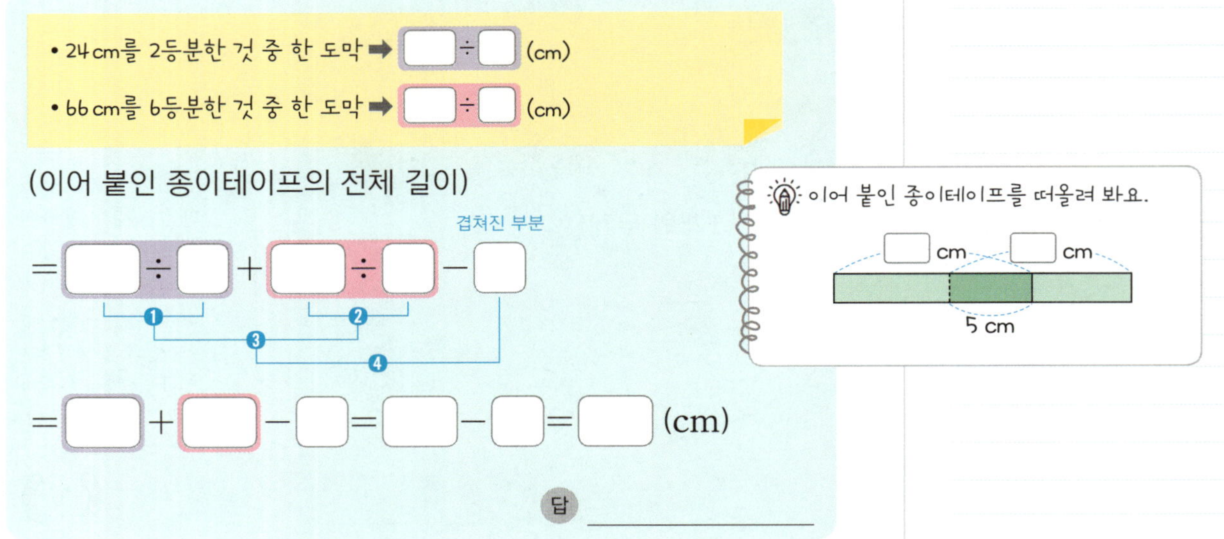

2. 길이가 45 cm인 색 테이프를 3등분한 것 중 한 도막과 60 cm인 색 테이프를 5등분한 것 중 한 도막을 4 cm가 겹쳐지도록 길게 이어 붙였습니다. 이어 붙인 색 테이프의 전체 길이는 몇 cm인지 하나의 식으로 나타내어 구하세요.

교과서 유형

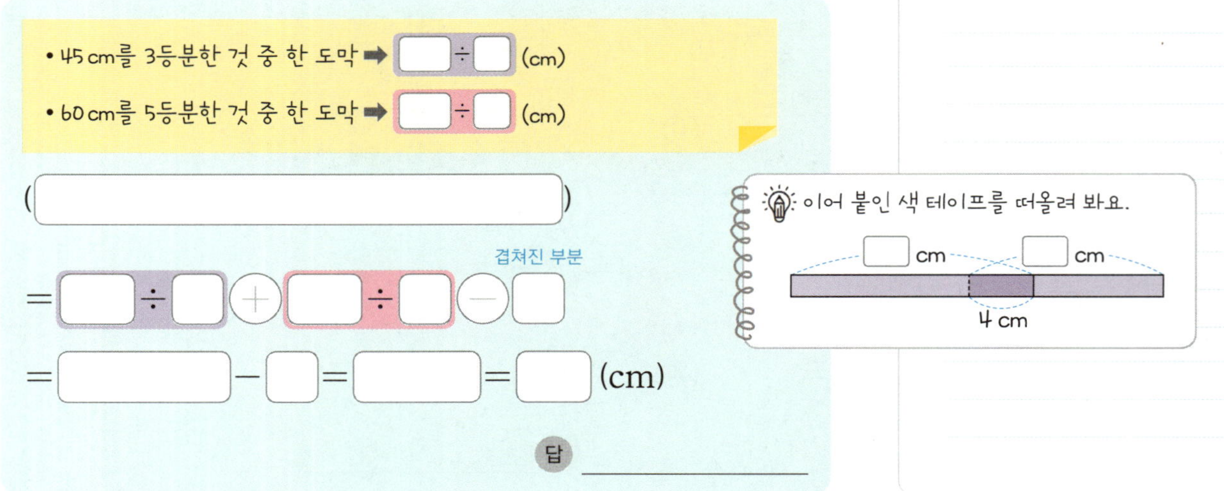

1. 알뜰 장터에서 인형은 1개에 500원, 머리끈은 5개에 1000원 입니다. 현지가 인형 1개와 머리끈 1개를 사고 1000원을 냈 다면 현지가 받은 거스름돈은 얼마인지 하나의 식으로 나타 내어 구하세요.

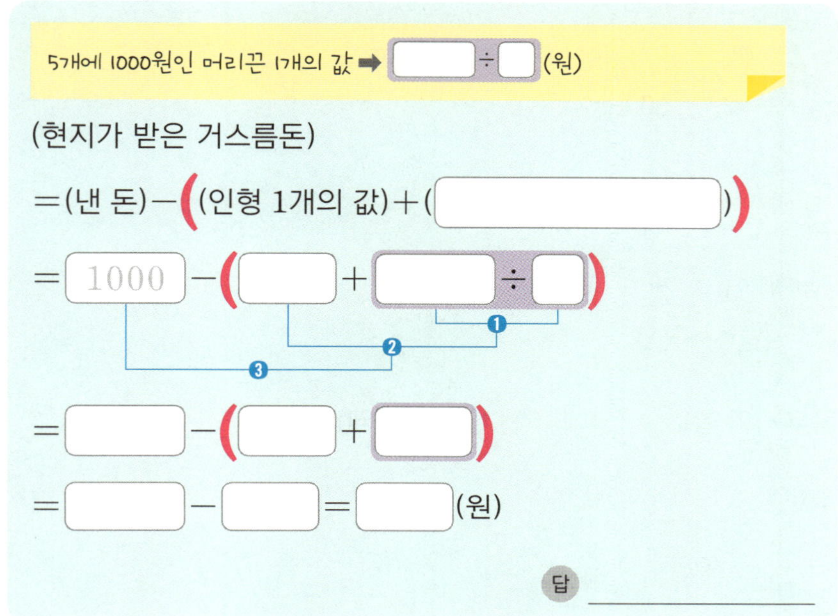

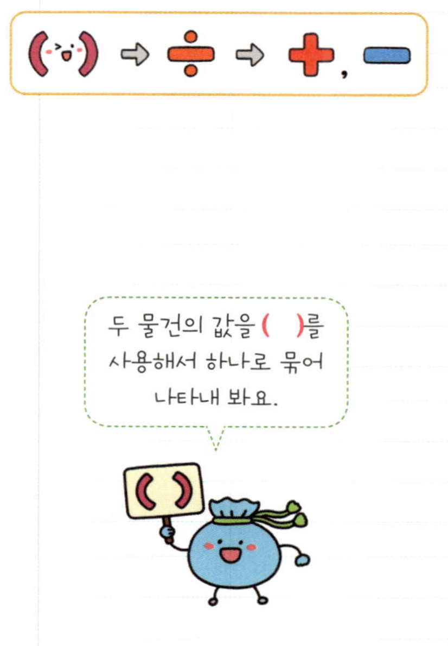

2. 시장에서 배는 1개에 2000원, 사과는 3개에 4800원입니다. 민재가 배 1개와 사과 1개를 사고 5000원을 냈다면 민재가 받은 거스름돈은 얼마인지 하나의 식으로 나타내어 구하세요.

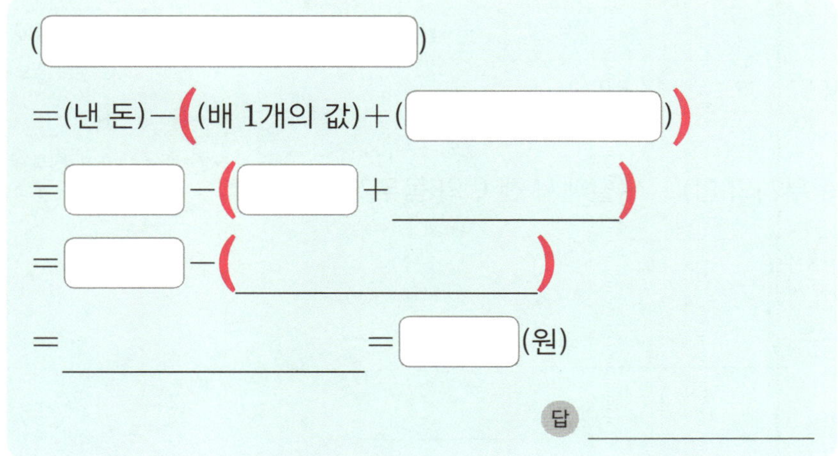

(달에서 잰 무게)=(지구에서 잰 무게)÷6

⭐ **지구에서 잰 무게는 달에서 잰 무게의 약 6배입니다.** 세 사람이 모두 달에서 몸무게를 잰다면 A와 B의 몸무게의 합은 C의 몸무게보다 약 몇 kg **더 무거운지** 하나의 식으로 나타내어 구하세요.

뺄셈

1.

	A	B	C
달			13 kg
지구	54 kg	30 kg	

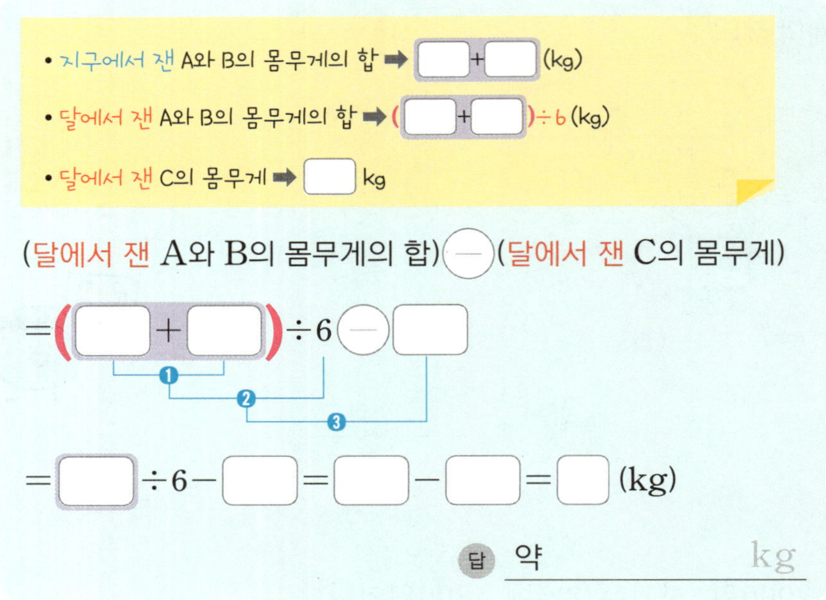

2.

	A	B	C
달			10 kg
지구	48 kg	42 kg	

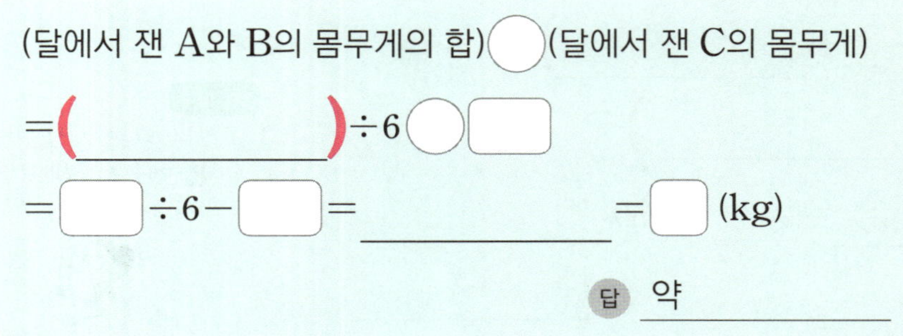

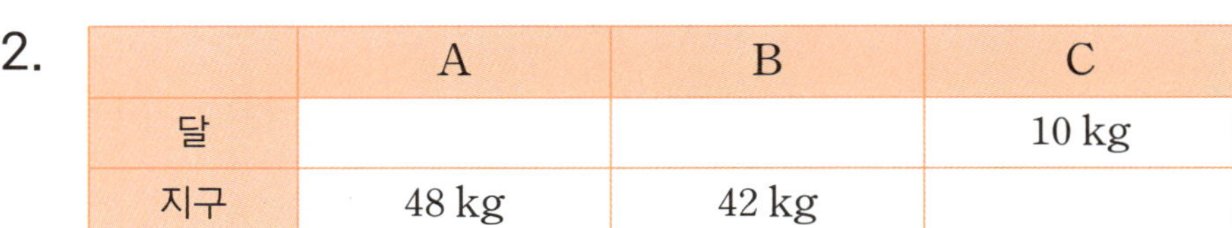

덧셈, 뺄셈, 곱셈, 나눗셈이 섞여 있는 식

1. 주어진 식을 계산 순서에 맞게 계산하세요.

$$40-7\times3+36\div9$$

덧셈, 뺄셈, 곱셈, 나눗셈이 섞여 있는 식은 곱셈 또는 [ ]을 먼저 계산합니다.

$40-7\times3+36\div9=40-[\ ]+36\div9$
$=40-[\ ]+[\ ]$
$=[\ ]+[\ ]=[\ ]$

계산 순서

❶ [ ] → ❷ [ ] → ❸ [ ] → ❹ [ ]

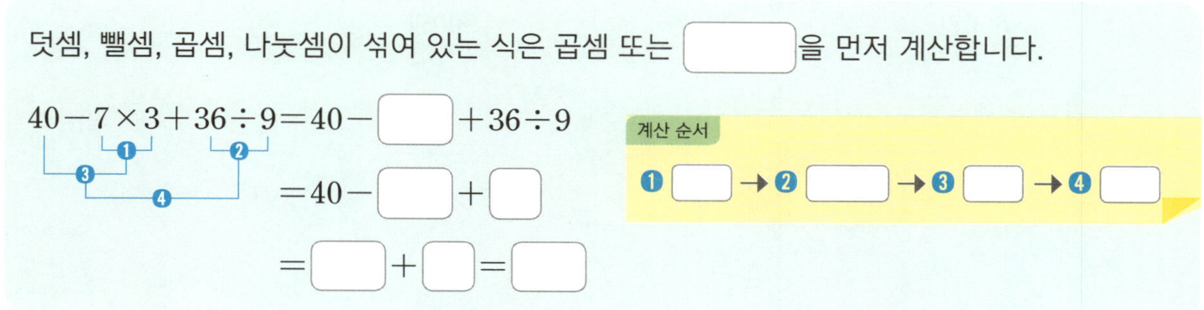

2. 지훈이가 가장 좋아하는 수는 얼마인지 하나의 식으로 나타내어 구하세요.

42를 3으로 나눈 몫과 9를 더한 수에서 8과 2의 곱을 뺀 수 ➡ $42\div3+9-8\times2$

$42\div3+9-8\times2=[\ ]+9-8\times2$
$=[\ ]+9-[\ ]$
$=[\ ]-[\ ]=[\ ]$

➡ 지훈이가 가장 좋아하는 수는 [ ]입니다.

1. 떡볶이 ②인분을 만들려고 합니다. 5000원으로 필요한 재료를
사고 남은 돈은 얼마인지 하나의 식으로 나타내어 구하세요.

떡(1인분)	어묵(4인분)	양배추(2인분)
600원	4000원	900원

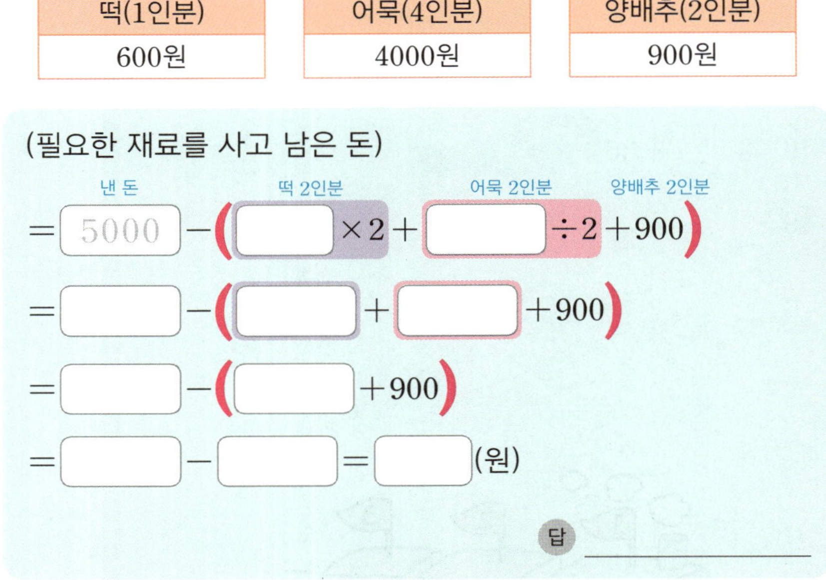

2. 떡볶이 4인분을 만들려고 합니다. 10000원으로 필요한 재료를
사고 남은 돈은 얼마인지 하나의 식으로 나타내어 구하세요.

떡(4인분)	어묵(3인분)	양파(4인분)
2800원	3600원	1300원

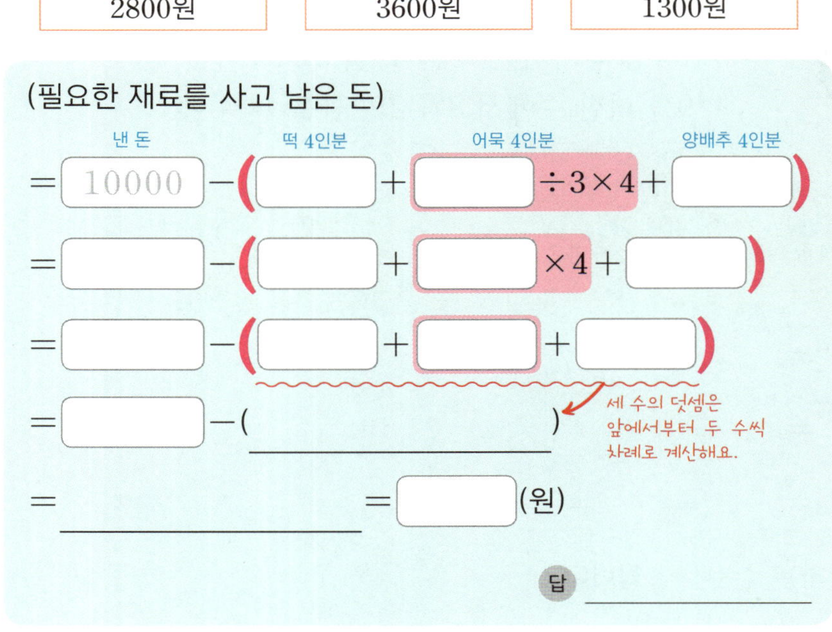

1. 카레 4인분을 만들려고 합니다. 10000원으로 필요한 채소를
   사고 남은 돈은 얼마인지 하나의 식으로 나타내어 구하세요.

감자(4인분)	양파(1인분)	당근(8인분)
3000원	350원	3200원

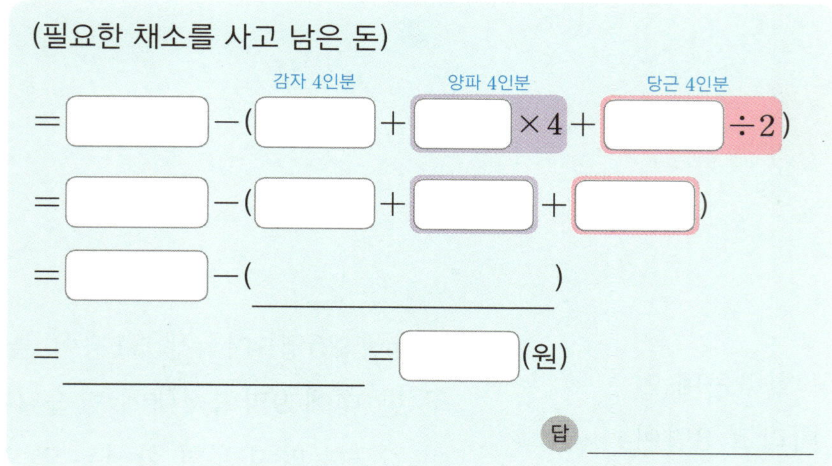

2. 짜장 3인분을 만들려고 합니다. 10000원으르 필요한 채소를
   사고 남은 돈은 얼마인지 하나의 식으로 나타내어 구하세요.

양배추(1인분)	애호박(6인분)	양파(3인분)
800원	4200원	1000원

자연수의 혼합 계산

점수 　　　/ 100

한 문제당 10점

1. 민서의 방에 과학책 50권, 역사책 24권이 있습니다. 그중에서 35권을 읽었다면 아직 읽지 않은 책은 몇 권인지 하나의 식으로 나타내어 구하세요.

식

답

2. 버스에 사람이 17명 타고 있었는데 이번 정류장에서 12명이 내리고 8명이 탔습니다. 지금 버스 안에 있는 사람은 몇 명인지 하나의 식으로 나타내어 구하세요.

식

답

3. 한 판에 30개인 달걀 3판을 2개의 통에 똑같이 나누어 담으려고 합니다. 한 통에 달걀을 몇 개씩 나누어 담아야 하는지 하나의 식으로 나타내어 구하세요.

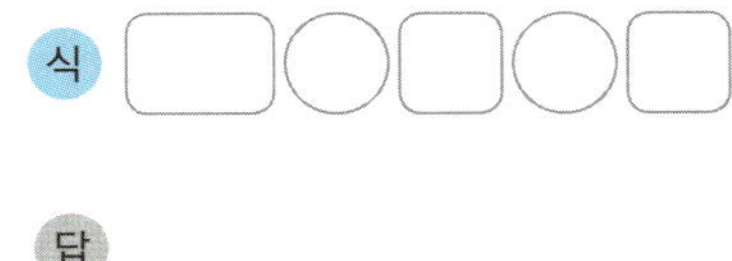

식

답

4. 수제 비누 54개를 6상자에 똑같이 나누어 담았습니다. 이 중 5상자에 담은 수제 비누는 몇 개인지 하나의 식으로 나타내어 구하세요.

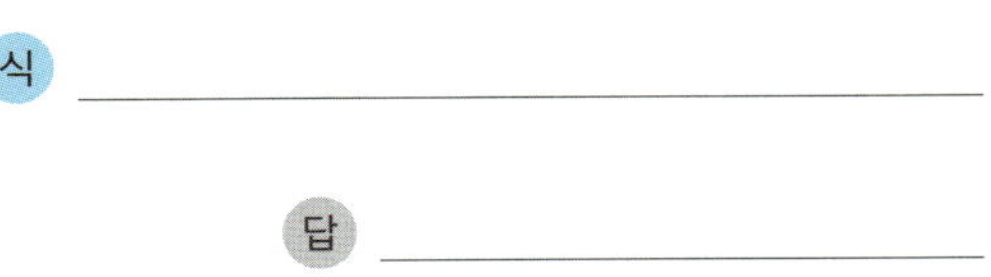

식

답

5. 남학생 25명, 여학생 31명이 놀이 기구 한 대에 9명씩 4대에 탔습니다. 놀이 기구를 타지 못한 학생은 몇 명인지 하나의 식으로 나타내어 구하세요.

(30점)

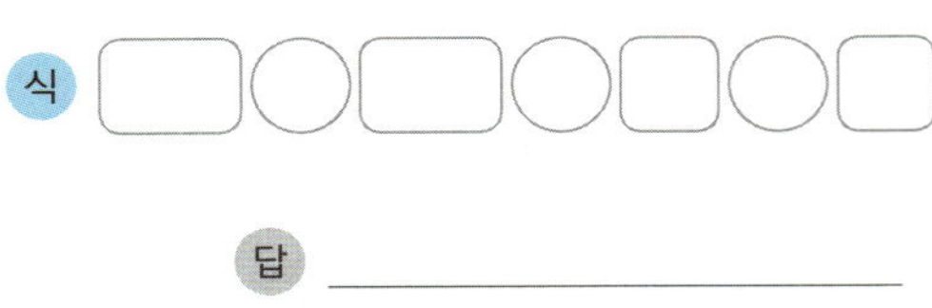

식

답

6. 빵 가게에서 크림빵은 3개에 4500원이고, 찹쌀 꽈배기는 7개에 5600원입니다. 크림빵 1개는 찹쌀 꽈배기 1개보다 얼마나 더 비싼지 하나의 식으로 나타내어 구하세요.

(30점)

식

답

약수와 배수

약수를 이용하면 친구들에게 과자를 남김없이 똑같이 나누어 주기 쉬워요.
배수를 이용하면 일정한 간격으로 출발하는 버스가 언제 출발하는지, 일정
시간 동안 몇 번 출발하는지 알수 있지요.
약수와 배수를 활용한 생활 속 문장제를 해결해 보세요.

를 채워 문장을 완성하면, 학교 시험 자신감 충전 완료!

06 약수

1. 6의 **약수**를 모두 구하세요.

방법 1 나눗셈을 이용해 구하기

6의 약수를 나눗셈을 이용하여 구하면

$6 \div \boxed{1} = \boxed{}$, $6 \div \boxed{} = 3$, $6 \div \boxed{} = 2$, $6 \div \boxed{} = 1$입니다.

➡ 6의 약수: $\boxed{1}$, $\boxed{}$, $\boxed{}$, $\boxed{}$

방법 2 곱셈을 이용해 구하기

6의 약수를 곱셈을 이용하여 구하면

$1 \times \boxed{} = 6$, $2 \times \boxed{} = 6$, $3 \times \boxed{} = 6$, $6 \times \boxed{} = 6$입니다.

➡ 6의 약수: $\boxed{1}$, $\boxed{}$, $\boxed{}$, $\boxed{6}$

• 곱셈을 이용해 구하기

$6 = 1 \times 6$
$6 = 2 \times 3$

➡ 6의 약수: 1, 2, 3, 6

2. 10을 **나누어떨어지게 하는 수**를 모두 구하세요.

10을 나누어떨어지게 하는 수를 나눗셈을 이용하여 구하면

$10 \div 1 = 10,$ ________________________________ 입니다.

➡ 10의 약수: ____________

3. 24를 어떤 수로 나누었더니 나누어떨어졌습니다. 어떤 수가 될 수 있는 자연수를 모두 구하세요.

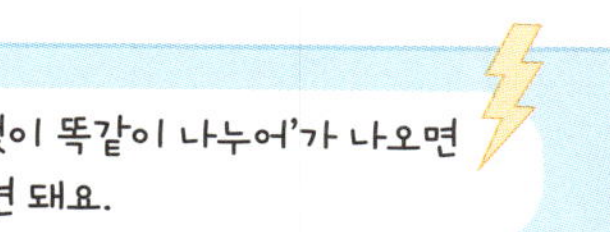

1. 공책 ⑮권을 친구들이 남김없이 똑같이 나누어 가지려고 합니다. 똑같이 나누어 가질 수 있는 친구 수를 모두 구하세요.

교과서 유형

> 공책 15권을 남김없이 똑같이 나누어 가지려면 15의 약수를 구해야 합니다.
>
> 15의 약수는 [ ], [ ], [ ], [ ] 이므로 똑같이 나누어 가질 수 있는 친구 수는 [ ]명, [ ]명, [ ]명, [ ]명입니다.
>
> 작은 수부터 차례로 써요.
>
> 답 _______________

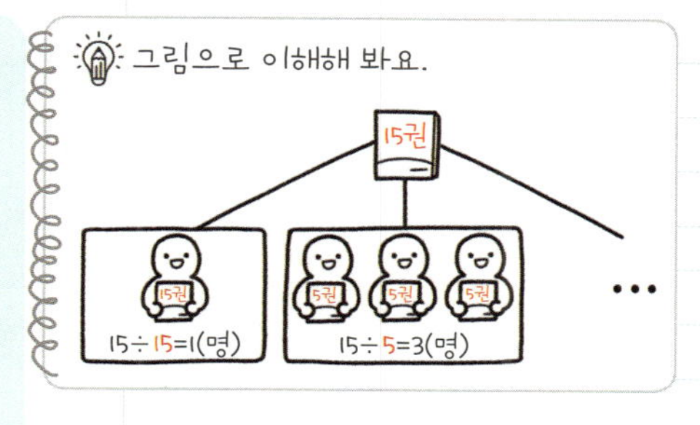

2. 초콜릿 22개를 상자에 남김없이 똑같이 나누어 담으려고 합니다. 똑같이 나누어 담을 수 있는 상자 수를 모두 구하세요.

> 초콜릿 22개를 남김없이 똑같이 나누어 담으려면 22의 [ ] 를 구해야 합니다.
>
> 22의 [ ]는 [ ], [ ], [ ], [ ] 이므로 똑같이 나누어 _______________
>
> _______________ .
>
> 답 _______________

3. 색종이 49장을 모둠에 남김없이 똑같이 나누어 주려고 합니다. 똑같이 나누어 줄 수 있는 모둠 수를 모두 구하세요.

> 답 _______________

1. 빵 ⃝16⃝개를 친구들에게 남김없이 똑같이 나누어 주려고 합니다. 빵을 친구들에게 나누어 주는 방법은 모두 몇 가지일까요?

> 빵 16개를 남김없이 똑같이 나누어 주려면 16의 ☐를 구해야 합니다.
>
> 작은 수부터 차례로 써요.
>
> 16의 ☐는 ☐, ☐, ☐, ☐, ☐이므로 빵을 친구들에게 나누어 주는 방법은 ☐개, ☐개, ☐개, ☐개, ☐개로 모두 ☐가지입니다.
>
> 답 ______________

2. 딸기 12개를 접시에 남김없이 똑같이 나누어 담으려고 합니다. 딸기를 접시에 나누어 담는 방법은 모두 몇 가지일까요?

> 딸기 12개를 남김없이 ______________________
>
> 12의 ☐를 구해야 합니다.
>
> 12의 ☐는 ______________________ 이므로 딸기를
>
> 접시에 나누어 담는 방법은 ______________________
>
> ______________________.
>
> 답 ______________

3. 연필 25자루를 필통에 남김없이 똑같이 나누어 담으려고 합니다. 연필을 필통에 나누어 담는 방법은 모두 몇 가지일까요?

> 답 ______________

07. 배수

1. 3의 배수를 가장 작은 수부터 5개 구하세요.

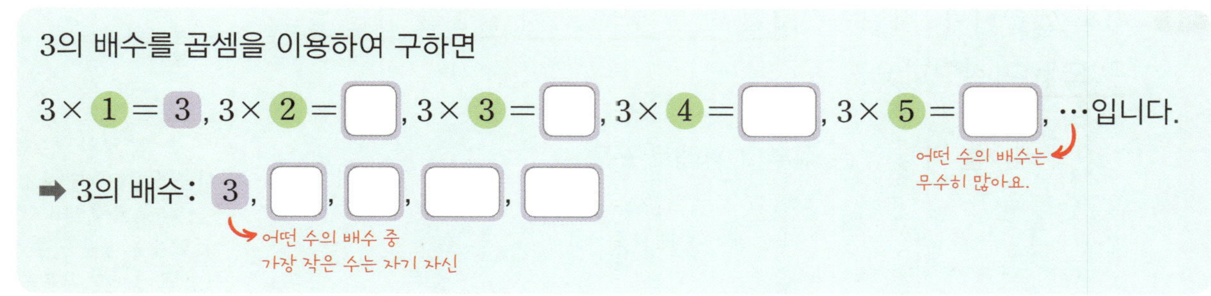

2. 20보다 크고 40보다 작은 수 중에서 6의 배수는 모두 몇 개일까요?

6의 배수는 $6 \times 1 = \square$, $6 \times 2 = \square$, $6 \times 3 = \square$, $6 \times 4 = \square$, $6 \times 5 = \square$,

$6 \times 6 = \square$, $6 \times 7 = \square$, …입니다.

➡ 20보다 크고 40보다 작은 수 중에서 6의 배수는 _____________ 으로 모두 $\square$ 개입니다.

3. 두 자리 수 중에서 15의 배수는 모두 몇 개일까요?

15의 배수는 $15 \times 1 = \square$, $15 \times 2 = \square$, $15 \times 3 = \square$, $15 \times 4 = \square$,

$15 \times 5 = \square$, $15 \times 6 = \square$, $15 \times 7 = \square$, …입니다.

➡ 두 자리 수 중에서 15의 배수는 ____________________________ 으로

모두 $\square$ 개입니다.

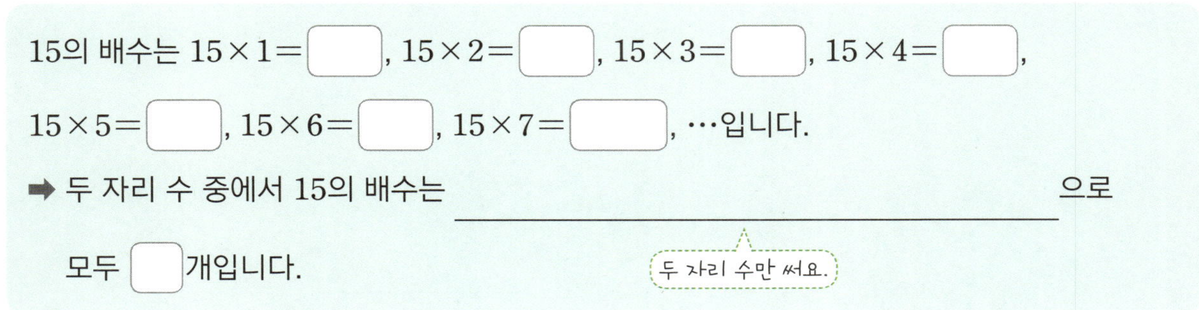

1. 지원이는 3월 한 달 동안 ⑩의 배수인 날마다 봉사 활동을 하기로 했습니다. 지원이가 3월 한 달 동안 봉사 활동을 하는 날은 모두 며칠일까요?

> 10의 배수를 가장 작은 수부터 차례로 쓰면
>
> $10×1$ $10×2$ $10×3$ $10×4$
>
> ☐, ☐, ☐, ☐, …입니다.
>
> 따라서 3월은 31일까지 있으므로 3월 한 달 동안 봉사 활동을 하는 날은 ☐일, ☐일, ☐일로 모두 ☐일입니다.
>
> 답 ______________

2. 현수는 4월 한 달 동안 6의 배수인 날마다 운동을 하기로 했습니다. 현수가 4월 한 달 동안 운동을 하는 날은 모두 며칠일까요?

> 6의 ☐를 가장 작은 수부터 차례로 쓰면
>
> ☐, ☐, ☐, ☐, ☐, ☐, …입니다.
>
> 따라서 4월은 30일까지 있으므로 4월 한 달 동안 운동을 하는 날은 _________________________________ .
>
> 답 ______________

3. 윤서는 5월 한 달 동안 4의 배수인 날마다 방 청소를 하기로 했습니다. 윤서가 5월 한 달 동안 방 청소를 하는 날은 모두 며칠일까요?

> 답 ______________

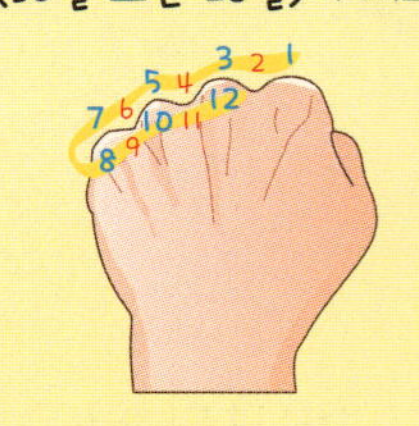

1. 정류장에서 마을 버스가 오전 ⑥시부터 ⑧분 간격으로 출발합니다. 오전 6시 30분까지 마을 버스는 몇 번 출발할까요?

오전 6시에 마을 버스가 출발하였고 8분 간격으로 출발하므로 ▢의 배수를 더한 수가 출발 시각이 됩니다.

따라서 오전 6시 30분까지 출발 시각은 오전 6시, 6시 ▢분 (8×1), 6시 ▢분 (8×2), 6시 ▢분 (8×3)으로 마을 버스는 ▢번 출발합니다.

답 ______________

2. 터미널에서 버스가 오전 9시 5분부터 10분 간격으로 출발합니다. 오전 10시까지 버스는 몇 번 출발할까요?

오전 9시 5분에 버스가 출발하였고 10분 간격으로 출발하므로 5에 ▢의 배수를 더한 수가 출발 시각의 '분'이 됩니다.

따라서 오전 10시까지 출발 시각은 오전 9시 5분, ______________

____ 으로

버스는 ______________________ .

답 ______________

3. 동물원에서 셔틀 버스가 오전 10시부터 20분 간격으로 출발합니다. 오전 11시까지 셔틀 버스는 몇 번 출발할까요?

답 ______________

1. 그림과 같이 직선 산책로의 입구에서부터 ⑭ m 간격으로 나무를 심었습니다. 입구에서 ⑥번째 나무까지의 거리는 몇 m일까요? (단, 나무의 두께는 생각하지 않습니다.)

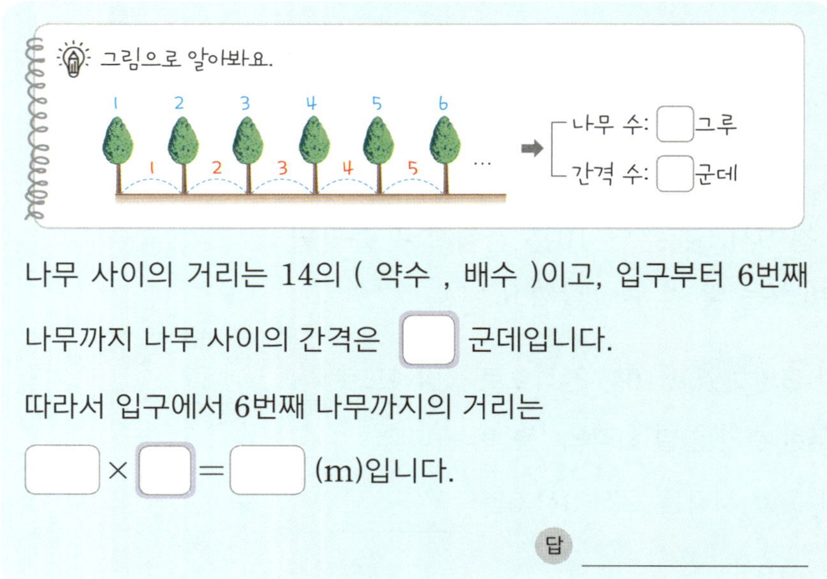

나무 사이의 거리는 14의 (약수 , 배수)이고, 입구부터 6번째 나무까지 나무 사이의 간격은 ☐ 군데입니다.

따라서 입구에서 6번째 나무까지의 거리는

☐ × ☐ = ☐ (m)입니다.

답 _______________

2. 직선 산책로의 입구에서부터 16 m 간격으로 나무를 심었습니다. 입구에서 8번째 나무까지의 거리는 몇 m일까요? (단, 나무의 두께는 생각하지 않습니다.)

나무 사이의 거리는 ☐ 의 ☐ 이고, 입구부터 8번째 나무까지 나무 사이의 간격은 ☐ 군데입니다.

따라서 입구에서 8번째 나무까지의 거리는

☐ ◯ ☐ = ☐ (m)입니다.

답 _______________

08 공약수와 최대공약수

1. 4와 6의 공약수를 모두 구하세요.

4의 약수는 1 , ☐ , ☐ 이고,

6의 약수는 1 , ☐ , ☐ , ☐ 이므로

4와 6의 공약수는 ☐ , ☐ 입니다.

(4와 6의 공약수)
= (4의 약수도 되고, 6의 약수도 되는 수)
= (4와 6을 모두 나누어떨어지게 하는 수)

2. 8과 12의 최대공약수를 구하세요.

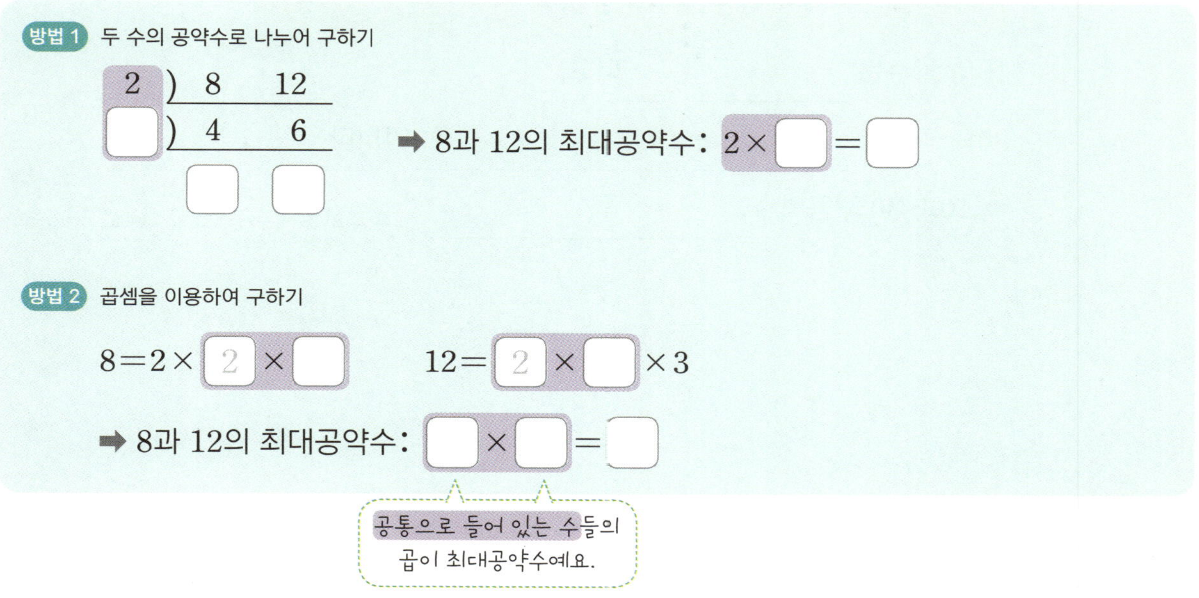

3. 27과 36의 공약수 중에서 가장 큰 수를 구하세요.

27과 36의 공약수 중에서 가장 큰 수는 27과 36의 ☐ 입니다.

3) 27   36
☐) ☐   ☐   ➡ 27과 36의 최대공약수 : ______ = ☐
☐   ☐

1. 10과 30의 최대공약수의 약수를 모두 구하세요.

방법 1 10과 30의 최대공약수를 구한 다음 최대공약수의 약수 구하기

$$
\begin{array}{r|cc}
2 & 10 & 30 \\
5 & 5 & 15 \\
\hline
 & 1 & 3
\end{array}
$$

➡ 10과 30의 최대공약수는 $2 \times 5 =$ ☐ 입니다. ← ❶

최대공약수

➡ ☐의 약수: _____________ ← ❷

방법 2 10과 30의 약수를 각각 구해 공약수 구하기

두 수의 최대공약수의 약수는 두 수의 공약수와 같습니다.
(두 수의 최대공약수의 약수)=(두 수의 공약수)

10의 약수는 _____________ 이고,

30의 약수는 _____________________ 입니다.

➡ 10과 30의 공약수: _____________

두 수의 공약수가
두 수의 최대공약수의 약수예요.

2. 어떤 두 수의 최대공약수는 9입니다. 이 두 수의 공약수를 모두 구하세요.

(두 수의 공약수)=(두 수의 최대공약수의 약수)

두 수의 공약수는 두 수의 ☐의 약수와 같습니다.

두 수의 ☐가 9이므로 ☐의 약수를 구합니다.

따라서 두 수의 공약수는 ☐의 약수인 _____________ 입니다.

'최대한 많은(큰)', '가장 많은(큰)', '될수 있는대로 많이(크게)', '가능한 많이'와 같은 말이 있으면 최대공약수를 이용해요.

1. 교과서 유형

연필 30자루와 공책 24권을 최대한 많은 친구에게 남김없이 똑같이 나누어 주려고 합니다. 최대 몇 명의 친구에게 나누어 줄 수 있나요?

(최대 → 최대, 남김없이 똑같이 나누어 → 공약수)

- 남김없이 똑같이 나누어 → ☐를 구합니다.
- 최대한 많은 친구에게 → ☐를 구합니다.

최대한 많은 친구에게 남김없이 똑같이 나누어 주려면 30과 24의 ☐를 구해야 합니다.

2) 30　24
☐) 15　12
　　☐　☐

➡ 30과 24의 최대공약수: $2 \times \square = \square$

따라서 연필과 공책을 최대 ☐명의 친구에게 나누어 줄 수 있습니다.

답 ____________

문제에서 숫자는 ○, 조건 또는 구하는 것은 ___로 표시해 보세요.

- 최대공약수
  - 최대로 똑같이 나누어 줄 때
  - 최대로 똑같이 자를 때

2. 색종이 20묶음과 색 도화지 50장을 최대한 많은 모둠에게 남김없이 똑같이 나누어 주려고 합니다. 최대 몇 모둠에게 나누어 줄 수 있나요?

최대한 많은 모둠에게 남김없이 똑같이 나누어 주려면 20과 50의 ☐를 구해야 합니다.

) 20　50

풀이를 완성해요.

답 ____________

최대공약수를 구하는 문제의 핵심 문장을 기억해 두어야 막힘없이 풀 수 있어요~

1. 가로가 ㉔ cm, 세로가 ㊱ cm인 직사각형 모양의 종이를 <u>남는 부분 없이 잘라서</u> 크기가 같은 정사각형 모양의 종이를 여러 장 만들려고 합니다. <u>가장 큰 정사각형</u> 모양으로 자를 때 정사각형의 한 변의 길이는 몇 cm일까요?

자를 수 있는 정사각형의 한 변의 길이는 42와 36의
(공약수 , 공배수)이고, 가장 큰 정사각형의 한 변의 길이는
42와 36의 ⬚ 입니다.

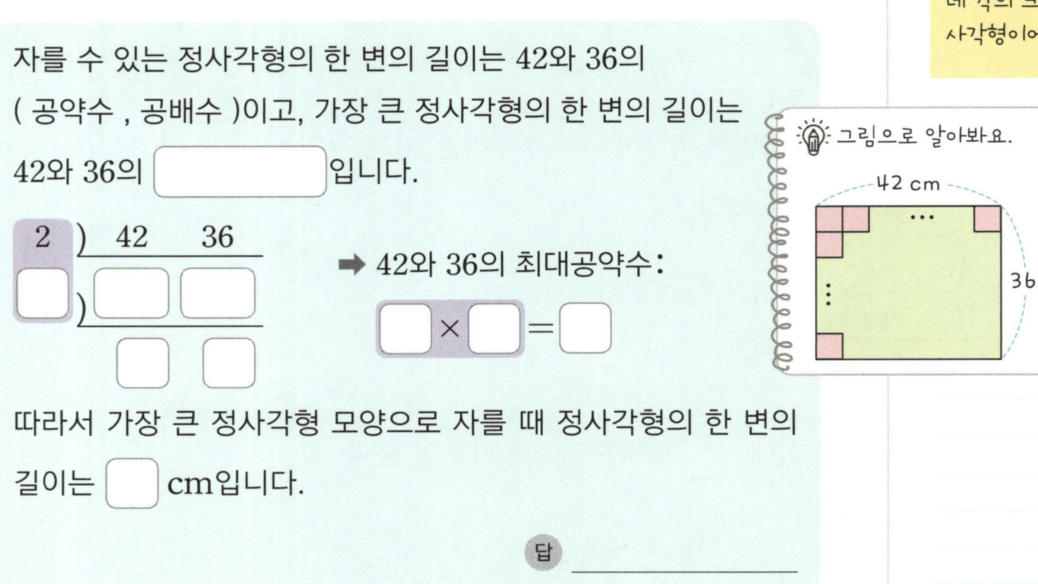

2) 42   36

➡ 42와 36의 최대공약수 :
⬚ × ⬚ = ⬚

따라서 가장 큰 정사각형 모양으로 자를 때 정사각형의 한 변의 길이는 ⬚ cm입니다.

답 ___________

2. 가로가 81 cm, 세로가 63 cm인 직사각형 모양의 종이를 남는 부분 없이 잘라서 크기가 같은 정사각형 모양의 종이를 여러 장 만들려고 합니다. 가장 큰 정사각형 모양으로 자를 때 정사각형의 한 변의 길이는 몇 cm일까요?

자를 수 있는 가장 큰 정사각형의 한 변의 길이는 81과 63의
⬚ 입니다.

3) 81   63

➡ 81과 63의 최대공약수 :
⬚ × ⬚ = ⬚

따라서 가장 큰 정사각형 모양으로 자를 때 정사각형의 한 변의 길이는 ⬚ cm입니다.

답 ___________

09 공배수와 최소공배수

1. 6과 9의 공배수를 가장 작은 수부터 3개 구하세요.

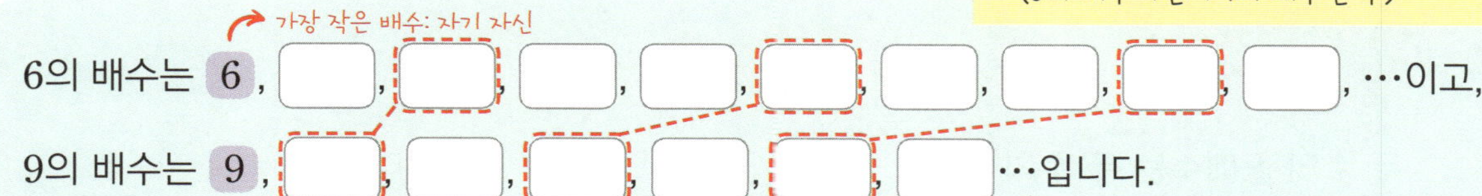

가장 작은 배수: 자기 자신

6의 배수는 6, ☐, ☐, ☐, ☐, ☐, ☐, ☐, ☐, …이고,

9의 배수는 9, ☐, ☐, ☐, ☐, ☐ …입니다.

➡ 6과 9의 공배수를 가장 작은 수부터 3개 쓰면 ☐, ☐, ☐ 입니다.

2. 4와 6의 최소공배수를 구하세요.

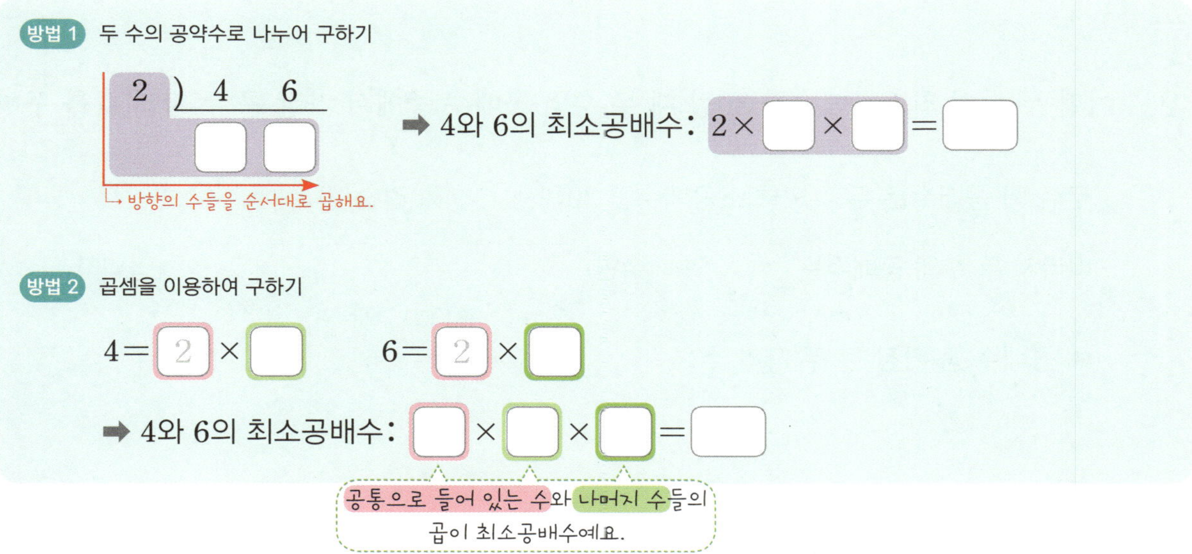

3. 12와 18의 공배수 중에서 가장 작은 수를 구하세요.

12와 18의 공배수 중에서 가장 작은 수는 12와 18의 ☐ 입니다.

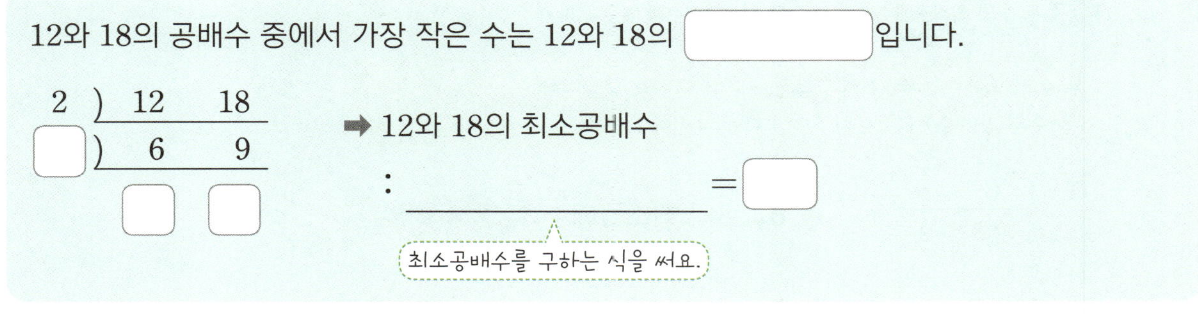

최소공배수는 두 수를 곱셈식으로 나타내었을 때 공통으로 들어 있는 가장 큰 수와 나머지 수들의 곱으로 구할 수도 있어요.

12 = 6 × 2
18 = 6 × 3
➡ 12와 18의 최소공배수: 6 × 2 × 3

1. 어떤 두 수의 최소공배수가 25일 때 두 수의 공배수 중에서 가장 큰 두 자리 수를 구하세요.

(두 수의 공배수)=(두 수의 최소공배수의 배수)

두 수의 공배수는 두 수의 [   ]인 25의 배수와 같습니다.

따라서 두 수의 공배수는 25의 배수인 [   ], [   ], [   ], [   ], …입니다.
25×1　25×2　25×3　25×4

➡ 공배수 중 가장 큰 두 자리 수: [   ]

2. 어떤 두 수의 최소공배수가 30일 때 두 수의 공배수 중에서 가장 큰 두 자리 수를 구하세요.

두 수의 공배수는 두 수의 최소공배수인 30의 [   ]와 같습니다.

따라서 두 수의 공배수는 [   ]의 배수인 [   ], [   ], [   ], [   ], …입니다.
30×1　30×2　30×3　30×4

➡ 공배수 중 가장 큰 두 자리 수: [   ]

3. 1부터 50까지의 수 중에서 6의 배수이면서 8의 배수인 수는 모두 몇 개인지 구하세요.

공배수

방법 두 수의 최소공배수를 구한 다음 최소공배수의 배수 구하기
❶　　　❷

두 수의 공배수는 두 수의 최소공배수의 배수와 같습니다.
(두 수의 공배수)=(두 수의 최소공배수의 배수)

$2\,)\,\underline{6\quad 8}$
$\quad\ \ 3\quad 4$

➡ 6과 8의 최소공배수: $2 \times 3 \times 4 =$ [   ] ←❶

최소공배수 [   ]의 배수는 [   ], [   ], [   ], …입니다. ←❷
24×1　24×2　24×3

➡ 1부터 50까지의 수 중에서 6의 배수이면서 8의 배수인 수: [   ], [   ] ➡ [   ]개

1. 가로가 ⑥cm, 세로가 ⑨cm인 직사각형 모양의 색종이를 겹치지 않게 이어 붙여 **될 수 있는 대로 작은 정사각형 모양**을 만들었습니다. 만든 정사각형의 한 변의 길이는 몇 cm일까요?

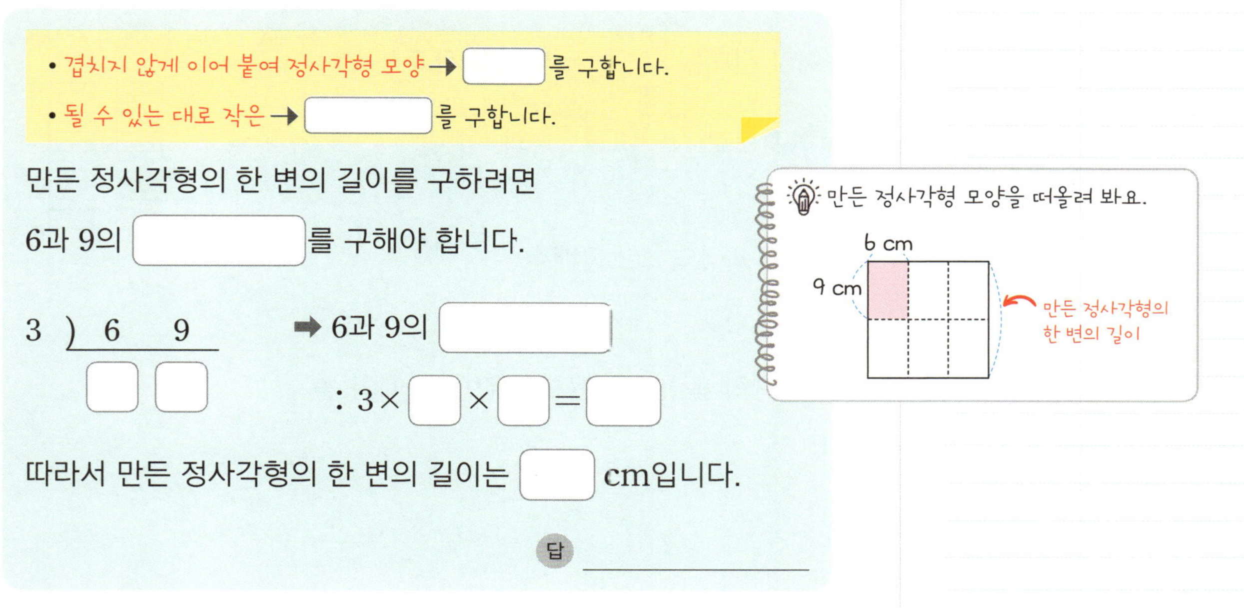

2. 가로가 10 cm, 세로가 8 cm인 직사각형 모양의 타일을 겹치지 않게 이어 붙여 가장 작은 정사각형을 만들었습니다. 만든 정사각형의 한 변의 길이는 몇 cm일까요?

1. 진희는 높이가 ⑥ cm인 상자를 쌓고, 민재는 높이가 ④ cm인 상자를 쌓고 있습니다. 두 사람이 쌓은 <u>상자의 높이가 처음으로 같아질 때의 높이</u>는 몇 cm일까요?

상자를 쌓을 때마다 높이가 진희는 ⬜ cm씩 높아지고,

민재는 ⬜ cm씩 높아지므로 ⬜ 과 ⬜ 의 [   ]

를 구해야 합니다.

2) 6   4
　 ⬜ ⬜

➡ 6과 4의 최소공배수

: 2 × ⬜ × ⬜ = ⬜

따라서 두 사람이 쌓은 상자의 높이가 처음으로 같아질 때의 높이는 ⬜ cm입니다.

답 ____________

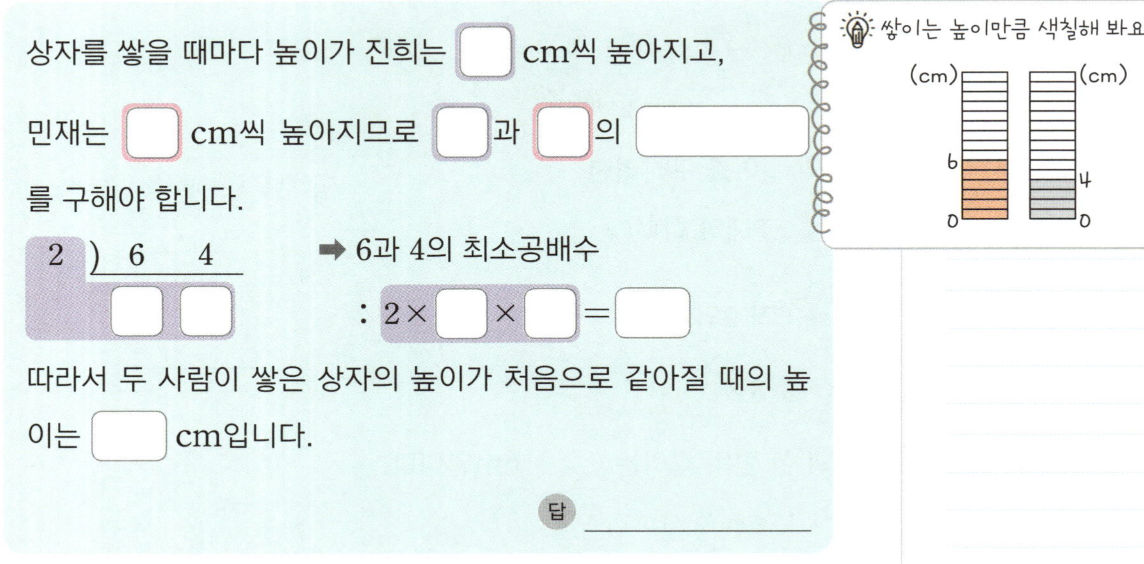

2. 혜주는 높이가 27 cm인 상자를 쌓고, 성하는 높이가 18 cm인 상자를 쌓고 있습니다. 두 사람이 쌓은 상자의 높이가 처음으로 같아질 때의 높이는 몇 cm일까요?

27과 18의 [   ] 를 구해야 합니다.

⬜) 27   18
⬜) ⬜   ⬜
　　 ⬜ ⬜

➡ 12와 18의 최소공배수

: ____________ = ⬜

따라서 두 사람이 쌓은 상자의 높이가 처음으로 같아질 때의 높이는 ⬜ cm입니다.

답 ____________

10. 최대공약수 활용

1. 장미 12송이와 국화 16송이를 최대한 많은 꽃병에 남김없이 똑같이 나누어 꽂으려고 합니다. 꽃병 한 개에 꽂을 장미와 국화는 각각 몇 송이일까요?

2) 12   16
☐) ☐   ☐
    ☐   ☐

12와 16의 최대공약수는 ☐ × ☐ = ☐ 이므로 장미와 국화를 ☐ 개의 꽃병에 나누어 꽂을 수 있습니다.

(꽃병 한 개에 꽂을 장미 수) = 12 ÷ ☐ = ☐ (송이)

(꽃병 한 개에 꽂을 국화 수) = 16 ÷ ☐ = ☐ (송이)

답 장미: ____________ , 국화: ____________

2. 초콜릿 28개와 젤리 35개를 최대한 많은 친구에게 남김없이 똑같이 나누어 주려고 합니다. 한 사람에게 줄 초콜릿과 젤리는 각각 몇 개일까요?

☐) 28   35
    ☐   ☐

28과 35의 최대공약수는 ☐ 이므로 초콜릿과 젤리를 ☐ 명의 친구에게 나누어 줄 수 있습니다.

(한 사람에게 줄 초콜릿 수) = ____________ = ☐ (개)

(한 사람에게 줄 ☐ 수) = ____________ = ☐ (개)

답 초콜릿: ____________ , 젤리: ____________

1. 야구공 ㉑개와 배구공 ⑮개를 최대한 많은 바구니에 남김없이 똑같이 나누어 담으려고 합니다. <u>바구니 한 개에 담을 야구공과 배구공은 각각 몇 개일까요?</u>

□) 21   15
　　□   □

21과 15의 최대공약수는 □이므로 야구공과 배구공을 □개의 바구니에 나누어 담을 수 있습니다.

(바구니 한 개에 담을 야구공 수)= ___________ = □ (개)

(___________________)= ___________ = □ (개)

답 야구공: ___________ , 배구공: ___________

2. 사과 35개와 귤 40개를 최대한 많은 봉지에 남김없이 똑같이 나누어 담으려고 합니다. 봉지 한 개에 담을 사과와 귤은 각각 몇 개일까요?

답 사과: ___________ , 귤: ___________

1. 가로가 54 cm, 세로가 42 cm인 직사각형 모양의 도화지에 정사각형 모양의 색종이를 겹치지 않게 붙이려고 합니다. 최대한 큰 색종이로 빈틈없이 붙이려면 색종이는 몇 장 필요할까요?

2) 54   42
　) □   □
　　□   □

➡ 54와 42의 최대공약수 :

2 × □ = □

가장 큰 정사각형 모양 색종이의 한 변의 길이는 □ cm이므로

색종이를 가로로 54 ÷ □ = □ (장),

세로로 42 ÷ □ = □ (장)씩 붙여야 합니다.

따라서 필요한 색종이는 모두 □ × □ = □ (장)입니다.

답 ______________

2. 가로가 63 cm, 세로가 54 cm인 직사각형 모양의 벽에 정사각형 모양의 타일을 겹치지 않게 붙이려고 합니다. 최대한 큰 타일로 벽을 빈틈없이 붙이려면 타일은 몇 장 필요할까요?

□) 63   54
□) □   □
　　□   □

➡ 63과 54의 최대공약수 :

______ = □

가장 큰 정사각형 모양 타일의 한 변의 길이는 □ cm이므로

타일을 가로로 ______ = □ (장),

세로로 ______ = □ (장)씩 붙여야 합니다.

따라서 필요한 타일은 모두 ______ = □ (장)입니다.

답 ______________

1. 경호와 서희가 각각 아래의 규칙에 따라 바둑돌을 40개씩 놓을 때, 검은색 바둑돌이 같은 자리에 놓이는 경우는 모두 몇 번일까요?

교과서 유형

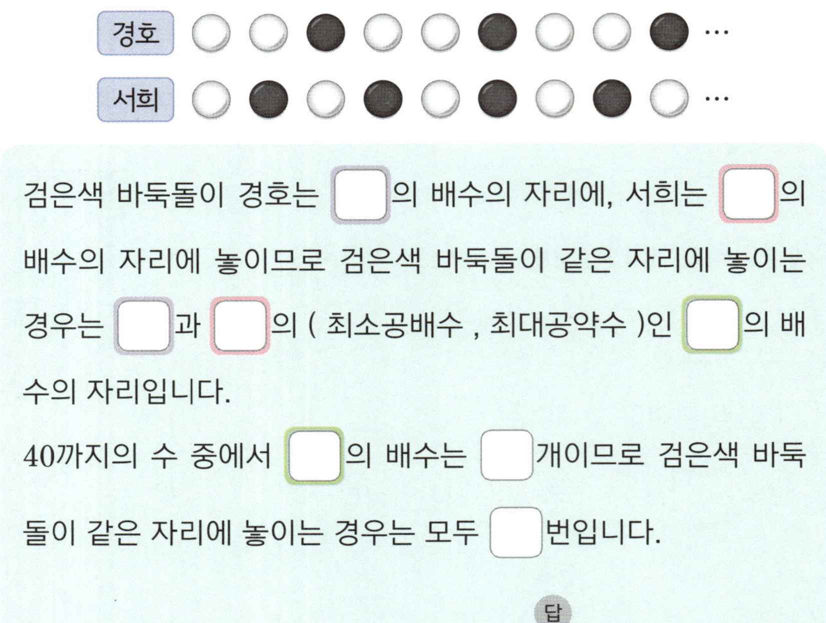

검은색 바둑돌이 경호는 □의 배수의 자리에, 서희는 □의 배수의 자리에 놓이므로 검은색 바둑돌이 같은 자리에 놓이는 경우는 □과 □의 (최소공배수 , 최대공약수)인 □의 배수의 자리입니다.

40까지의 수 중에서 □의 배수는 □개이므로 검은색 바둑돌이 같은 자리에 놓이는 경우는 모두 □번입니다.

답 ____________

2. 빨간색 전구는 4초마다, 노란색 전구는 6초마다 한 번씩 깜빡입니다. 두 전구가 동시에 깜빡였다면 그 이후 1분 동안 동시에 몇 번 더 깜빡일까요?

교과서 유형

빨간색 전구와 노란색 전구가 동시에 깜빡이는 경우는 □와 □의 [　　　　]인 □의 배수일 때입니다.

1분은 □초이고, □까지의 수 중에서 □의 배수는 □개이므로 두 전구가 1분 동안 동시에 깜빡이는 횟수는 □번입니다.

답 ____________

최소공배수를 구해 봐요.

□) 4 6
　　□ □

➡ 4와 6의 최소공배수: □

1. 선우네 집에서는 ②일마다 집안 청소를 하고, ⑦일마다 마당 청소를 한다고 합니다. 오늘 두 가지 청소를 동시에 하였다면 다음번에 처음으로 두 가지 청소를 동시에 하는 날은 며칠 후일까요?

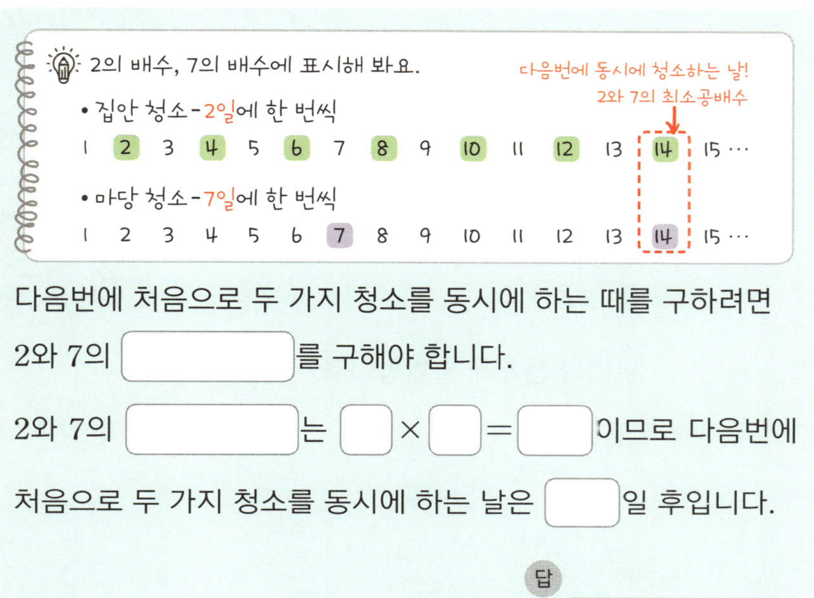

다음번에 처음으로 두 가지 청소를 동시에 하는 때를 구하려면

2와 7의 [　　　]를 구해야 합니다.

2와 7의 [　　　]는 [　] × [　] = [　] 이므로 다음번에

처음으로 두 가지 청소를 동시에 하는 날은 [　]일 후입니다.

답 ______________

2. 시력 검사를 주영이는 6개월마다, 민석이는 5개월마다 한 번씩 합니다. 이번 달에 두 사람이 시력 검사를 동시에 하였다면 다음번에 처음으로 두 사람이 시력 검사를 동시에 하는 때는 몇 개월 후일까요?

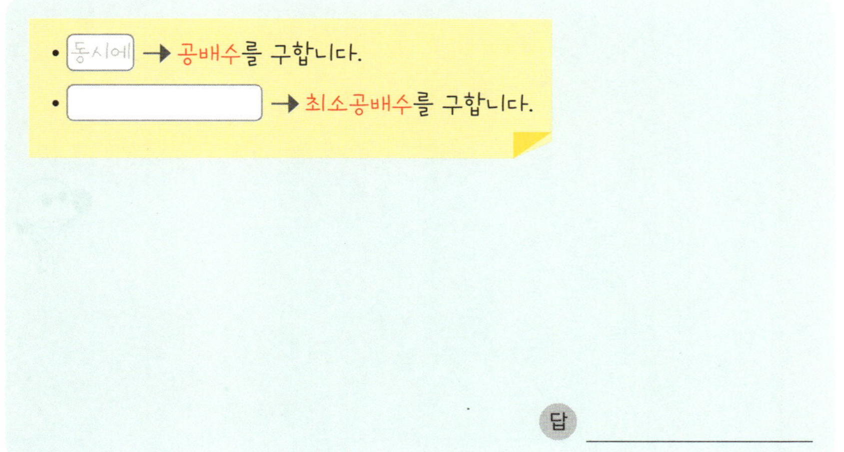

답 ______________

1. 고속버스 터미널에서 광주행은 20분마다, 대전행은 15분마다 출발합니다. 오전 8시 30분에 광주행과 대전행이 동시에 출발하였다면 다음번에 처음으로 두 버스가 동시에 출발하는 시각은 오전 몇 시 몇 분일까요?

2. 서현이는 2일마다, 경민이는 3일마다 수영장에 갑니다. 3월 1일에 두 사람이 수영장에서 만났다면 다음번에 처음으로 수영장에서 만나는 날은 몇 월 며칠일까요?

답 ___________________

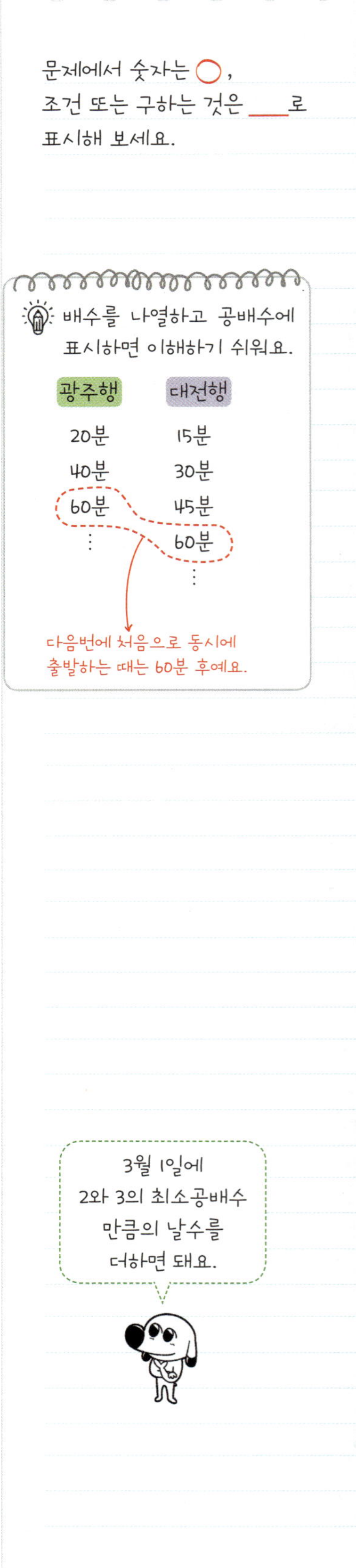

1. 유미와 현수는 운동장을 일정한 빠르기로 걷고 있습니다. 운동장을 한 바퀴 도는 데 유미는 3분, 현수는 4분이 걸립니다. 두 사람이 출발점에서 같은 방향으로 동시에 출발했다면 출발 후 30분 동안 출발점에서 몇 번 다시 만날까요?

3과 4의 최소공배수는 ☐이므로 유미와 현수는 ☐분마다 한 번씩 출발점에서 만나게 됩니다.

따라서 유미와 현수가 출발 후 만나는 때는 ☐분 후, ☐분 후, ☐분 후, … 이므로 30분 동안 출발점에서 ☐번 다시 만납니다.

답 ____________

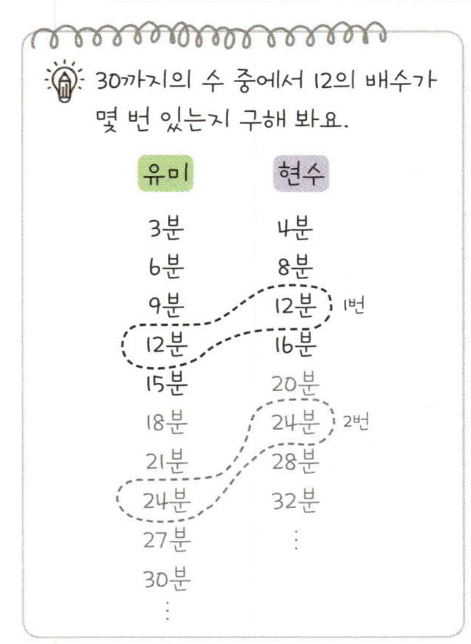

2. 아버지와 어머니는 공원을 일정한 빠르기로 걷고 있습니다. 공원을 한 바퀴 도는 데 아버지는 4분, 어머니는 5분이 걸립니다. 두 사람이 출발점에서 같은 방향으로 동시에 출발했다면 출발 후 60분 동안 출발점에서 몇 번 다시 만날까요?

답 ____________

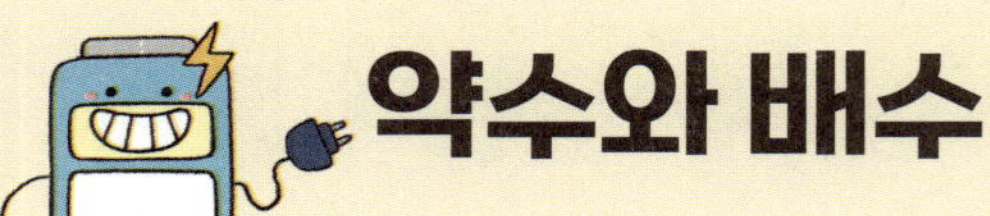

약수와 배수

점수   / 100

한 문제당 10점

1. 비누 25개를 상자에 남김없이 똑같이 나누어 담으려고 합니다. 똑같이 나누어 담을 수 있는 상자 수를 모두 구하세요.

(   )

2. 두 자리 수 중에서 19의 배수는 모두 몇 개일까요?

(   )

3. 민지는 5월 한 달 동안 7의 배수인 날마다 운동을 하기로 했습니다. 민지가 5월 한 달 동안 운동을 하는 날은 모두 며칠일까요?

(   )

4. 24와 56을 어떤 수로 나누면 두 수 모두 나누어떨어집니다. 어떤 수 중에서 가장 큰 수를 구하세요.

(   )

5. 50부터 100까지의 수 중에서 5와 6의 공배수는 모두 몇 개일까요?

(   )

6. 사탕 32개와 과자 12개를 최대한 많은 친구에게 남김없이 똑같이 나누어 주려고 합니다. 한 사람에게 줄 사탕과 과자는 각각 몇 개일까요? (20점)

사탕 (   )

과자 (   )

7. 가로가 18 cm, 세로가 45 cm인 직사각형 모양의 타일을 겹치지 않게 이어 붙여 가장 작은 정사각형을 만들었습니다. 만든 정사각형의 한 변의 길이는 몇 cm일까요?

(   )

8. 시력 검사를 지애는 4개월마다, 영우는 6개월마다 한 번씩 합니다. 이번 달에 두 사람이 시력 검사를 동시에 하였다면 다음번에 처음으로 두 사람이 시력 검사를 동시에 하는 때는 몇 개월 후일까요? (20점)

(   )

규칙과 대응

셋째 마당에서는 **규칙과 대응을 활용한 문장제**를 배웁니다.
여러분 주변에서 대응 관계를 찾아 말로 표현해 보세요.
규칙을 찾을 때는 그림을 그려 보거나 두 양 사이의 대응 관계를
표로 나타내면 더 쉽게 알 수 있어요.

를 채워 문장을 완성하면, 학교 시험 자신감 충전 완료!

🚩 공부한 날짜

12	두 양 사이의 관계	월 일
13	대응 관계를 찾아 식으로 나타내기	월 일

12 두 양 사이의 관계

두 양 사이의 **대응** 관계를 알아보려고 합니다. ☐ 안에 알맞은 수나 말을 써넣으세요.

한 양이 변함에 따라 다른 양이 변할 때, 두 양 사이의 관계

1.

(1) 자전거 바퀴의 수는 자전거의 수의 ☐배입니다.

(2) 자전거 바퀴의 수를 2로 나누면 자전거의 수 와 같습니다.

(3) 자전거가 5대일 때 자전거 바퀴는 5 × ☐ = ☐ (개)입니다.

2.

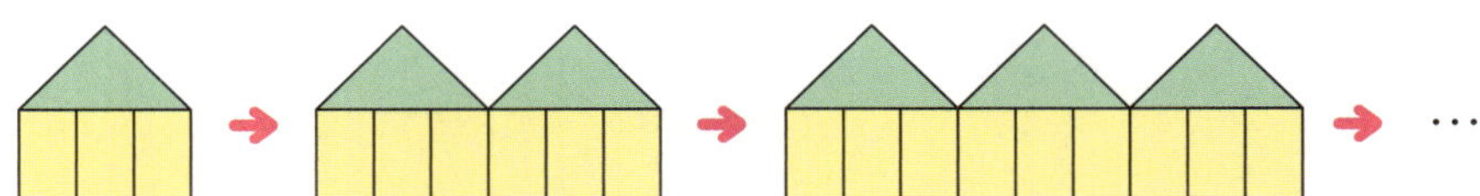

(1) 직사각형의 수는 삼각형의 수의 ☐배입니다.

(2) 직사각형의 수를 ☐으로 나누면 ☐와 같습니다.

(3) 삼각형이 7개일 때 직사각형은 ___________ = ☐ (개)입니다.

식을 써요.

3.

(1) 자동차 바퀴의 수는 자동차의 수의 ___________ .

(2) 자동차 바퀴의 수를 ☐로 나누면 ___________ .

(3) 자동차가 3대일 때 자동차 바퀴는 ___________ .

1. 그림과 같이 누름 못을 사용하여 게시판에 도화지를 붙이려고 합니다. 도화지를 5장 붙이려면 누름 못은 몇 개 필요할까요?

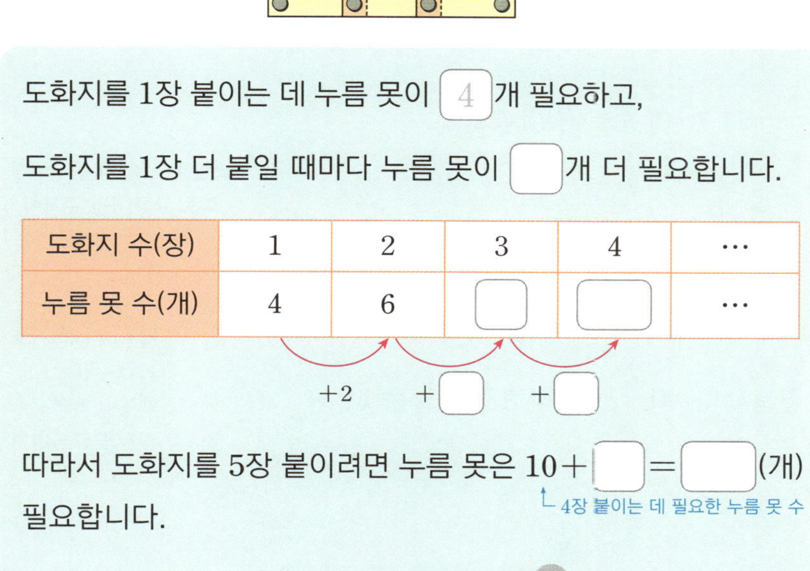

도화지를 1장 붙이는 데 누름 못이 4 개 필요하고,

도화지를 1장 더 붙일 때마다 누름 못이 ☐개 더 필요합니다.

도화지 수(장)	1	2	3	4	⋯
누름 못 수(개)	4	6	☐	☐	⋯

+2　+☐　+☐

따라서 도화지를 5장 붙이려면 누름 못은 $10 +$ ☐ $=$ ☐ (개) 필요합니다.
└ 4장 붙이는 데 필요한 누름 못 수

답 ___________

2. 그림과 같이 자석을 사용하여 게시판에 사진을 붙이려고 합니다. 사진을 6장 붙이려면 자석은 몇 개 필요할까요?

사진을 1장 붙이는 데 자석이 ☐개 필요하고,

사진을 1장 더 붙일 때마다 자석이 ☐개 더 필요합니다.

사진 수(장)	1	2	3	4	5	⋯
자석 수(개)	3	☐	☐	☐	☐	⋯

따라서 사진을 6장 붙이려면 자석은 $11 +$ ☐ $=$ ☐ (개) 필요합니다.
└ 5장 붙이는 데 필요한 자석 수

답 ___________

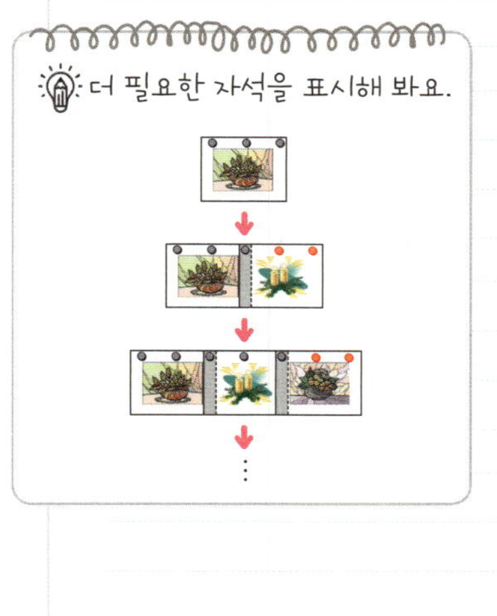

1. 그림과 같이 책상에 의자를 놓고 있습니다. 책상 ⑧개를 놓을 때, 필요한 의자는 몇 개일까요?

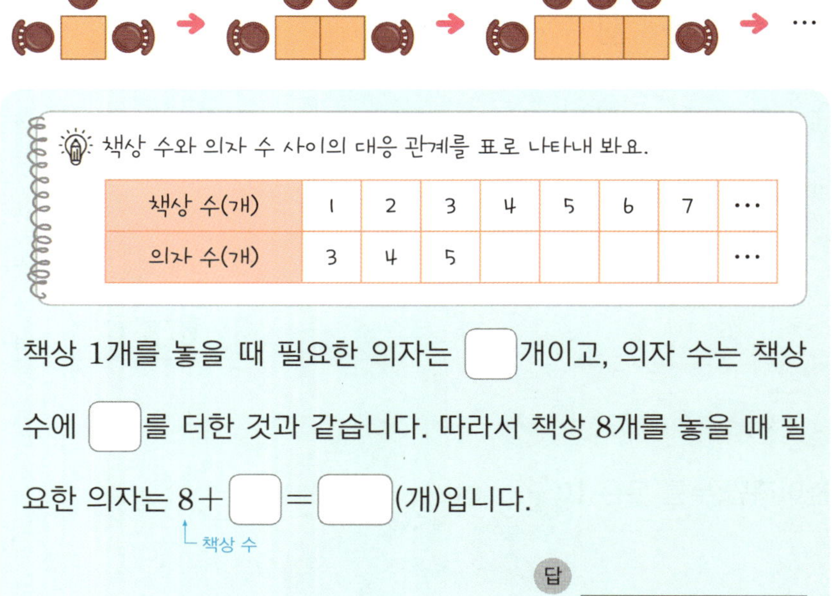

책상 수와 의자 수 사이의 대응 관계를 표로 나타내 봐요.

책상 수(개)	1	2	3	4	5	6	7	…
의자 수(개)	3	4	5					…

책상 1개를 놓을 때 필요한 의자는 ☐개이고, 의자 수는 책상 수에 ☐를 더한 것과 같습니다. 따라서 책상 8개를 놓을 때 필요한 의자는 8＋☐＝☐(개)입니다.

└ 책상 수

답 ______________

2. 삼각형과 사각형으로 그림과 같이 규칙적인 배열을 만들고 있습니다. 사각형이 5개일 때, 삼각형은 몇 개일까요?

사각형 수와 삼각형 수 사이의 대응 관계를 표로 나타내 봐요.

사각형 수(개)	1	2	3	4	…
삼각형 수(개)	2	4			…

사각형이 1개일 때 삼각형은 ☐개이고, 삼각형의 수는 사각형의 수의 ☐배와 같습니다. 따라서 사각형이 5개일 때 삼각형은 ______＝☐(개)입니다.

답 ______________

1. 그림과 같이 클립을 끼우고 있습니다. 클립 ⑦개를 끼울 때, 클립을 끼운 횟수는 몇 번일까요?

교과서 유형

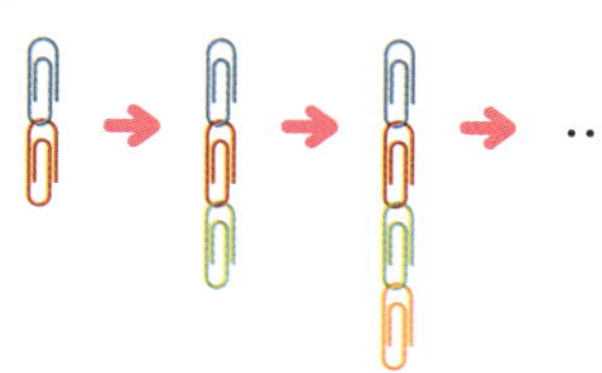

클립 수와 클립을 끼운 횟수 사이의 대응 관계를 표로 나타내 봐요.

클립 수(개)	2	3	4	5	6	⋯
클립을 끼운 횟수(번)	1	2				⋯

클립 2개를 끼울 때 끼운 횟수는 ☐번, 클립 3개를 끼울 때 끼운 횟수는 ☐번이므로 클립을 끼운 횟수는 클립 수에서 1을 (뺀 , 더한) 것과 같습니다. 따라서 클립 7개를 끼울 때 클립을 끼운 횟수는 7◯1＝☐(번)입니다.

답 ___________________

2. 오른쪽 그림과 같이 운동장에 철봉 기구를 세우려고 합니다. 철봉 대 5개를 세우려면 철봉 기둥은 몇 개 필요할까요?

교과서 유형

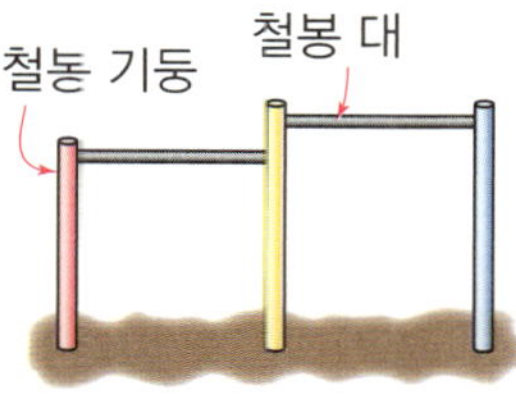

철봉 대 1개를 세울 때 필요한 철봉 기둥은 ☐개, 철봉 대 2개를 세울 때 필요한 철봉 기둥은 ☐개이므로 철봉 기둥의 수는 철봉 대의 수에 ☐을 더한 것과 같습니다. 따라서 철봉 대 5개를 세우려면 철봉 기둥은 ______＝☐(개) 필요합니다.

답 ___________________

두 양 사이의 대응 관계를 표로 나타내 봐요.

철봉 기둥의 수(개)	철봉 대의 수(개)
1	2
2	
3	
4	
⋮	⋮

⭐ 두 양 사이의 대응 관계를 식으로 나타내려고 합니다. ☐ 안에 알맞은 수나 말을 써넣으세요.

1. 

오리 다리의 수는 오리의 수의 ☐배입니다.

➡ (오리의 수) × ☐ = (오리 다리의 수)

2. 

세발자전거 바퀴의 수는 세발자전거의 수의 ☐배입니다.

➡ (세발자전거의 수) × ☐ = (세발자전거 ☐의 수)

3. 

꽃의 수는 꽃병의 수의 ☐배입니다.

➡ (☐의 수) × ☐ = (꽃의 수)

4. 

☐는 문어의 수의 8배입니다.

➡ ☐ = (문어 다리의 수)

식을 써요.

5. 

☐는 달걀판의 수의 10배입니다.

➡ ☐ = (달걀의 수)

식을 써요.

1. 어느 미술관의 입장객 수와 입장료 사이의 대응 관계를 나타낸 표입니다. ⑦명이 입장하려면 내야 하는 입장료는 얼마일까요?

입장객 수(명)	1	2	3	4	…
입장료(원)	1700	3400	5100	6800	…

두 양 사이의 관계를 식으로 나타내면

(내야 하는 입장료)=(입장객 수)×☐입니다.

따라서 7명이 입장하려면 내야 하는 입장료는

7×☐=☐(원)입니다.

답 ____________

2. 햄버거와 필요한 재료들 사이의 대응 관계를 나타낸 표입니다. 햄버거 5개를 만들기 위해 필요한 양상추와 햄은 각각 몇 장일까요?

햄버거	식빵	양상추	햄	달걀
1개	2장	3장	2장	1개
2개	4장	6장	4장	2개
3개	6장	9장	6장	3개

두 양의 사이의 관계를 식으로 나타내면

(양상추의 수)=(햄버거의 수)×☐이고,

(햄의 수)=(햄버거의 수)×☐입니다.

따라서 햄버거 5개를 만들기 위해 필요한 양상추는

5×☐=☐(장), 햄은 ________=☐(장)입니다.

답 양상추: ____________ , 햄: ____________

1. 그림과 같이 가래떡을 자르고 있습니다. 가래떡이 ⑤도막이 되려면 몇 번 잘라야 할까요?

두 양 사이의 대응 관계를 표로 나타내 봐요.

자른 횟수(번)	1	2	3	4	…
가래떡 도막 수(도막)	2	3			…

가래떡 도막 수는 자른 횟수에 ☐을 더한 것과 같고,

자른 횟수는 가래떡 도막 수에서 ☐을 뺀 것과 같습니다.

따라서 가래떡이 5도막이 되려면 5 ◯ ☐ = ☐ (번) 잘라야 합니다.

답 _______________

2. 그림과 같이 색 테이프를 자르고 있습니다. 색 테이프가 7도막이 되려면 몇 번 잘라야 할까요?

색 테이프 도막 수는 자른 횟수에 ☐을 더한 것과 같고,

자른 횟수 는 색 테이프 ☐에서 ☐을 뺀 것과 같습니다.

따라서 색 테이프가 7도막이 되려면 7 ◯ ☐ = ☐ (번) 잘라야 합니다.

답 _______________

두 양 사이의 대응 관계를 표로 나타내 봐요.

자른 횟수 (번)	색 테이프 도막 수(도막)
1	
2	
3	
4	
⋮	⋮

1. 올해 준기의 나이는 ⑭살이고 동생의 나이는 ⑪살입니다. 준기가 ㉕살일 때 동생은 몇 살일까요?

동생의 나이는 준기의 나이보다 [14−11] 살 적습니다.

준기의 나이와 동생의 나이 사이의 대응 관계를 식으로 나타내면 ([　　]의 나이)−[　] =(동생의 나이)입니다.

따라서 준기가 25살일 때 동생은 25−[나이의 차] =[　] (살)입니다.

답 ______________

2. 올해 지영이의 나이는 12살이고 아버지의 나이는 47살입니다. 지영이가 20살일 때 아버지는 몇 살일까요?

아버지의 나이는 지영이의 나이보다 [47−12] 살 많습니다.

지영이의 나이와 아버지의 나이 사이의 대응 관계를 식으로 나타내면 (지영이의 나이)+[　] =([　　　　　　])입니다.

따라서 지영이가 20살일 때 아버지는 [지영이 나이] +[나에의 차] =[　] (살)입니다.

답 ______________

3. 올해 아버지의 나이는 46살이고 어머니의 나이는 42살입니다. 아버지가 60살일 때 어머니는 몇 살일까요?

답 ______________

1. 아버지가 나무를 한 번 자르는 데 ⑥분이 걸립니다. 나무 한 개를 10도막이 되도록 쉬지 않고 자른다면 몇 분이 걸릴까요?

나무 도막 수(도막)	2	3	4	5	…
자른 횟수(번)	1				…

나무 도막 수와 자른 횟수 사이의 대응 관계를 식으로 나타내면
(자른 횟수)=(나무 도막 수)−☐이므로 10도막이 되도록 자르면 (자른 횟수)=10−☐=☐(번)입니다.

따라서 10도막이 되도록 자르는 데 걸리는 시간은

자른 횟수
☐×6=☐(분)입니다.
└ 한 번 자르는 데 걸리는 시간

답 ______________

2. 희준이가 나무를 한 번 자르는 데 10분이 걸립니다. 나무 한 개를 8도막이 되도록 쉬지 않고 자른다면 몇 시간 몇 분이 걸릴까요?

(자른 횟수)=(나무 도막 수)−☐이므로 8도막이 되도록 자르면
(자른 횟수)=8−☐=☐(번)입니다.

따라서 8도막이 되도록 자르는 데 걸리는 시간은

☐×10=☐(분)이므로

☐분=☐시간 ☐분이 걸립니다.

답 ______________

나무 도막 수 (도막)	자른 횟수 (번)
2	
3	
4	
5	
⋮	⋮

1. 그림과 같은 규칙에 따라 성냥개비로 삼각형을 7개 만들려고
합니다. 필요한 성냥개비는 모두 몇 개일까요?

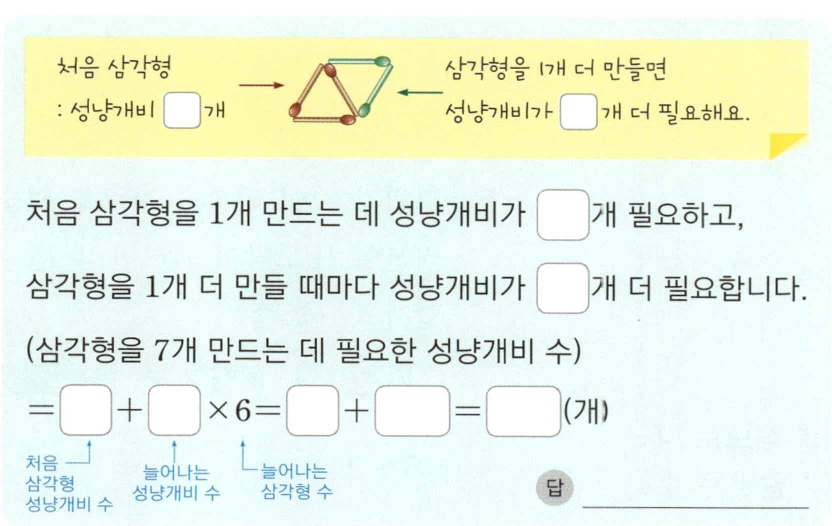

처음 삼각형을 1개 만드는 데 성냥개비가 □개 필요하고,

삼각형을 1개 더 만들 때마다 성냥개비가 □개 더 필요합니다.

(삼각형을 7개 만드는 데 필요한 성냥개비 수)

$$= □ + □ × 6 = □ + □ = □ \text{(개)}$$

답 ____________________

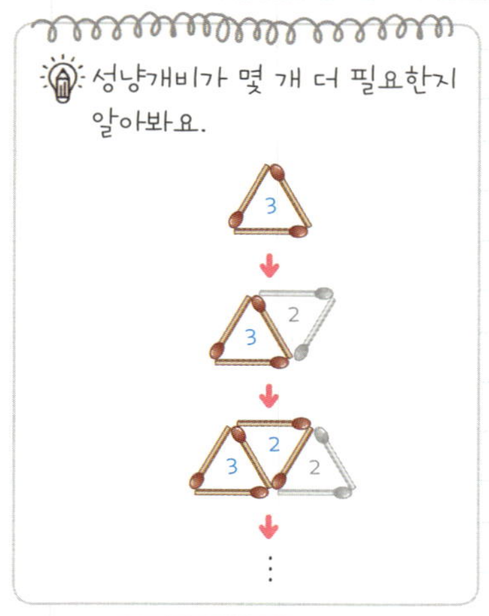

2. 그림과 같은 규칙에 따라 성냥개비로 사각형을 6개 만들려고
합니다. 필요한 성냥개비는 모두 몇 개일까요?

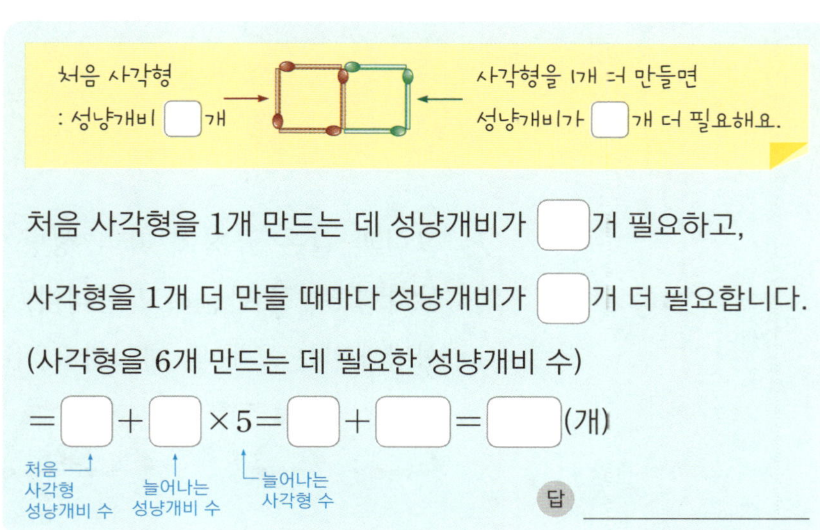

처음 사각형을 1개 만드는 데 성냥개비가 □개 필요하고,

사각형을 1개 더 만들 때마다 성냥개비가 □개 더 필요합니다.

(사각형을 6개 만드는 데 필요한 성냥개비 수)

$$= □ + □ × 5 = □ + □ = □ \text{(개)}$$

답 ____________________

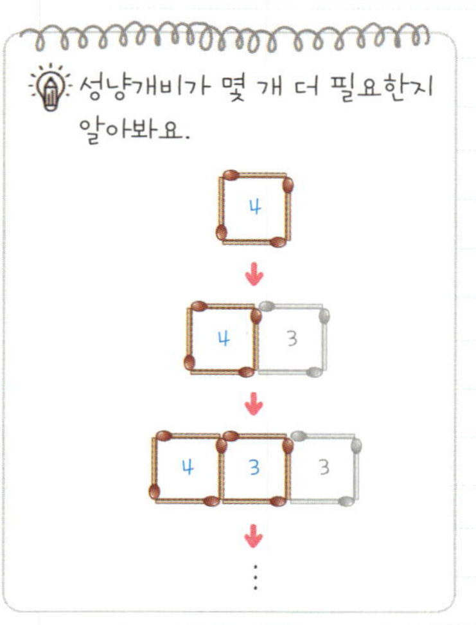

규칙과 대응

점수 　　/ 100
한 문제당 10점

1. 코끼리의 수와 코끼리 다리의 수 사이의 대응 관계를 알아보려고 합니다. ☐ 안에 알맞은 수나 말을 써넣으세요.

(1) 코끼리 다리의 수는 코끼리의 수의 ☐ 배입니다.

(2) 코끼리 다리의 수를 ☐로 나누면 ☐와 같습니다.

⭐ 두 양 사이의 대응 관계를 식으로 나타내려고 합니다. ☐ 안에 알맞은 수나 말을 써넣으세요. [2~3]

2.

구멍의 수는 단추의 수의 ☐ 배입니다.

➡ (☐) × ☐ = (구멍의 수)

3.

조각의 수는 피자의 수의 ☐ 배입니다.

➡ (☐) × ☐
　 = (☐)

4. 올해 민서의 나이는 12살이고 형의 나이는 17살입니다. 민서가 30살일 때 형은 몇 살일까요?　　(15점)

(　　　　　　　　)

5. 그림과 같이 리본을 자르고 있습니다. 리본이 10도막이 되려면 몇 번 잘라야 할까요? (15점)

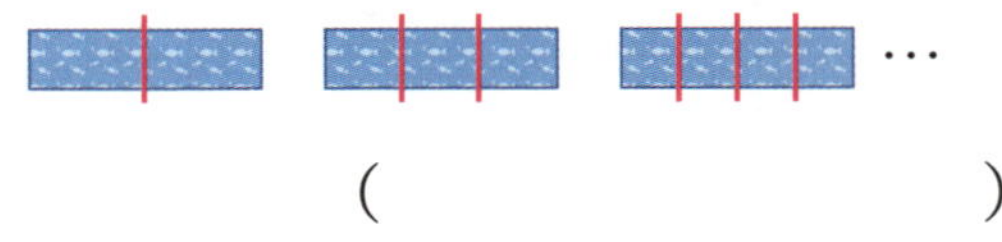

(　　　　　　　　)

6. 아버지가 나무를 한 번 자르는 데 7분이 걸립니다. 나무 한 개를 4도막이 되도록 쉬지 않고 자른다면 몇 분이 걸릴까요?　　(20점)

(　　　　　　　　)

7. 그림과 같은 규칙에 따라 성냥개비로 삼각형 5개를 만들려고 합니다. 필요한 성냥개비는 모두 몇 개일까요? (20점)

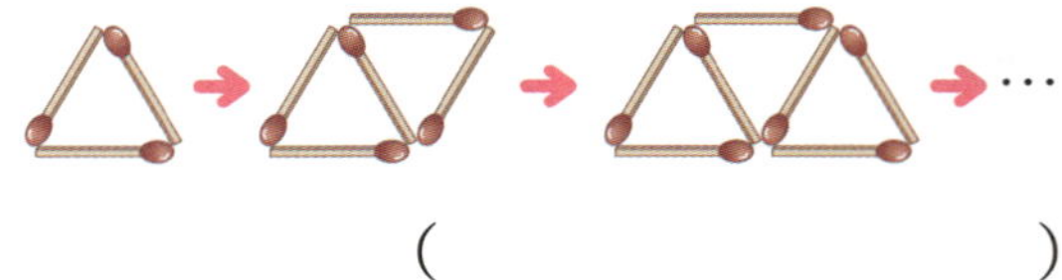

(　　　　　　　　)

약분과 통분

약분과 통분을 이용하면 크기가 같은 분수를 만들 수 있어요.
분모가 다른 분수의 크기를 비교할 때는 통분을 하면 쉽게 비교할 수 있어요.
약분과 통분에 관련된 생활 속 문장제를 해결해 보세요.

를 채워 문장을 완성하면, 학교 시험 자신감 충전 완료!

공부한 날짜

14	크기가 같은 분수	월	일	
15	약분, 기약분수	월	일	
16	분모가 같은 분수로 나타내기	월	일	
17	분수, 분수와 소수의 크기 비교 (1)	월	일	
18	분수, 분수와 소수의 크기 비교 (2)	월	일	

14 크기가 같은 분수

1. $\frac{1}{3}$과 **크기가 같은 분수**를 분모가 작은 것부터 차례로 3개 구하세요.

$$\frac{1}{3} = \frac{1 \times 2}{3 \times 2} = \frac{\square}{\square} \, , \quad \frac{1}{3} = \frac{1 \times 3}{3 \times 3} = \frac{\square}{\square} \, , \quad \frac{1}{3} = \frac{1 \times 4}{3 \times 4} = \frac{\square}{\square}$$

$$\Rightarrow \frac{1}{3} = \frac{\square}{\square} = \frac{\square}{\square} = \frac{\square}{\square}$$

2. $\frac{4}{5}$와 크기가 같은 분수를 분모가 작은 것부터 차례로 3개 구하세요.

$$\frac{4}{5} = \frac{4 \times 2}{5 \times 2} =$$

$$\Rightarrow \frac{4}{5} = \boxed{} = \boxed{} = \boxed{}$$

3. $\frac{20}{32}$의 분모와 분자를 **0이 아닌 같은 수로 나누어** 만들 수 있는 크기가 같은 분수를 모두 구하세요.

20과 32의 공약수는 1, $\square$, $\square$ 이므로 1을 제외한 **공약수**로 분모와 분자를 나눕니다.

$$\Rightarrow \frac{20}{32} = \frac{20 \div 2}{32 \div 2} = \frac{\square}{\square} \, , \quad \frac{20}{32} = \frac{20 \div \square}{32 \div \square} = \frac{\square}{\square}$$

4. $\frac{18}{24}$의 분모와 분자를 0이 아닌 같은 수로 나누어 만들 수 있는 크기가 같은 분수를 모두 구하세요.

18과 24의 공약수는 1, _____________ 이므로 1을 제외한 공약수로 분모와 분자를 나눕니다.

$$\Rightarrow \frac{18}{24} =$$

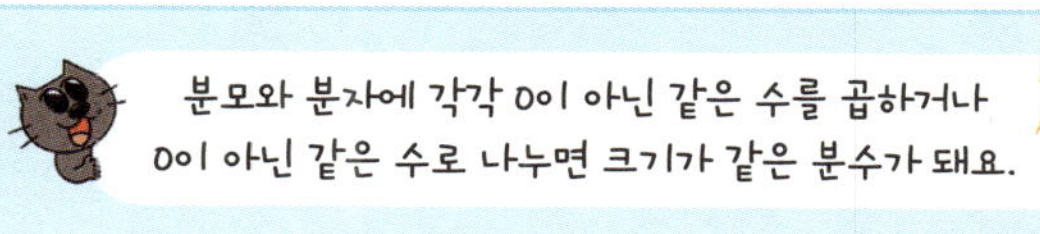

1. 같은 크기의 와플을 현우는 똑같이 ②조각으로 나눈 것 중의 ①조각을 먹었고, 민서는 똑같이 ④조각으로 나누었습니다. 민서가 현우와 같은 양을 먹으려면 몇 조각을 먹어야 할까요?

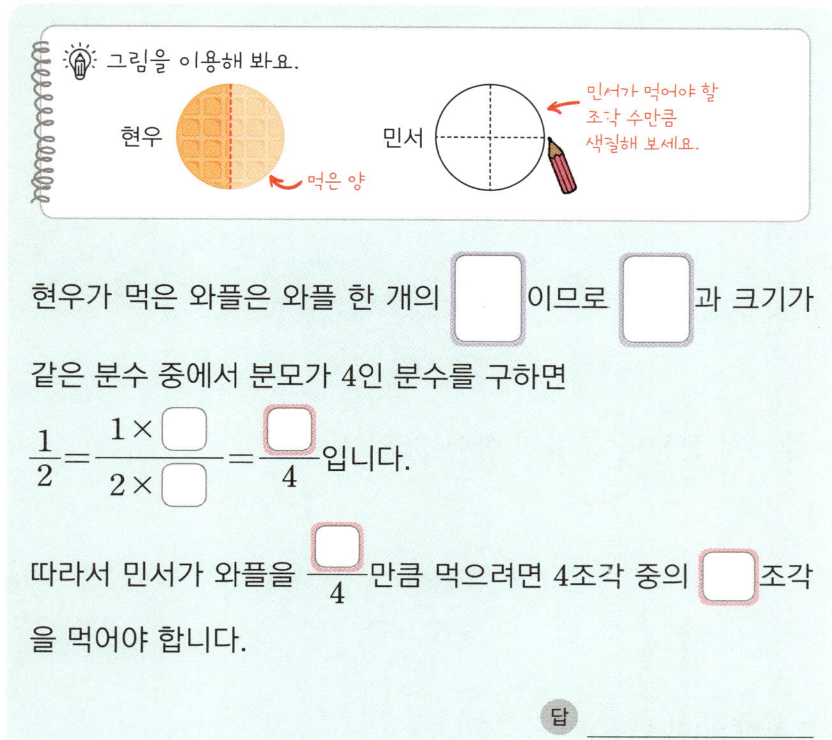

현우가 먹은 와플은 와플 한 개의 ☐ 이므로 ☐ 과 크기가 같은 분수 중에서 분모가 4인 분수를 구하면

$$\frac{1}{2} = \frac{1 \times \boxed{}}{2 \times \boxed{}} = \frac{\boxed{}}{4}$$ 입니다.

따라서 민서가 와플을 $\dfrac{\boxed{}}{4}$ 만큼 먹으려면 4조각 중의 ☐ 조각을 먹어야 합니다.

답 ____________________

2. 같은 크기의 가래떡을 준희는 똑같이 3조각으로 나눈 것 중의 2조각을 먹었고, 경호는 똑같이 9조각으로 나누었습니다. 경호가 준희와 같은 양을 먹으려면 몇 조각을 먹어야 할까요?

준희가 먹은 가래떡은 가래떡 한 개의 ☐ 이므로 ☐ 와 크기가 같은 분수 중에서 분모가 9인 분수를 구하면

답 ____________________

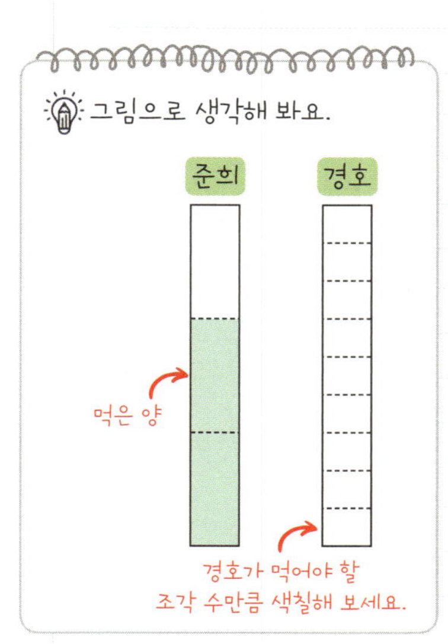

1. 교과서 유형 $\frac{1}{2}$과 크기가 같은 분수 중에서 분모와 분자의 합이 15인 분수를 구하세요.

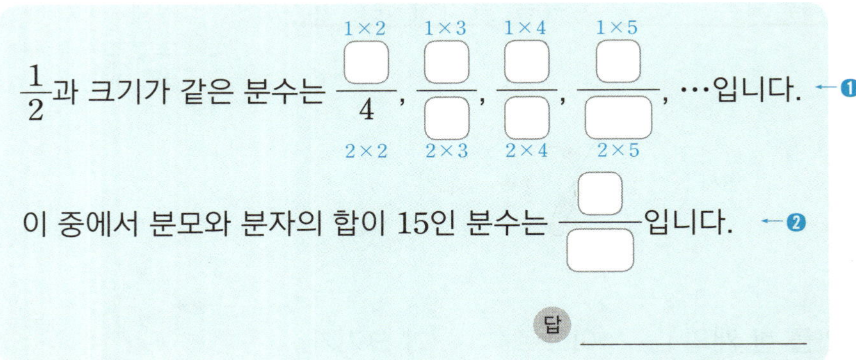

$\frac{1}{2}$과 크기가 같은 분수는 $\dfrac{\boxed{}^{1\times2}}{4}$, $\dfrac{\boxed{}}{\boxed{}}^{1\times3}_{2\times3}$, $\dfrac{\boxed{}}{\boxed{}}^{1\times4}_{2\times4}$, $\dfrac{\boxed{}}{\boxed{}}^{1\times5}_{2\times5}$, …입니다. ← ❶

이 중에서 분모와 분자의 합이 15인 분수는 $\dfrac{\boxed{}}{\boxed{}}$입니다. ← ❷

답 ____________

2. $\frac{2}{7}$와 크기가 같은 분수 중에서 분모와 분자의 합이 36인 분수를 구하세요.

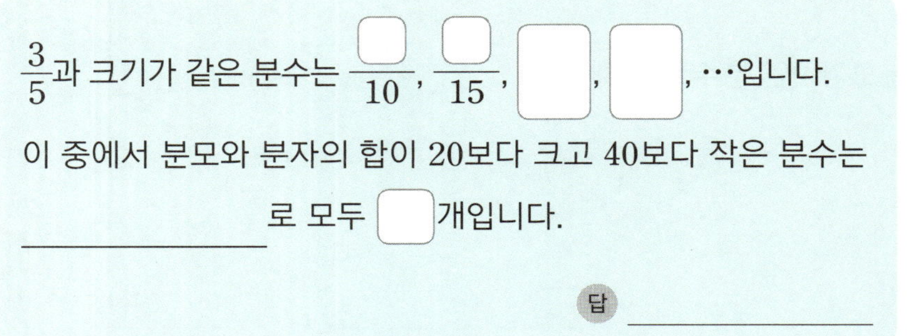

$\frac{2}{7}$와 크기가 같은 분수는 $\dfrac{\boxed{}}{14}$, $\dfrac{\boxed{}}{21}$, $\boxed{}$, $\boxed{}$, …입니다.

이 중에서 분모와 분자의 합이 36인 분수는 $\boxed{}$ 입니다.

답 ____________

3. $\frac{3}{5}$과 크기가 같은 분수 중에서 분모와 분자의 합이 20보다 크고 40보다 작은 분수는 모두 몇 개일까요?

$\frac{3}{5}$과 크기가 같은 분수는 $\dfrac{\boxed{}}{10}$, $\dfrac{\boxed{}}{15}$, $\boxed{}$, $\boxed{}$, …입니다.

이 중에서 분모와 분자의 합이 20보다 크고 40보다 작은 분수는 ____________ 로 모두 $\boxed{}$ 개입니다.

답 ____________

1. $\dfrac{12}{30}$와 크기가 같은 분수 중에서 분모가 10인 분수를 구하세요.

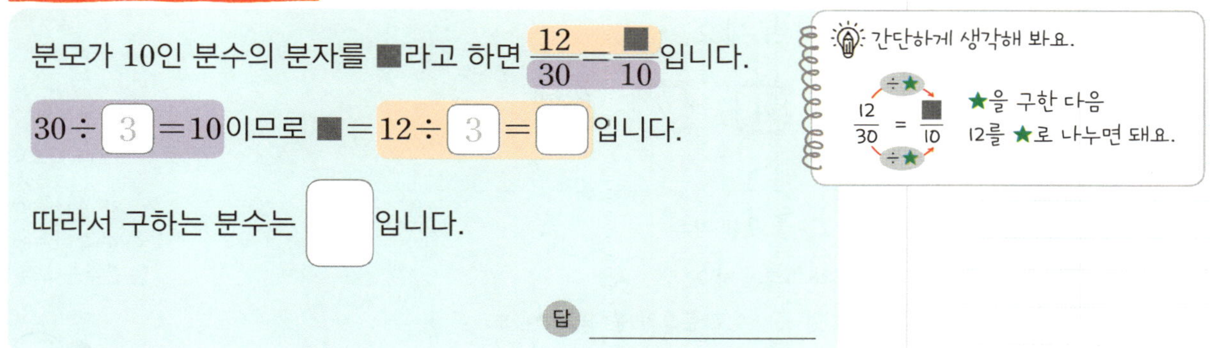

분모가 10인 분수의 분자를 ■라고 하면 $\dfrac{12}{30} = \dfrac{■}{10}$입니다.

$30 \div \boxed{3} = 10$이므로 ■ $= 12 \div \boxed{3} = \boxed{}$입니다.

따라서 구하는 분수는 $\boxed{}$입니다.

답 ______________

2. $\dfrac{40}{48}$과 크기가 같은 분수 중에서 분모가 6인 분수를 구하세요.

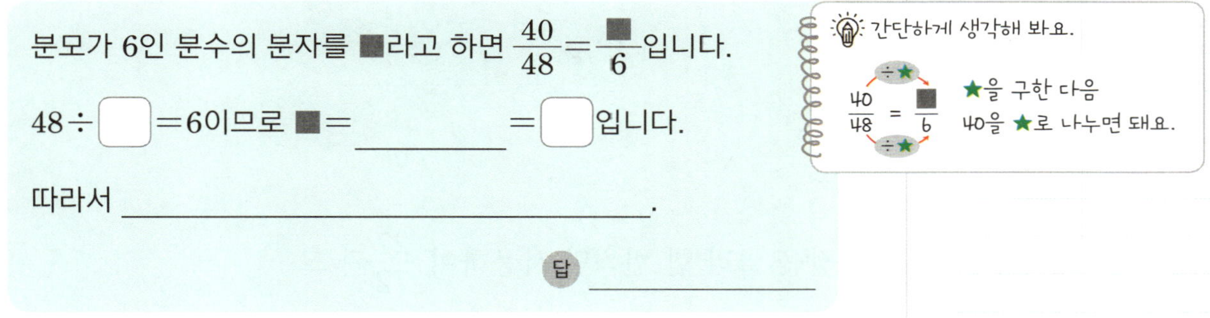

분모가 6인 분수의 분자를 ■라고 하면 $\dfrac{40}{48} = \dfrac{■}{6}$입니다.

$48 \div \boxed{} = 6$이므로 ■ $= $ ________ $= \boxed{}$입니다.

따라서 ______________________________.

답 ______________

3. $\dfrac{21}{56}$과 크기가 같은 분수 중에서 분모가 8인 분수를 구하세요.

답 ______________

1. 수 카드 4장 중에서 2장을 골라 한 번씩만 사용하여 $\dfrac{12}{16}$와 크기가 같은 분수를 만들어 보세요.

$$\boxed{3} \quad \boxed{4} \quad \boxed{7} \quad \boxed{8}$$

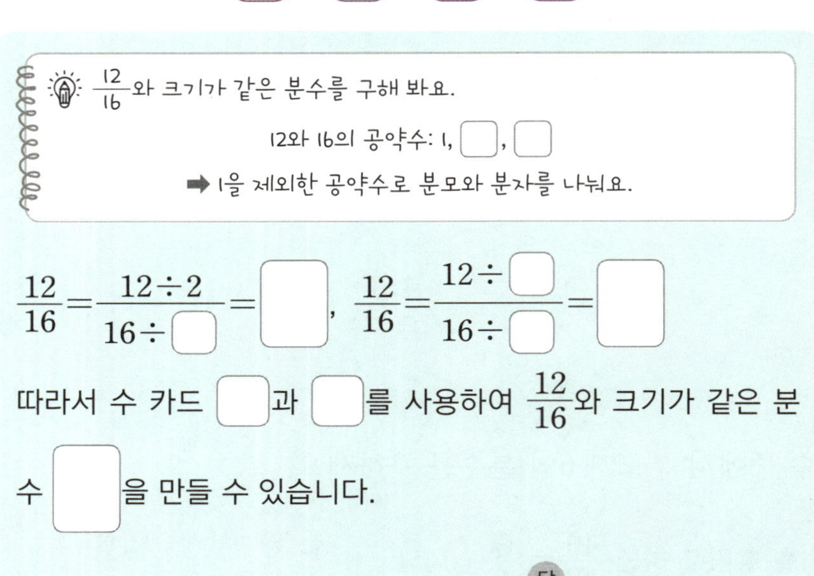

$\dfrac{12}{16}$와 크기가 같은 분수를 구해 봐요.

12와 16의 공약수: 1, ☐, ☐

➡ 1을 제외한 공약수로 분모와 분자를 나눠요.

$$\dfrac{12}{16} = \dfrac{12 \div 2}{16 \div \boxed{}} = \boxed{} \quad , \quad \dfrac{12}{16} = \dfrac{12 \div \boxed{}}{16 \div \boxed{}} = \boxed{}$$

따라서 수 카드 ☐과 ☐를 사용하여 $\dfrac{12}{16}$와 크기가 같은 분수 ☐을 만들 수 있습니다.

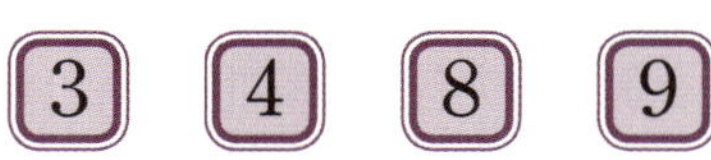

답 ____________

2. 수 카드 4장 중에서 2장을 골라 한 번씩만 사용하여 $\dfrac{27}{72}$과 크기가 같은 분수를 만들어 보세요.

$$\boxed{3} \quad \boxed{4} \quad \boxed{8} \quad \boxed{9}$$

$\dfrac{27}{72}$의 분모와 분자를 1을 제외한 두 수의 공약수로 나누면

$$\dfrac{27}{72} = \underline{\qquad\qquad} = \boxed{} \quad , \quad \dfrac{27}{72} = \underline{\qquad\qquad} = \boxed{} \quad \text{입니다.}$$

따라서 수 카드 ☐과 ☐을 사용하여 $\dfrac{27}{72}$과 크기가 같은 분수 ☐을 만들 수 있습니다.

답 ____________

15 약분, 기약분수

1. 진분수 $\dfrac{\square}{6}$ 가 기약분수라고 할 때 $\square$ 안에 들어갈 수 있는 수를 모두 구하세요.

$\dfrac{\square}{6}$ 가 진분수이므로 $\square$ 안에는 1, ⟨2⟩, ⟨ ⟩, ⟨ ⟩, ⟨ ⟩ 가 들어갈 수 있습니다.

이 중에서 기약분수가 되려면 $\square$ 안의 수가 ⟨ ⟩, ⟨ ⟩, ⟨ ⟩ 는 될 수 없습니다.

➡ $\square$ 안에 들어갈 수 있는 수: ⟨ ⟩, ⟨ ⟩

> 약분이 되는 분수를 지워서 구해 봐요.
> $\dfrac{1}{6}, \dfrac{2}{6}, \dfrac{3}{6}, \dfrac{4}{6}, \dfrac{5}{6}$

2. 진분수 $\dfrac{\square}{10}$ 가 기약분수라고 할 때 $\square$ 안에 들어갈 수 있는 수를 모두 구하세요.

$\dfrac{\square}{10}$ 가 진분수이므로 $\square$ 안에는 1, _________________________ 가 들어갈 수 있습니다.

이 중에서 기약분수가 되려면 $\square$ 안의 수가 _________________________ 은 될 수 없습니다.

➡ $\square$ 안에 들어갈 수 있는 수: _________________________

3. 진분수 $\dfrac{\square}{8}$ 가 기약분수라고 할 때 $\square$ 안에 들어갈 수 있는 수를 모두 구하세요.

1. $\frac{11}{16}$ 보다 작은 분수 중에서 분모가 16인 기약분수는 모두 몇 개일까요?

> $\frac{11}{16}$ 보다 작은 분수 중에서 분모가 16인 분수를 $\frac{\square}{16}$ 라고 하면
>
> $\square$ 안에는 1부터 ⬜ 까지의 수가 들어갈 수 있습니다.
>
> 따라서 이 중에서 기약분수는 $\frac{1}{16}$, $\frac{\square}{16}$, $\frac{\square}{16}$, $\frac{\square}{16}$, $\frac{\square}{16}$ 로
>
> 모두 ⬜ 개입니다.
>
> 답 ________________

2. $\frac{13}{18}$ 보다 작은 분수 중에서 분모가 18인 기약분수는 모두 몇 개일까요?

> $\frac{13}{18}$ 보다 작은 분수 중에서 분모가 18인 분수를 $\frac{\square}{18}$ 라고 하면
>
> $\square$ 안에는 1부터 ⬜ 까지의 수가 들어갈 수 있습니다.
>
> 따라서 이 중에서 기약분수는 ________________
>
> ________________ .
>
> 답 ________________

3. $\frac{10}{21}$ 보다 작은 분수 중에서 분모가 21인 기약분수는 모두 몇 개일까요?

> 답 ________________

1. 분모가 ⃝27인 진분수 중에서 약분하면 $\dfrac{2}{3}$인 분수를 구하세요.

분모가 27인 진분수의 분자를 ■라고 하면 $\dfrac{■}{27}=\dfrac{2}{3}$입니다.

분모 27이 3이 되려면 9로 나누어야 합니다. ➡ $27 \div \boxed{9}=3$

$\dfrac{■}{27}=\dfrac{■ \div \boxed{}}{27 \div \boxed{}}=\dfrac{2}{3}$에서 $■ \div \boxed{}=2,$

$■=2 \times \boxed{}=\boxed{}$ 이므로 구하는 분수는 $\boxed{}$ 입니다.

답 ________________

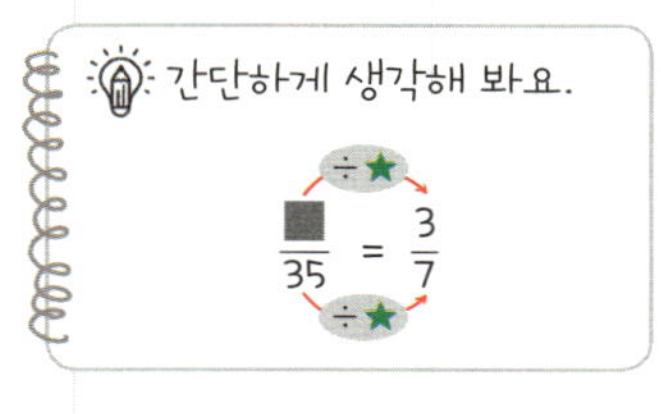

2. 분모가 35인 진분수 중에서 약분하면 $\dfrac{3}{7}$인 분수를 구하세요.

구하는 분수의 분자를 ■라고 하면 $\dfrac{■}{35}=\dfrac{3}{7}$입니다.

분모 35가 7이 되려면 $\boxed{}$로 나누어야 합니다. ➡ $35 \div \boxed{}=7$

$\dfrac{■}{35}=\dfrac{■ \div \boxed{}}{35 \div \boxed{}}=\dfrac{3}{7}$에서 $■ \div \boxed{}=3,$

$■=\boxed{3} \times \boxed{}=\boxed{}$ 이므로 _______________ .

답 ________________

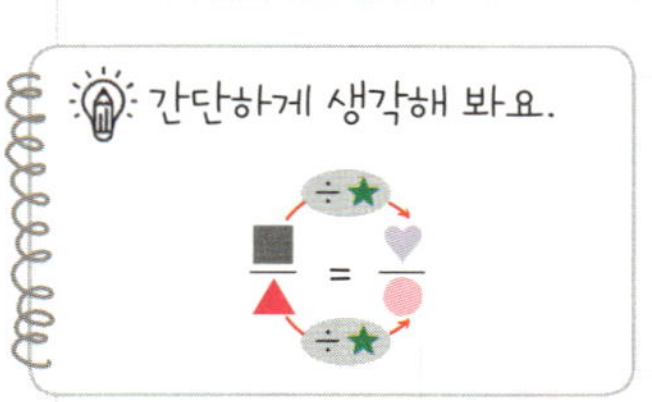

3. 분모가 48인 진분수 중에서 약분하면 $\dfrac{5}{8}$인 분수를 구하세요.

구하는 분수의 분자를 ■라고 하면

답 ________________

1. 주영이는 매일 $\frac{24}{30}$ 시간씩 운동을 합니다. 주영이가 하루에 운동하는 시간은 몇 시간인지 기약분수로 나타내세요.

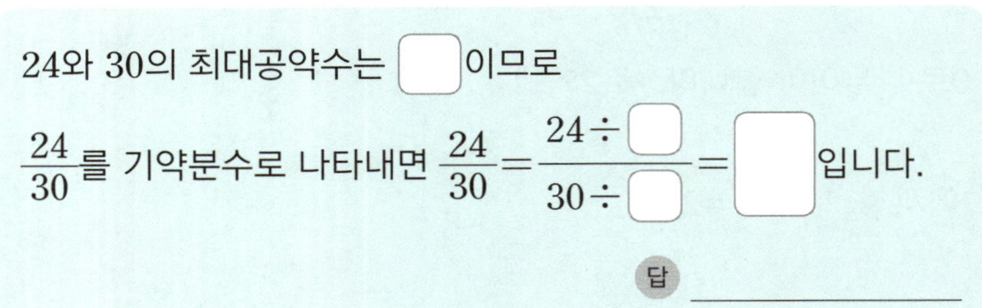

> 24와 30의 최대공약수는 ☐ 이므로
>
> $\frac{24}{30}$ 를 기약분수로 나타내면 $\frac{24}{30} = \frac{24 \div ☐}{30 \div ☐} = ☐$ 입니다.
>
> 답 ____________

2. 유진이네 반 학생 32명 중에서 20명이 안경을 썼습니다. 안경을 쓴 학생 수는 반 전체 학생 수의 얼마인지 기약분수로 나타내세요.

> 안경을 쓴 학생 수는 전체 학생 수의 ☐ 입니다.
>
> 20과 32의 최대공약수는 ☐ 이므로 ☐ 을 기약분수로 나타내면 ☐ = ______ = ☐ 입니다.
>
> 답 ____________

3. 동물원에 입장한 사람 300명 중에서 220명이 어린이입니다. 동물원에 입장한 어린이 수는 입장한 사람 수의 얼마인지 기약분수로 나타내세요.

> 답 ____________

1. 세호네 학교 5학년 학생 84명 중에서 56명이 남학생입니다. 세호네 학교 5학년 여학생 수는 5학년 전체 학생 수의 얼마인지 기약분수로 나타내세요.

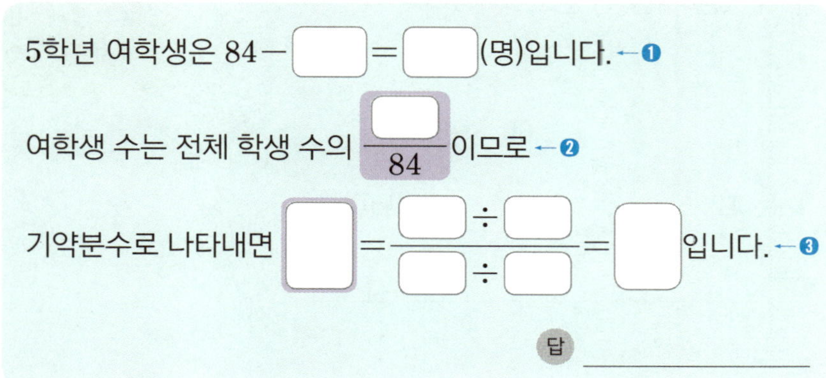

5학년 여학생은 84 − ☐ = ☐ (명)입니다. ← ❶

여학생 수는 전체 학생 수의 ☐/84 이므로 ← ❷

기약분수로 나타내면 ☐ = (☐ ÷ ☐)/(☐ ÷ ☐) = ☐ 입니다. ← ❸

답 __________

2. 신우네 반 학생 24명 중에서 14명이 안경을 썼습니다. 안경을 쓰지 않은 학생 수는 반 전체 학생 수의 얼마인지 기약분수로 나타내세요.

안경을 쓰지 않은 학생 수는 전체 학생 수의 ☐ 이므로

기약분수로 나타내면 ☐ = _____ = ☐ 입니다.

답 __________

3. 바둑돌 32개 중에서 12개는 흰색 바둑돌입니다. 검은색 바둑돌 수는 전체 바둑돌 수의 얼마인지 기약분수로 나타내세요.

답 __________

16 분모가 같은 분수로 나타내기

1. 두 분수 $\dfrac{1}{3}$과 $\dfrac{1}{4}$을 **통분**하려고 합니다. **공통분모**가 될 수 있는 수 중에서 50보다 작은 수를 모두 구하세요.

> 두 분수의 공통분모가 될 수 있는 수는 두 분모 3과 4의 공배수 입니다.
>
> 3과 4의 공배수는 12, ☐ , ☐ , ☐ , 60, …이고,
>
> 이 중에서 50보다 작은 수는 12, ☐ , ☐ , ☐ 입니다.
>
> 답 ____________________

2. 두 분수 $\dfrac{2}{9}$와 $\dfrac{5}{12}$를 통분하려고 합니다. 공통분모가 될 수 있는 수 중에서 100보다 작은 수를 모두 구하세요.

> 두 분수의 공통분모가 될 수 있는 수는
>
> ____________________ 입니다.
>
> 9와 12의 최소공배수 ┐
> 9와 12의 공배수는 36, ____________ , 108, …이고,
>
> 이 중에서 100보다 작은 수는 __________ 입니다.
>
> 답 ____________________

3. 두 분수 $\dfrac{5}{6}$와 $\dfrac{7}{10}$을 통분하려고 합니다. 공통분모가 될 수 있는 수 중에서 100보다 작은 수를 모두 구하세요.

> 두 분수의 공통분모가 될 수 있는 수는
>
>
>
> 답 ____________________

1. 똑같은 사과파이를 진주는 전체의 $\frac{1}{6}$을, 슬기는 전체의 $\frac{3}{8}$을 먹었습니다. 두 사람이 먹은 사과파이의 양을 두 분모의 최소공배수를 공통분모로 하여 통분하세요.

6과 8의 최소공배수는 □ 입니다.

진주: $\dfrac{1}{6} = \dfrac{1 \times 4}{6 \times 4} = \dfrac{□}{□}$, 슬기: $\dfrac{3}{8} = \dfrac{3 \times □}{8 \times □} = \dfrac{□}{□}$

답 진주: ____________ , 슬기: ____________

2. 찬혁이는 주스 $\frac{5}{18}$ L와 우유 $\frac{7}{24}$ L를 마셨습니다. 마신 주스와 우유의 양을 두 분모의 최소공배수를 공통분모로 하여 통분하세요.

18과 24의 최소공배수는 □ 입니다.

주스: $\dfrac{5}{18} =$ ____________ (L)

우유: $\dfrac{7}{24} =$ ____________ (L)

답 주스: ____________ , 우유: ____________

3. 유진이는 수학을 공부하는 데 $\frac{3}{8}$시간, 영어를 공부하는 데 $\frac{9}{20}$시간이 걸렸습니다. 수학과 영어 공부를 한 시간을 두 분모의 최소공배수를 공통분모로 하여 통분하세요.

답 수학: ____________ , 영어: ____________

 어떤 두 기약분수를 통분하였더니 다음과 같습니다. 통분하기 전의 두 기약분수를 구하세요.

1.

$$\left(\dfrac{18}{㉠},\ \dfrac{35}{42}\right)$$

분모가 다른 두 분수를 통분하면 분모가

(같아지므로 , 달라지므로) ㉠에 알맞은 수는 [42] 입니다.

따라서 통분하기 전의 두 기약분수를 구하면

$$\dfrac{18}{\boxed{}}=\dfrac{18\div\boxed{}}{42\div\boxed{}}=\boxed{}\ ,\ \dfrac{35}{42}=\dfrac{35\div\boxed{}}{42\div\boxed{}}=\boxed{}$$ 입니다.

답 $\left(\quad,\quad\right)$

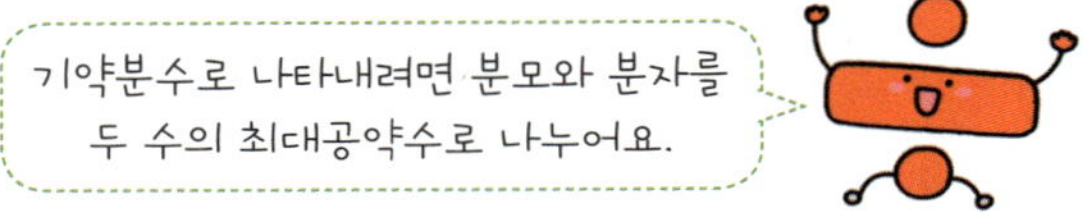

2.

$$\left(\dfrac{15}{36},\ \dfrac{22}{㉠}\right)$$

분모가 다른 두 분수를 통분하면 분모가 [   ] ㉠에

알맞은 수는 [   ] 입니다.

답 $\left(\quad,\quad\right)$

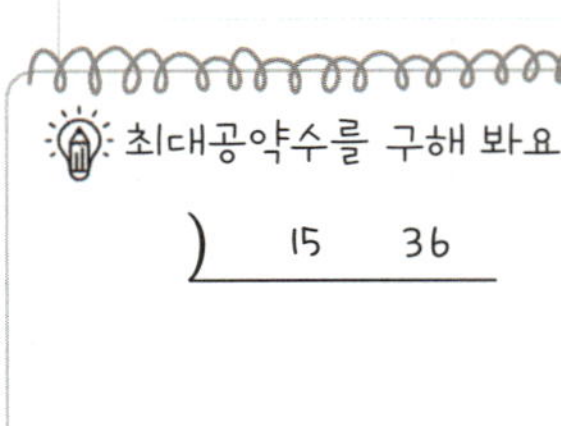

 다음은 두 기약분수를 통분한 것입니다. ㉠, ㉡, ㉢에 알맞은 수를 구하세요.

1.

교과서 유형

$$\left(\dfrac{2}{㉠}, \dfrac{㉡}{7} \right) \;\Rightarrow\; \left(\dfrac{14}{21}, \dfrac{12}{㉢} \right)$$

두 분수를 통분하면 $\dfrac{14}{21}$와 $\dfrac{12}{㉢}$이므로 ㉢=☐입니다.

$\dfrac{2}{㉠} = \dfrac{2 \times ☐}{㉠ \times ☐} = \dfrac{14}{21}$, ㉠ × ☐ = 21, ㉠ = ☐ 이고,

$\dfrac{㉡}{7} = \dfrac{㉡ \times ☐}{7 \times ☐} = \dfrac{12}{☐}$, ㉡ × ☐ = 12, ㉡ = ☐ 입니다.

답 ㉠: _________ , ㉡: _________ , ㉢: _________

2.

$$\left(\dfrac{3}{㉠}, \dfrac{㉡}{8} \right) \;\Rightarrow\; \left(\dfrac{24}{㉢}, \dfrac{25}{40} \right)$$

두 분수를 통분하면 $\dfrac{24}{㉢}$와 $\dfrac{25}{40}$이므로 ㉢=☐입니다.

$\dfrac{3}{㉠} = \dfrac{}{} = \dfrac{24}{☐}$, ㉠ × ☐ = 40, ㉠ = ☐ 이고,

$\dfrac{㉡}{8} = \dfrac{}{} = \dfrac{25}{40}$, ㉡ × ☐ = 25, ㉡ = ☐ 입니다.

답 ㉠: _________ , ㉡: _________ , ㉢: _________

17. 분수, 분수와 소수의 크기 비교 (1)

1. 두 분수의 크기를 두 가지 방법으로 비교해 보세요.

$$\frac{5}{8}, \ \frac{7}{10}$$

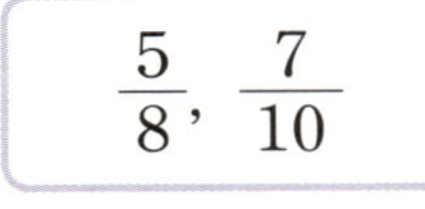

방법 1 두 분모의 곱을 공통분모로 하여 통분한 후 비교하기

8과 10의 곱은 ☐ 입니다.

$$\left(\frac{5}{8}, \frac{7}{10}\right) \ \Rightarrow \ \left(\frac{\Box}{80}, \frac{\Box}{80}\right) \ \Rightarrow \ \frac{\Box}{80} < \frac{\Box}{80} \ \Rightarrow \ \frac{5}{8} \bigcirc \frac{7}{10}$$

방법 2 두 분모의 최소공배수를 공통분모로 하여 통분한 후 비교하기

8과 10의 최소공배수는 ☐ 입니다.

$$\left(\frac{5}{8}, \frac{7}{10}\right) \ \Rightarrow \ \left(\frac{\Box}{40}, \frac{\Box}{40}\right) \ \Rightarrow \ \frac{\Box}{40} < \frac{\Box}{40} \ \Rightarrow \ \frac{5}{8} \bigcirc \frac{7}{10}$$

2. 분수와 소수의 크기를 두 가지 방법으로 비교해 보세요.

$$\frac{3}{4}, \ 0.8$$

분수와 소수의 크기 비교는
분수를 소수로 바꾸거나
소수를 분수로 바꾸어
비교하면 돼요.

방법 1 분수를 소수로 나타내어 비교하기

$$\frac{3}{4} = \frac{3 \times \Box}{4 \times \Box} = \frac{\Box}{100} = \Box \ \Rightarrow \ \Box \bigcirc 0.8 \ \Rightarrow \ \frac{3}{4} \bigcirc 0.8$$

방법 2 소수를 분수로 나타내어 비교하기

$$0.8 = \frac{\Box}{10} \text{이므로}$$

$$\left(\frac{3}{4}, \frac{\Box}{10}\right) \ \Rightarrow \ \left(\frac{\Box}{20}, \frac{\Box}{20}\right) \ \Rightarrow \ \frac{\Box}{20} < \frac{\Box}{20} \text{입니다.}$$

$$\Rightarrow \ \frac{3}{4} \bigcirc 0.8$$

1. ★ 안에 들어갈 수 있는 가장 큰 자연수를 구하세요.

$$\frac{2}{9} > \frac{★}{15}$$

분모 9와 15의 최소공배수인 ⬜로 통분합니다.

$$\frac{2}{9} > \frac{★}{15} \Rightarrow \frac{\boxed{}}{\boxed{}} > \frac{★ \times \boxed{}}{\boxed{}} \Rightarrow \boxed{} > ★ \times \boxed{}$$

분자끼리 크기를 비교해요.

따라서 ★ 안에 들어갈 수 있는 자연수는 1, ⬜, ⬜이고,

이 중 가장 큰 수는 ⬜입니다.

답 ______________

2. ★ 안에 들어갈 수 있는 가장 큰 자연수를 구하세요.

$$\frac{7}{10} > \frac{★}{6}$$

$$\frac{7}{10} > \frac{★}{6} \Rightarrow \frac{\boxed{}}{30} > \frac{★ \times \boxed{}}{30} \Rightarrow \boxed{} > ★ \times \boxed{}$$

따라서 ★ 안에 들어갈 수 있는 자연수는 ______________ 이고,

이 중 ______________ .

답 ______________

3. ⬜ 안에 들어갈 수 있는 가장 큰 자연수를 구하세요.

$$\frac{5}{8} > \frac{\square}{5}$$

답 ______________

1. □ 안에 들어갈 수 있는 자연수는 모두 몇 개인지 구하세요.

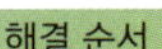
$$\frac{1}{6} < \frac{\square}{12} < \frac{3}{4}$$

세 분모 6, 12, 4의 최소공배수는 ☐ 입니다.

$$\frac{1}{6} < \frac{\square}{12} < \frac{3}{4} \;\Rightarrow\; \frac{\square}{12} < \frac{\square}{12} < \frac{\square}{12} \;\Rightarrow\; \square < \square < \square$$

따라서 □ 안에 들어갈 수 있는 자연수는 ☐, ☐, ☐, ☐, ☐, ☐로 모두 ☐개입니다.

답 ____________

2. □ 안에 들어갈 수 있는 자연수는 모두 몇 개인지 구하세요.

$$\frac{1}{4} < \frac{\square}{28} < \frac{3}{7}$$

$$\frac{1}{4} < \frac{\square}{28} < \frac{3}{7} \;\Rightarrow\; \square < \frac{\square}{28} < \square \;\Rightarrow\; \square < \square < \square$$

세 분모의 최소공배수로 통분해요.

따라서 □ 안에 들어갈 수 있는 자연수는 ____________로 모두 ☐개입니다.

답 ____________

3. □ 안에 들어갈 수 있는 자연수는 모두 몇 개인지 구하세요.

$$\frac{8}{15} < \frac{\square}{30} < \frac{2}{3}$$

답 ____________

⭐ 수 카드 3장 중에서 2장을 한 번씩만 사용하여 진분수를 만들려고 합니다. 만들 수 있는 **진분수** 중에서 가장 큰 수를 구하세요.

1.

☐ 3 ☐ 4 ☐ 5

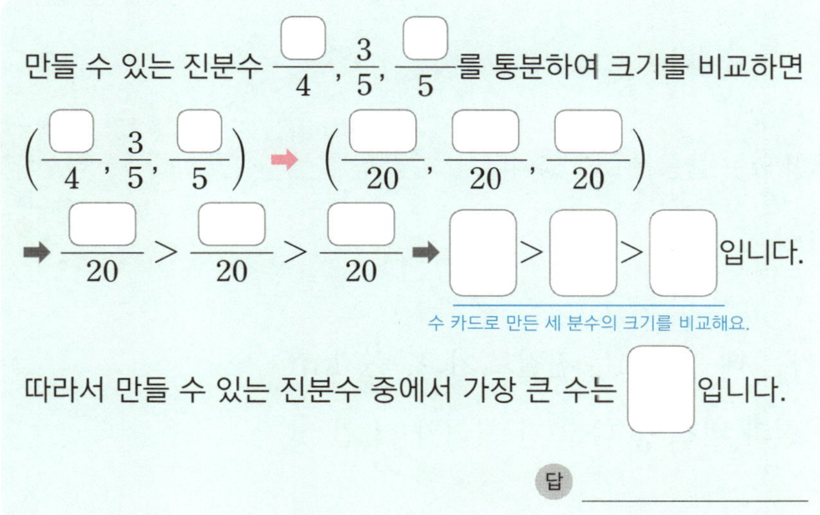

만들 수 있는 진분수 $\dfrac{\square}{4}$, $\dfrac{3}{5}$, $\dfrac{\square}{5}$ 를 통분하여 크기를 비교하면

$\left(\dfrac{\square}{4},\ \dfrac{3}{5},\ \dfrac{\square}{5} \right)$ ➡ $\left(\dfrac{\square}{20},\ \dfrac{\square}{20},\ \dfrac{\square}{20} \right)$

➡ $\dfrac{\square}{20} > \dfrac{\square}{20} > \dfrac{\square}{20}$ ➡ $\square > \square > \square$ 입니다.

수 카드로 만든 세 분수의 크기를 비교해요.

따라서 만들 수 있는 진분수 중에서 가장 큰 수는 $\boxed{}$ 입니다.

답 _______________

2.

☐ 1 ☐ 2 ☐ 7

만들 수 있는 진분수 $\dfrac{\square}{2}$, $\dfrac{1}{7}$, $\dfrac{\square}{7}$ 를 통분하여 크기를 비교하면

$\left(\dfrac{\square}{2},\ \dfrac{1}{7},\ \dfrac{\square}{7} \right)$ ➡ $\left(\dfrac{\square}{14},\ \square,\ \square \right)$

➡ $\dfrac{\square}{14} > \square > \square$ ➡ $\square > \square > \square$ 입니다.

수 카드로 만든 세 분수의 크기를 비교해요.

따라서 만들 수 있는 진분수 중에서 _______________ 입니다.

답 _______________

1. 물이 물통 ㉮에는 $\frac{4}{5}$L, 물통 ㉯에는 $\frac{7}{9}$L 들어 있습니다. ㉮ 와 ㉯ 중에서 물이 <u>더 많이</u> 들어 있는 물통은 어느 것일까요?

교과서 유형

더 큰 분수를 찾아요.

두 분모의 최소공배수인 ☐ 로 통분하여 크기를 비교하면

$\frac{4}{5}$ = ☐ ◯ $\frac{7}{9}$ = ☐ 입니다.

>, =, <를 넣어요.

따라서 물이 더 많이 들어 있는 물통은 ☐ 입니다.

답 ___________

문제에서 숫자는 ◯, 조건 또는 구하는 것은 ___로 표시해 보세요.

분모가 같은 분수는 분자가 클수록 더 큰 수예요.

■ < ▲ ➡ $\frac{■}{●}$ < $\frac{▲}{●}$

2. 명수는 할아버지 댁에 가는 데 $\frac{3}{8}$km는 전철로 가고, $\frac{5}{12}$km 는 버스로 갔습니다. 전철과 버스 중 타고 간 거리가 <u>더 긴</u> 것 은 어느 것일까요?

더 큰 분수를 찾아요.

두 분모의 최소공배수인 ☐ 로 통분하여 크기를 비교하면

$\frac{3}{8}$ = ☐ ◯ $\frac{5}{12}$ = ☐ 입니다.

>, =, <를 넣어요.

따라서 타고 간 거리가 더 긴 것은 ☐ 입니다.

답 ___________

3. 수학 공부를 현지는 $\frac{6}{7}$시간 했고, 민우는 $\frac{3}{4}$시간 했습니다. 수학 공부를 <u>더 짧게</u> 한 사람은 누구일까요?

더 작은 분수를 찾아요.

두 분모의 최소공배수인 ☐ 로 통분하여 크기를 비교하면

답 ___________

1. 경원이네 집에서 우체국까지는 0.9 km, 수영장까지는 $\frac{4}{5}$ km 떨어져 있습니다. 경원이네 집에서 더 먼 곳은 어디일까요?

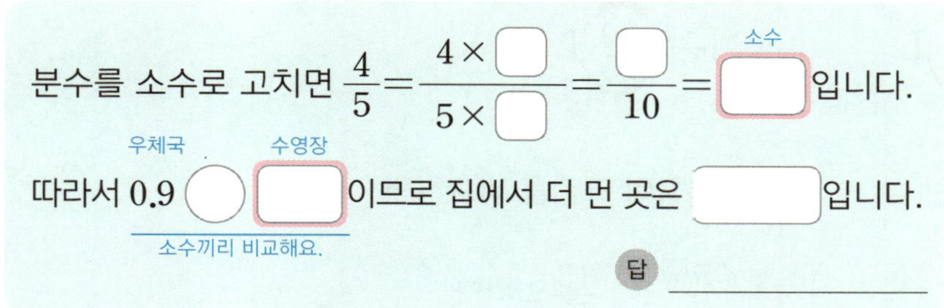

2. 우유를 지후는 $\frac{1}{4}$ L 마셨고, 경수는 0.3 L 마셨습니다. 우유를 더 많이 마신 사람은 누구일까요?

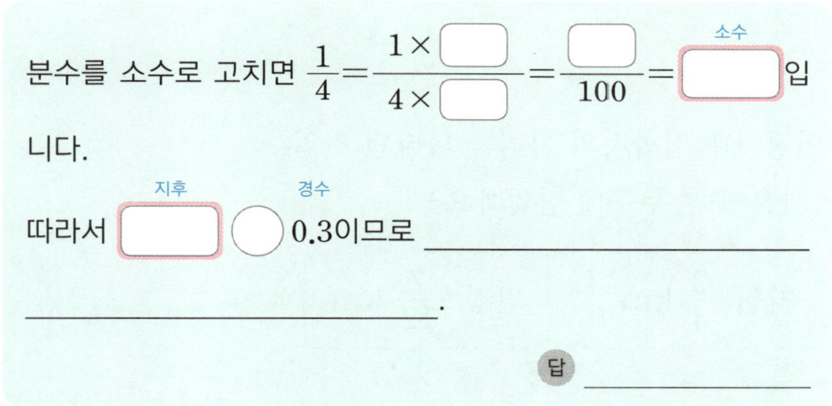

3. 크기가 같은 초콜릿을 재우는 전체의 0.78을, 혜지는 전체의 $\frac{3}{4}$을 먹었습니다. 초콜릿을 더 적게 먹은 사람은 누구일까요?

• 외워 두면 편한 분수와 소수

$\frac{1}{2} = 0.5$

$\frac{1}{5} = 0.2$ $\frac{2}{5} = 0.4$

$\frac{3}{5} = 0.6$ $\frac{4}{5} = 0.8$

$\frac{1}{4} = 0.25$ $\frac{3}{4} = 0.75$

$\frac{1}{8} = 0.125$ $\frac{3}{8} = 0.375$

$\frac{5}{8} = 0.625$ $\frac{7}{8} = 0.875$

1. 시현이와 지은이가 마신 물의 양을 나타낸 것입니다. 두 사람 중 물을 더 많이 마신 사람은 누구일까요?

시현: $\dfrac{5}{6}$ L   지은: $\dfrac{13}{15}$ L

두 분모의 최소공배수인 ☐ 으로 통분하여 크기를 비교하면

$$\left(\dfrac{5}{6},\ \dfrac{13}{15}\right) \rightarrow \left(\boxed{},\ \boxed{}\right) \rightarrow \dfrac{5}{6}\ \bigcirc\ \dfrac{13}{15}\ \text{입니다.}$$

따라서 물을 더 많이 마신 사람은 ☐ 입니다.

답 ___________________

2. 학교에서 유빈, 지원, 민정이네 집까지의 거리를 나타낸 것입니다. 학교에서 가장 가까운 곳은 누구네 집일까요?

유빈: $\dfrac{17}{24}$ km   지원: $\dfrac{3}{4}$ km   민정: $\dfrac{7}{12}$ km

$$\left(\dfrac{17}{24},\ \dfrac{3}{4}\right) \rightarrow \left(\dfrac{17}{24},\ \boxed{}\right) \rightarrow \overset{\text{유빈}}{\dfrac{17}{24}}\ \bigcirc\ \overset{\text{지원}}{\dfrac{3}{4}}$$

$$\left(\dfrac{3}{4},\ \dfrac{7}{12}\right) \rightarrow \left(\boxed{},\ \dfrac{7}{12}\right) \rightarrow \overset{\text{지원}}{\dfrac{3}{4}}\ \bigcirc\ \overset{\text{민정}}{\dfrac{7}{12}}$$

$$\left(\dfrac{17}{24},\ \dfrac{7}{12}\right) \rightarrow \left(\dfrac{17}{24},\ \boxed{}\right) \rightarrow \overset{\text{유빈}}{\dfrac{17}{24}}\ \bigcirc\ \overset{\text{민정}}{\dfrac{7}{12}}$$

따라서 ☐ < ☐ < ☐ 이므로 학교에서 가장 가까운 곳은

문제에서 주어진 세 분수의 크기 비교해요.

☐ 이네 집입니다.

답 ___________________

문제에서 숫자는 ◯ , 조건 또는 구하는 것은 ___로 표시해 보세요.

세 분수의 크기를 비교할 때는 두 분수씩 짝 지어 비교해요.

 다음은 학생별 제자리멀리뛰기 기록입니다. 가장 멀리 뛴 학생은 누구인지 구하세요.

1.

학생별 제자리멀리뛰기 기록

이름	연수	민재	진호
기록(m)	$1\dfrac{9}{20}$	1.48	$1\dfrac{4}{5}$

분수를 소수로 나타내면

$$1\dfrac{9}{20} = \dfrac{\boxed{}}{20} = \dfrac{\boxed{}}{100} = \boxed{},$$

$$1\dfrac{4}{5} = \dfrac{\boxed{}}{5} = \dfrac{\boxed{}}{10} = \boxed{}$$ 입니다.

따라서 $\boxed{} > \boxed{} > \boxed{}$ 이므로 가장 멀리 뛴 학생은
소수로 크기를 비교해요.

$\boxed{}$ 입니다.

답 ______________

분수와 소수의 크기를 비교할 때는 모두 소수(또는 분수)로 바꾸어 비교합니다.

2.

학생별 제자리멀리뛰기 기록

이름	진우	현아	소희
기록(m)	$1\dfrac{7}{25}$	1.18	$1\dfrac{11}{20}$

분수를 소수로 나타내면

$$1\dfrac{7}{25} = \underline{\hphantom{000000}} = \boxed{},$$

$$1\dfrac{11}{20} = \underline{\hphantom{000000}} = \boxed{}$$ 입니다.

따라서 $\underline{\hphantom{00000000}}$ 이므로 가장 멀리 뛴 학생은
소수로 크기를 비교해요.

$\boxed{}$ 입니다.

답 ______________

 약분과 통분

점수　　　／ 100

한 문제당 10점

1. $\frac{4}{9}$와 크기가 같은 분수 중에서 분모와 분자의 합이 65인 분수를 구하세요.

（　　　　　　　　　　）

2. $\frac{2}{5}$와 크기가 같은 분수 중에서 분모와 분자의 합이 20보다 크고 40보다 작은 분수는 모두 몇 개일까요?　　（20점）

（　　　　　　　　　　）

3. $\frac{11}{20}$보다 작은 분수 중에서 분모가 20인 기약분수는 모두 몇 개일까요?

（　　　　　　　　　　）

4. 분모가 56인 진분수 중에서 약분하면 $\frac{3}{7}$이 되는 분수를 구하세요.

（　　　　　　　　　　）

5. 석진이네 반 학생 24명 중 8명은 동생이 있습니다. 동생이 있는 학생 수는 반 전체 학생 수의 얼마인지 기약분수로 나타내세요.

（　　　　　　　　　　）

6. $\frac{1}{2}$보다 크고 $\frac{7}{9}$보다 작은 분수 중에서 분모가 18인 분수를 모두 구하세요.

（20점）

（　　　　　　　　　　）

7. 선우네 집에서 가와 나 편의점까지의 거리를 나타낸 것입니다. 선우네 집에서 더 가까운 곳은 어느 편의점일까요?

가 편의점: $\frac{3}{8}$ km	나 편의점: $\frac{4}{9}$ km

（　　　　　　　　　　）

8. 윤서는 수학 공부를 0.7시간 했고, 영어 공부를 $\frac{3}{4}$시간 했습니다. 수학과 영어 중 공부한 시간이 더 긴 과목은 무엇일까요?

（　　　　　　　　　　）

분수의 덧셈과 뺄셈

다섯째 마당에서는 분수의 덧셈과 뺄셈을 활용한 문장제를 배웁니다.
분모가 다른 분수의 계산은 먼저 통분을 한 다음 계산해요.
분수가 나오는 다양한 생활 속 문장제를 풀어 보세요.
☐를 채워 문장을 완성하면, 학교 시험 자신감 충전 완료!

🚩 공부한 날짜

19 진분수의 덧셈

1. $\dfrac{3}{10}+\dfrac{1}{4}$ 을 두 가지 방법으로 계산하세요.

방법 1 두 분모의 곱을 공통분모로 하여 통분한 후 계산하기

기약분수

$$\dfrac{3}{10}+\dfrac{1}{4}=\dfrac{12}{40}+\boxed{}=\dfrac{\boxed{}}{40}=\boxed{}$$

곱: $10\times4=40$

방법 2 두 분모의 최소공배수를 공통분모로 하여 통분한 후 계산하기

$$\dfrac{3}{10}+\dfrac{1}{4}=\dfrac{6}{20}+\boxed{}=\boxed{}$$

최소공배수: 20

2. $\dfrac{2}{5}$ m보다 $\dfrac{2}{3}$ m만큼 더 긴 길이는 몇 m일까요?

$$\dfrac{2}{5}+\dfrac{2}{3}=\dfrac{6}{15}+\boxed{}=\boxed{}=\boxed{}\ \text{(m)}$$

통분 　 가분수 → 대분수

➡ $\dfrac{2}{5}$ m보다 $\dfrac{2}{3}$ m만큼 더 긴 길이는 $\boxed{}$ m입니다.

3. 의자의 무게는 $\dfrac{1}{2}$ kg보다 $\dfrac{4}{7}$ kg만큼 더 무겁습니다. 의자는 몇 kg일까요?

$$\dfrac{1}{2}+\dfrac{4}{7}=\underline{\hspace{8cm}}$$

➡ 의자는 $\boxed{}$ kg입니다.

1. 지영이는 수학 숙제를 $\frac{2}{3}$시간, 영어 숙제를 $\frac{1}{2}$시간 동안 했습니다. 지영이가 숙제를 한 시간은 <u>모두</u> 몇 시간일까요?

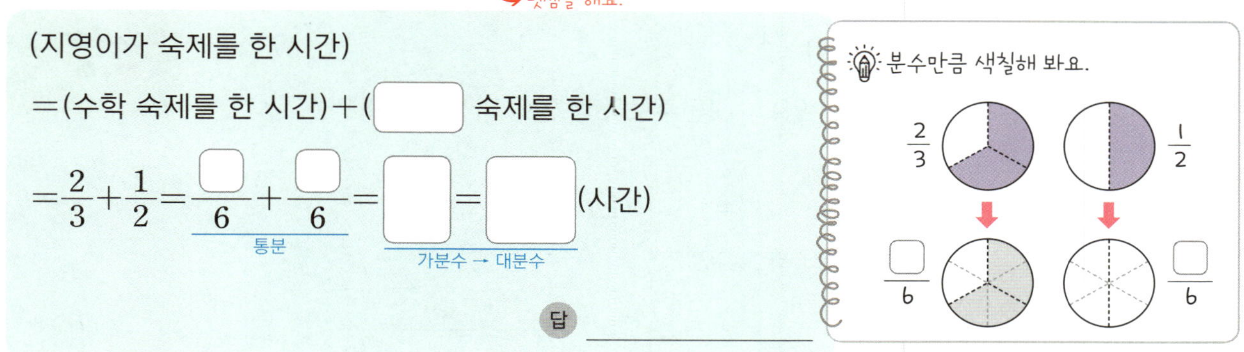

2. 길이가 $\frac{3}{4}$ m인 빨간색 끈과 $\frac{1}{3}$ m인 노란색 끈을 겹치지 않게 길게 이었습니다. 이은 끈의 전체 길이는 모두 몇 m일까요?

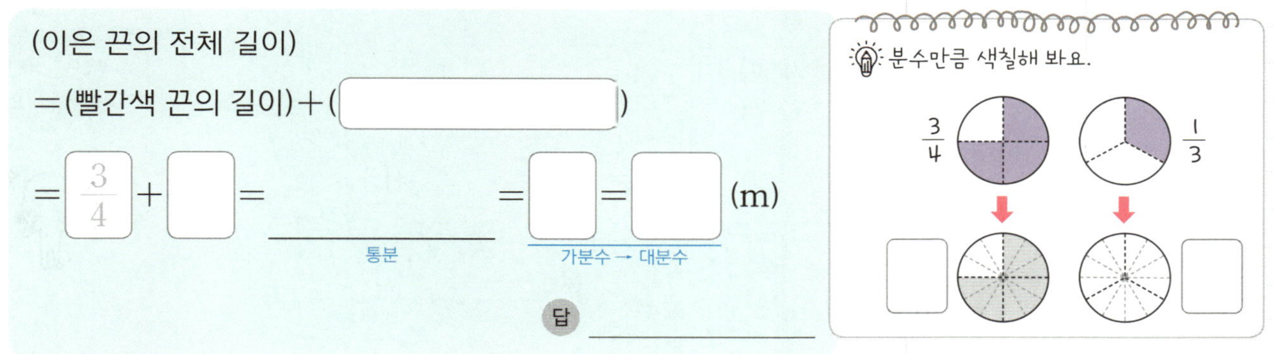

3. 선호가 쌀 $\frac{5}{6}$ kg과 보리 $\frac{8}{15}$ kg을 샀습니다. 선호가 산 쌀과 보리는 모두 몇 kg일까요?

1. 우유를 민주는 $\frac{1}{3}$ L 마셨고, 수호는 민주보다 $\frac{2}{9}$ L 더 많이 마셨습니다. 수호가 마신 우유는 몇 L일까요?

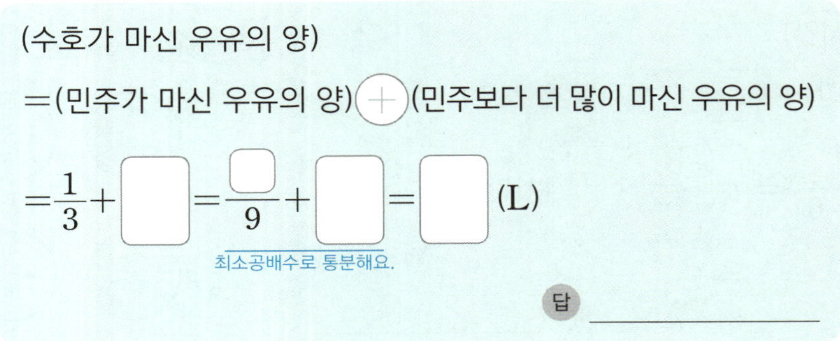

2. 진아는 $\frac{3}{4}$ L의 물이 들어 있는 수조에 $\frac{2}{7}$ L의 물을 더 부었습니다. 지금 수조에 들어 있는 물은 모두 몇 L일까요?

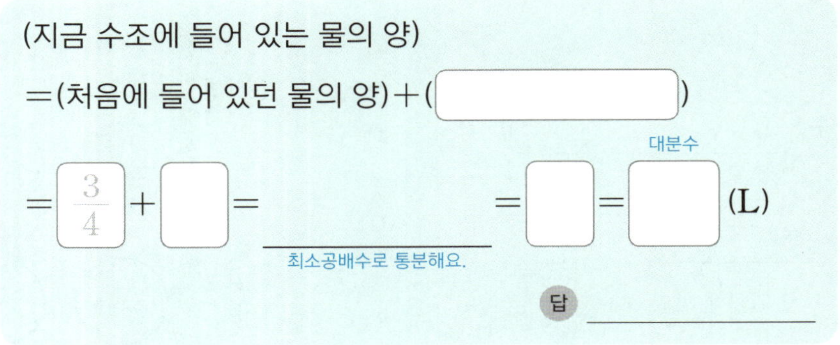

3. 매듭을 만드는 데 빨간색 끈은 $\frac{3}{4}$ m 사용했고, 파란색 끈은 빨간색 끈보다 $\frac{5}{14}$ m 더 많이 사용했습니다. 매듭을 만드는 데 사용한 파란색 끈은 몇 m일까요?

1. 케이크 한 개를 만드는 데 필요한 초콜릿은 $\dfrac{3}{8}$ 컵이고, 생크림은 $\dfrac{7}{10}$ 컵입니다. 케이크 한 개를 만드는 데 필요한 초콜릿과 생크림은 모두 몇 컵일까요?

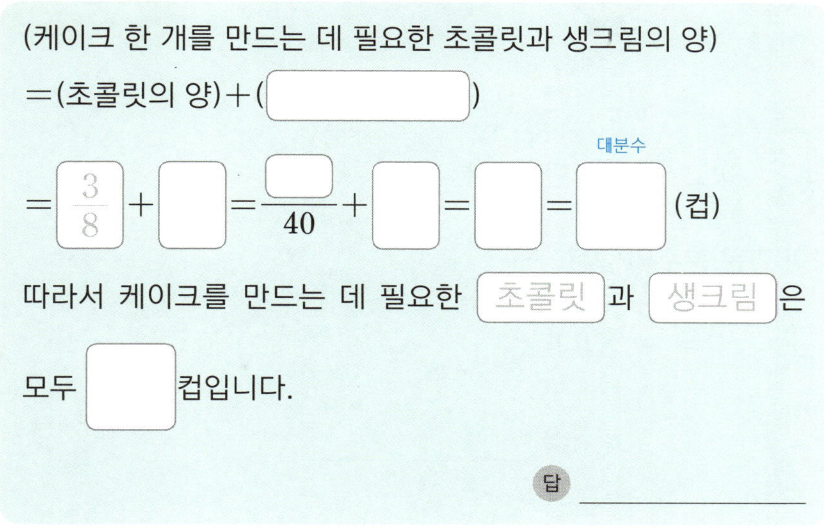

(케이크 한 개를 만드는 데 필요한 초콜릿과 생크림의 양)

$=$ (초콜릿의 양) $+ ($ ⬚ $)$

대분수

$= \dfrac{3}{8} + \square = \dfrac{\square}{40} + \square = \square = \square$ (컵)

따라서 케이크를 만드는 데 필요한 초콜릿 과 생크림 은

모두 $\square$ 컵입니다.

답 ___________

2. 아이스크림 한 개를 만드는 데 필요한 우유는 $\dfrac{4}{15}$ L이고, 케이크 한 개를 만드는 데 필요한 우유는 $\dfrac{8}{9}$ L입니다. 아이스크림 한 개와 케이크 한 개를 만드는 데 필요한 우유는 모두 몇 L일까요?

답 ___________

1. 민주와 석희는 각각 수 카드 2장으로 진분수를 만들었습니다.

   분자가 분모보다 작은 분수

   민주와 석희가 만든 분수의 합은 얼마일까요?

 민주    석희  

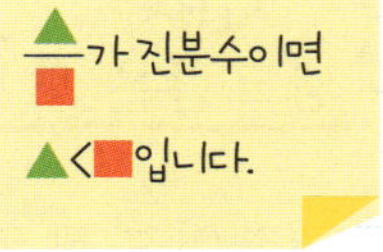

> 민주가 만든 진분수는 ☐ 이고, 석희가 만든 진분수는 ☐
>
> 입니다. 따라서 두 사람이 만든 분수의 합은
>
> ☐ + ☐ = ☐ + ☐ = ☐ 입니다.
>
> 답 ____________

2. 연우와 선재는 각각 수 카드 2장으로 진분수를 만들었습니다.

   연우와 선재가 만든 분수의 합은 얼마일까요?

 연우    선재  

> 연우가 만든 진분수는 ☐ 이고, 선재가 만든 진분수는 ☐
>
> 입니다. 따라서 두 사람이 만든 분수의 합은
>
> 연우   선재   대분수
> ☐ + ☐ = __________ = ☐ = ☐ 입니다.
>   통분
>
> 답 ____________

20 대분수의 덧셈

1. $1\frac{2}{5}+2\frac{1}{2}$ 을 두 가지 방법으로 계산하세요.

방법 1 자연수는 자연수끼리, 분수는 분수끼리 계산하기

$$1\frac{2}{5}+2\frac{1}{2}=1\frac{\square}{10}+2\frac{\square}{10}=(1+2)+\left(\frac{\square}{10}+\frac{\square}{10}\right)$$

$$=\square+\frac{\square}{10}=\boxed{}$$

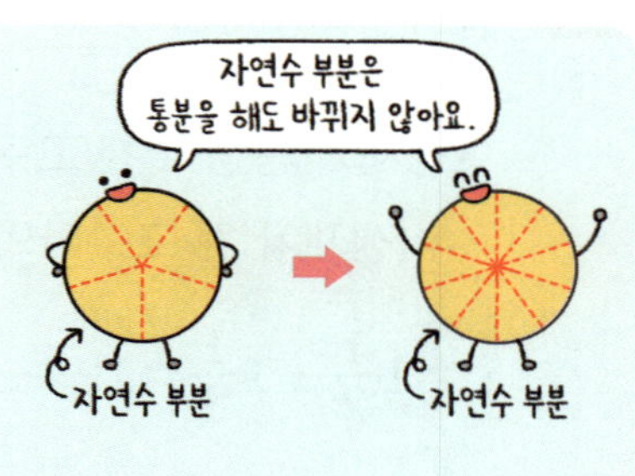

방법 2 대분수를 가분수로 나타내 계산하기

$$1\frac{2}{5}+2\frac{1}{2}=\frac{\square}{5}+\frac{\square}{2}=\frac{\square}{10}+\frac{\square}{10}=\frac{\square}{10}=\boxed{}$$

대분수 → 가분수   통분   대분수

2. 오른쪽 직사각형의 가로와 세로의 **합**은 몇 m일까요?

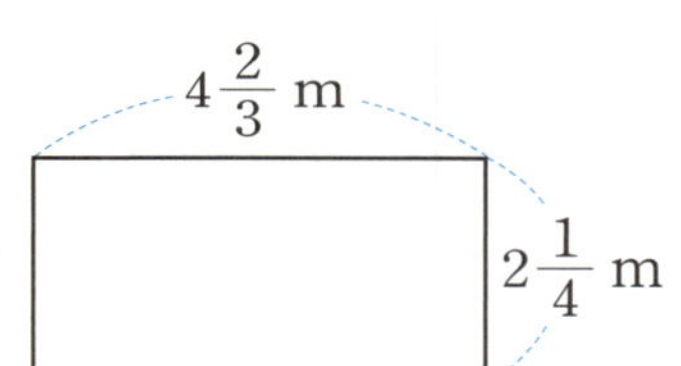

$$4\frac{2}{3}+2\frac{1}{4}=4\frac{\square}{12}+2\frac{\square}{12}=\boxed{}$$

➡ 직사각형의 가로와 세로의 합은 $\boxed{}$ m입니다.

3. 두 색 테이프의 길이를 **더하면** 몇 m일까요?

$3\frac{3}{4}$ m $1\frac{5}{8}$ m

$$3\frac{3}{4}+1\frac{5}{8}=\underline{\hspace{4cm}}=\boxed{}$$

자연수끼리, 분수끼리 계산해요.

➡ 두 색 테이프의 길이를 더하면 $\boxed{}$ m입니다.

1. 성재가 캔 고구마는 $1\frac{1}{2}$ kg이고, 동생이 캔 고구마는 $1\frac{1}{3}$ kg 입니다. 성재와 동생이 캔 고구마는 모두 몇 kg일까요?

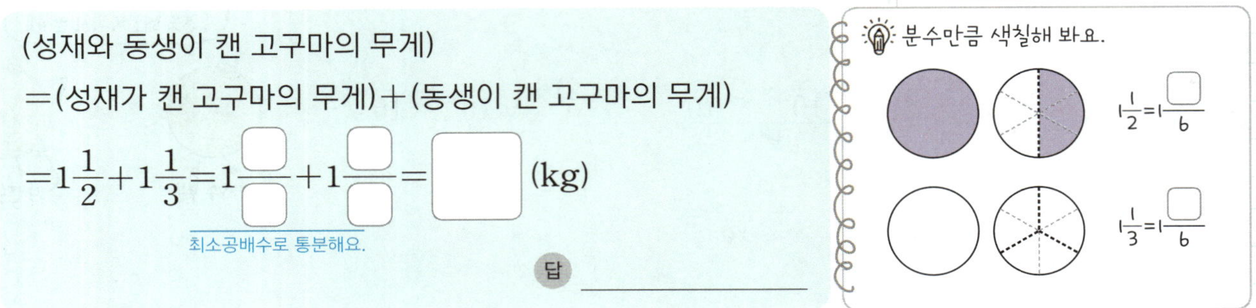

(성재와 동생이 캔 고구마의 무게)

=(성재가 캔 고구마의 무게)+(동생이 캔 고구마의 무게)

$$=1\frac{1}{2}+1\frac{1}{3}=1\frac{\square}{\square}+1\frac{\square}{\square}=\square \ \text{(kg)}$$

최소공배수로 통분해요.

답 ______________

2. 길이가 $2\frac{4}{5}$ m인 빨간색 끈과 $1\frac{2}{3}$ m인 노란색 끈을 겹치지 않게 길게 이었습니다. 이은 끈의 전체 길이는 몇 m일까요?

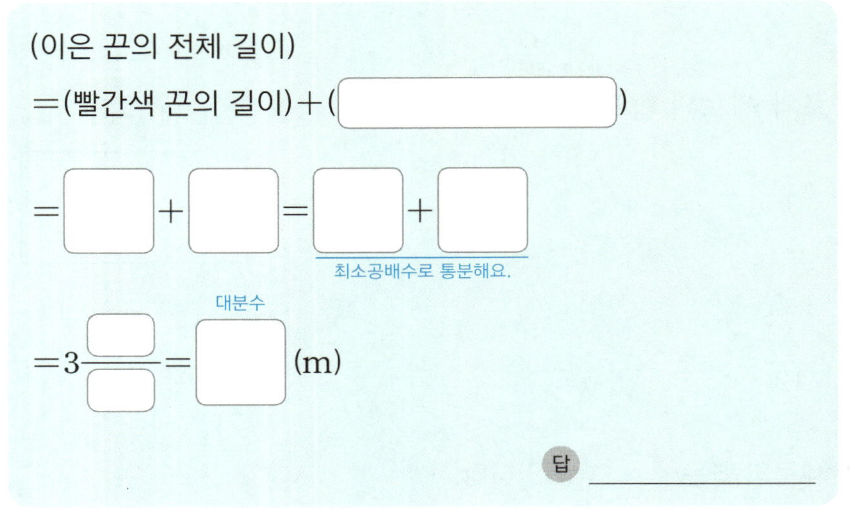

(이은 끈의 전체 길이)

=(빨간색 끈의 길이)+(______________)

$$=\square+\square=\square+\square$$

최소공배수로 통분해요.

대분수

$$=3\frac{\square}{\square}=\square \ \text{(m)}$$

답 ______________

3. 제과점에서 우유식빵 $1\frac{5}{6}$ kg과 잡곡식빵 $2\frac{3}{4}$ kg을 만들었습니다. 만든 우유식빵과 잡곡식빵은 모두 몇 kg일까요?

답 ______________

1. $4\frac{3}{10}$ L의 물이 들어 있는 수조에 $2\frac{2}{5}$ L의 물을 더 부었습니다. 지금 수조에 들어 있는 물은 모두 몇 L일까요?

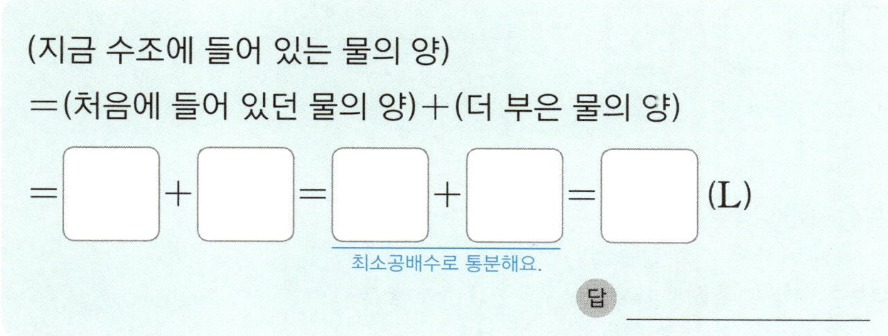

2. 과수원에서 배는 $3\frac{2}{7}$ kg 땄고, 사과는 배보다 $1\frac{1}{4}$ kg 더 많이 땄습니다. 과수원에서 딴 사과는 몇 kg일까요?

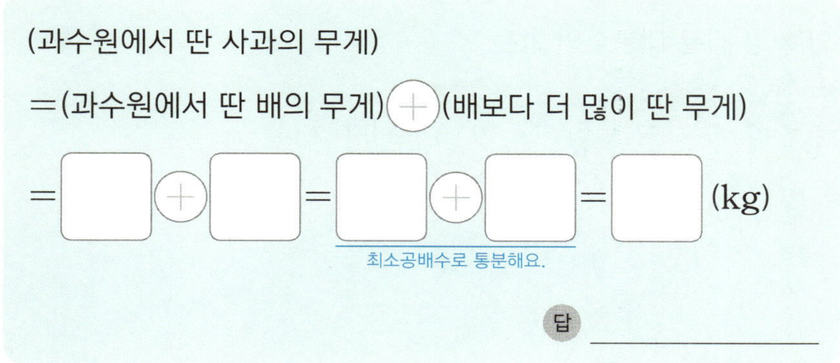

3. 체험 학습에서 고구마를 승기는 $4\frac{1}{8}$ kg 캤고, 준호는 승기보다 $1\frac{5}{6}$ kg 더 많이 캤습니다. 준호가 캔 고구마는 몇 kg일까요?

답 ____________

⭐ 수 카드를 한 번씩만 사용하여 대분수를 만들려고 합니다. 만들 수 있는 가장 큰 대분수❶와 가장 작은 대분수❷의 합을 구하세요.

1.

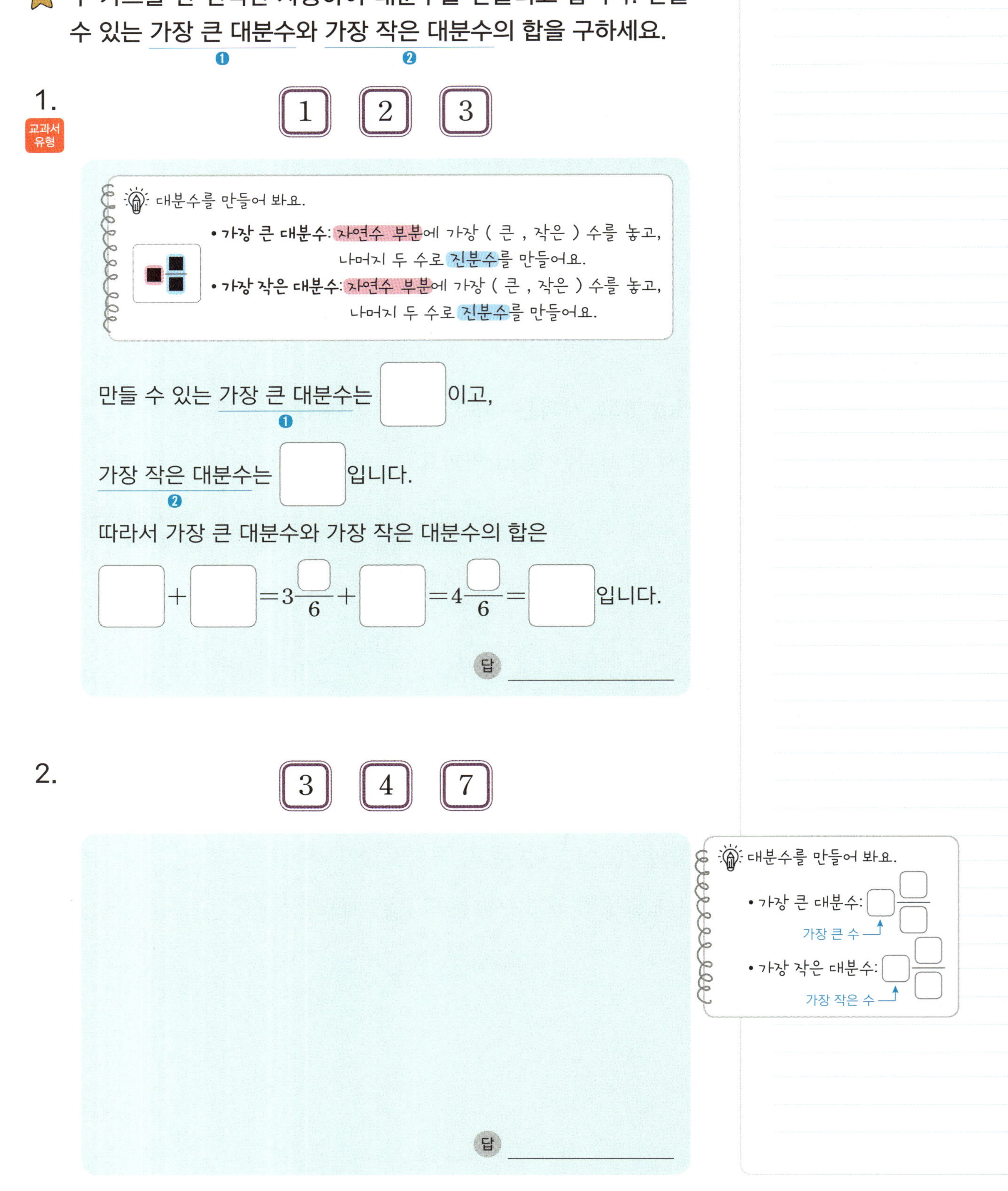

2.

21 진분수의 뺄셈

1. $\dfrac{7}{8}-\dfrac{5}{6}$ 를 두 가지 방법으로 계산하세요.

방법 1 두 분모의 곱을 공통분모로 하여 통분한 후 계산하기

기약분수

$$\frac{7}{8}-\frac{5}{6}=\frac{42}{48}-\boxed{}=\boxed{}=\boxed{}$$

곱: $8\times6=48$

약분하여 기약분수로 나타내요.

방법 2 두 분모의 최소공배수를 공통분모로 하여 통분한 후 계산하기

$$\frac{7}{8}-\frac{5}{6}=\frac{21}{24}-\boxed{}=\boxed{}$$

최소공배수: 24

수가 간단해서 계산이 편리해요.

2. 뺄셈을 해요.

$\dfrac{2}{3}$ m보다 $\dfrac{3}{7}$ m만큼 더 짧은 길이는 몇 m일까요?

$$\frac{2}{3}-\frac{3}{7}=\frac{\boxed{}}{21}-\frac{\boxed{}}{21}=\boxed{}$$

➡ $\dfrac{2}{3}$ m보다 $\dfrac{3}{7}$ m만큼 더 짧은 길이는 $\boxed{}$ m입니다.

3. 뺄셈을 해요.

$\dfrac{5}{9}$ L보다 $\dfrac{1}{4}$ L만큼 더 적은 양은 몇 L일까요?

$$\frac{5}{9}-\frac{1}{4}=\underline{\hspace{5cm}}$$

➡ $\dfrac{5}{9}$ L보다 $\dfrac{1}{4}$ L만큼 더 적은 양은 $\boxed{}$ L입니다.

●보다 ■만큼 더 작은 수
●보다 ■만큼 더 짧은 길이
●보다 ■만큼 더 적은 양
➡ ●-■

1. 음료수를 지유는 $\frac{3}{4}$ L 마셨고, 재하는 지유보다 $\frac{2}{3}$ L 더 적게 마셨습니다. 재하가 마신 음료수는 몇 L일까요?

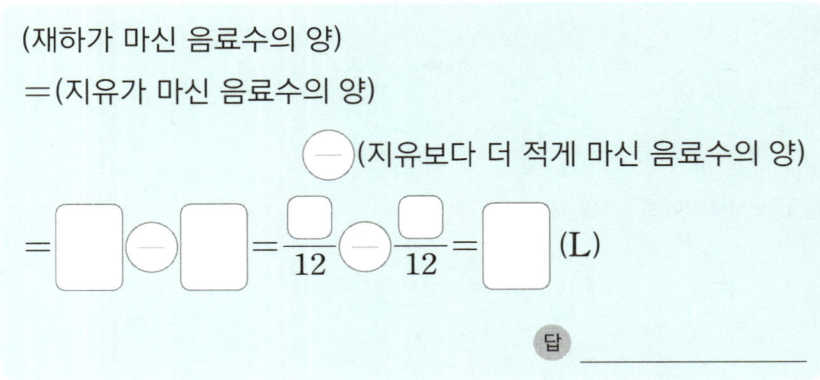

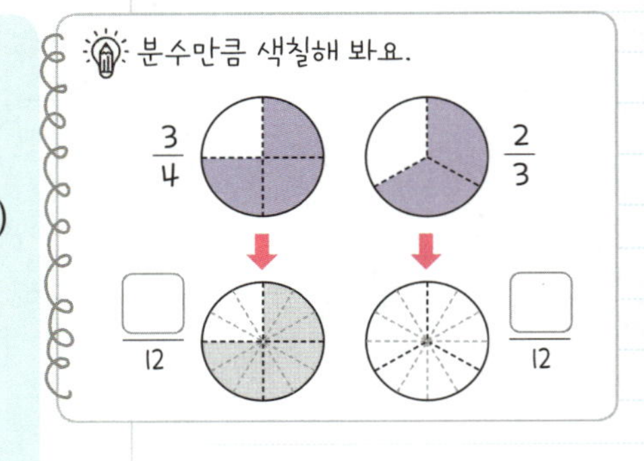

2. 주말 농장에서 오이를 희수는 $\frac{7}{15}$ kg 땄고, 준수는 희수보다 $\frac{1}{3}$ kg 더 적게 땄습니다. 준수가 딴 오이는 몇 kg일까요?

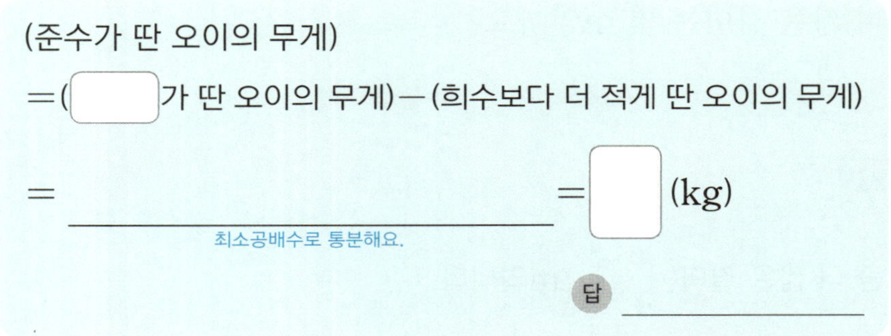

3. 분홍색 리본끈은 $\frac{3}{5}$ m이고, 파란색 리본끈은 분홍색 리본끈보다 $\frac{1}{6}$ m 더 짧습니다. 파란색 리본끈은 몇 m일까요?

1. 감자가 $\dfrac{7}{12}$ kg, 고구마가 $\dfrac{5}{8}$ kg 있습니다. 감자와 고구마 중 어느 것이 몇 kg 더 무거울까요?

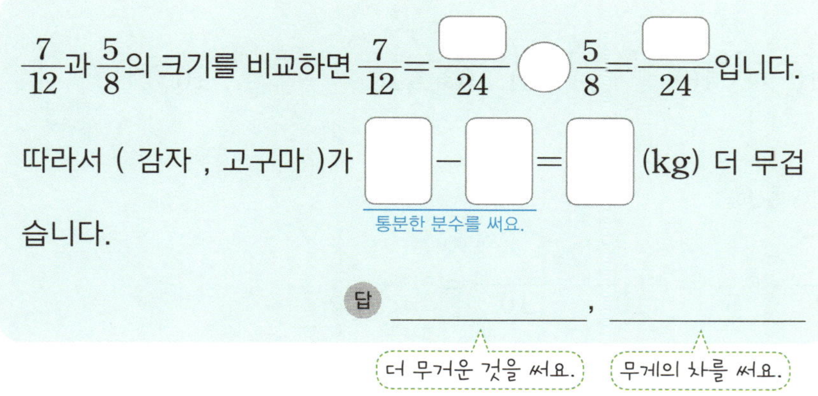

2. 딸기를 주혜는 $\dfrac{7}{9}$ kg 땄고, 민수는 $\dfrac{5}{7}$ kg 땄습니다. 누가 딸기를 몇 kg 더 많이 땄을까요?

3. 어린이 도서관에서 책을 지호는 $\dfrac{5}{8}$시간, 승의는 $\dfrac{1}{2}$시간 동안 읽었습니다. 누가 책을 몇 시간 더 오래 읽었을까요?

답 ___________ , ___________

22. 대분수의 뺄셈

1. $4\frac{1}{2}-1\frac{2}{5}$를 두 가지 방법으로 계산하세요.

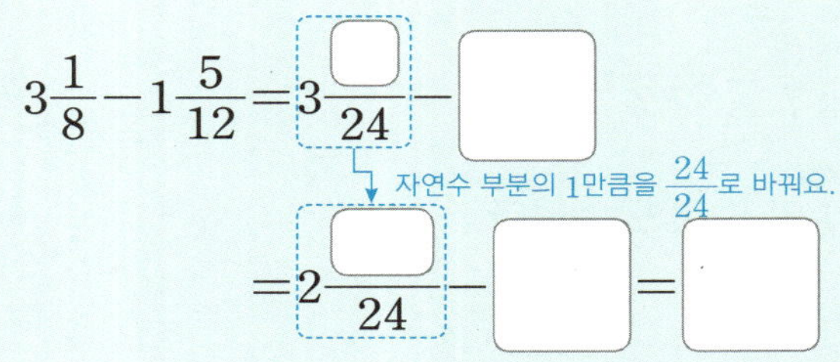

방법 1 자연수는 자연수끼리, 분수는 분수끼리 계산하기

$$4\frac{1}{2}-1\frac{2}{5}=4\frac{\square}{10}-1\frac{\square}{10}=(4-1)+\left(\frac{\square}{10}-\frac{\square}{10}\right)=\square+\frac{\square}{10}=\square$$

통분

방법 2 대분수를 가분수로 나타내 계산하기

$$4\frac{1}{2}-1\frac{2}{5}=\frac{\square}{2}-\frac{\square}{5}=\frac{\square}{10}-\frac{\square}{10}=\square=\square$$

대분수 → 가분수   통분   대분수

2. $3\frac{1}{8}-1\frac{5}{12}$를 계산하세요.

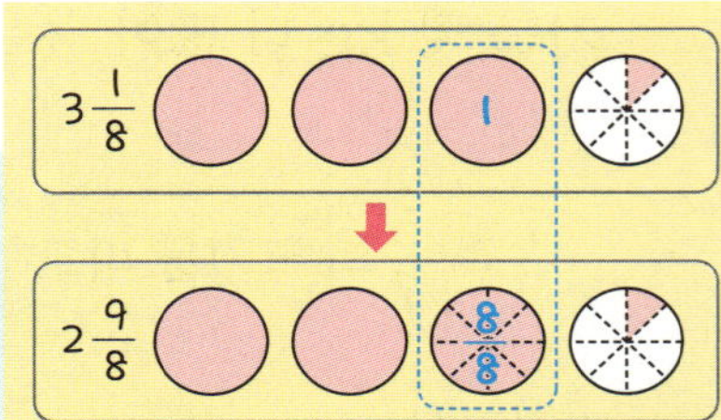

대분수의 뺄셈에서 분수 부분끼리
뺄 수 없으면 자연수 부분에서 1을
가분수로 바꾸어 계산해요.

$$3\frac{1}{8}-1\frac{5}{12}=3\frac{\square}{24}-\square$$

자연수 부분의 1만큼을 $\frac{24}{24}$로 바꿔요.

$$=2\frac{\square}{24}-\square=\square$$

3. 두 과일의 무게의 차는 몇 kg일까요?

 $8\frac{1}{2}$ kg

 $2\frac{1}{5}$ kg

$$8\frac{1}{2}-2\frac{1}{5}=\underline{\qquad\qquad}=\square$$

자연수끼리, 분수끼리 계산해 봐요.

➡ 두 과일의 무게의 차는 $\square$ kg입니다.

1. 벽을 칠하기 위해 페인트 $1\frac{1}{2}$ L 중 $1\frac{1}{3}$ L를 사용했습니다. 남은 페인트는 몇 L일까요?

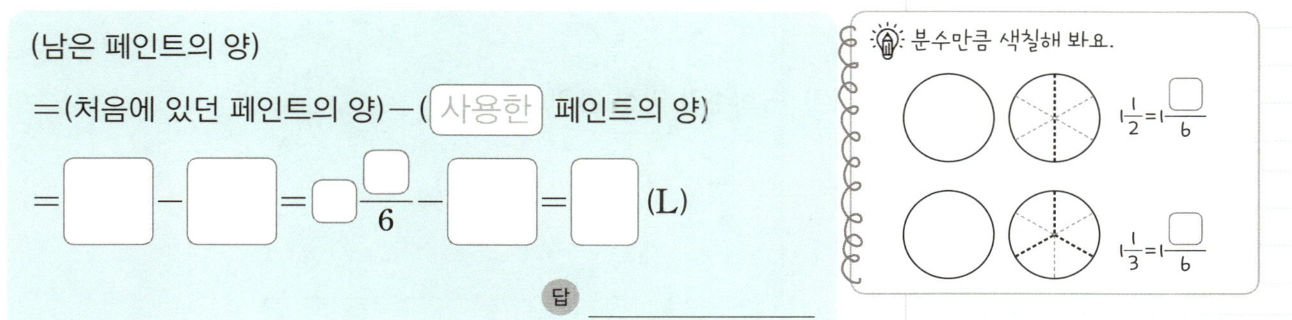

2. 현지는 미술 시간에 테이프 $8\frac{2}{3}$ m 중 $3\frac{2}{5}$ m를 사용했습니다. 남은 테이프는 몇 m일까요?

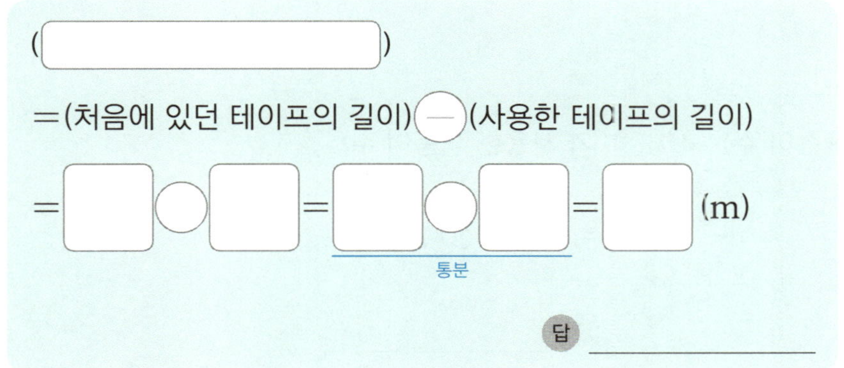

3. 수제비를 만들기 위해 밀가루 $2\frac{1}{2}$ kg 중 $1\frac{1}{6}$ kg을 사용했습니다. 남은 밀가루는 몇 kg일까요?

1. 물을 민지는 $2\frac{3}{4}$L, 희수는 $1\frac{2}{3}$L 마셨습니다. 민지는 희수보다 물을 몇 L 더 많이 마셨을까요?

(더 많이 마신 물의 양)
　＝(민지가 마신 물의 양)−(희수가 마신 물의 양)
　＝□−□＝□−□＝□ (L)
　　　　　　통분

답 __________

2. 초대장을 만드는 데 색종이를 현서는 $6\frac{2}{5}$장, 민채는 $4\frac{3}{8}$장 사용했습니다. 현서는 민채보다 색종이를 몇 장 더 많이 사용했을까요?

(더 많이 사용한 □)
　＝(□가 사용한 색종이 수)−(□가 사용한 색종이 수)
　＝□−□＝□−□＝□ (장)
　　　　　　통분

답 __________

3. 지수는 식빵을 만드는 데 설탕 $1\frac{5}{6}$컵과 밀가루 $3\frac{1}{4}$컵을 사용했습니다. 밀가루는 설탕보다 몇 컵 더 많이 사용했을까요?

답 __________

1. 지우네 집에서 서점까지의 거리는 $2\frac{3}{5}$ km이고, 도서관까지의 거리는 $2\frac{5}{7}$ km입니다. 지우네 집에서 서점과 도서관 중 어느 곳이 몇 km 더 가까울까요?

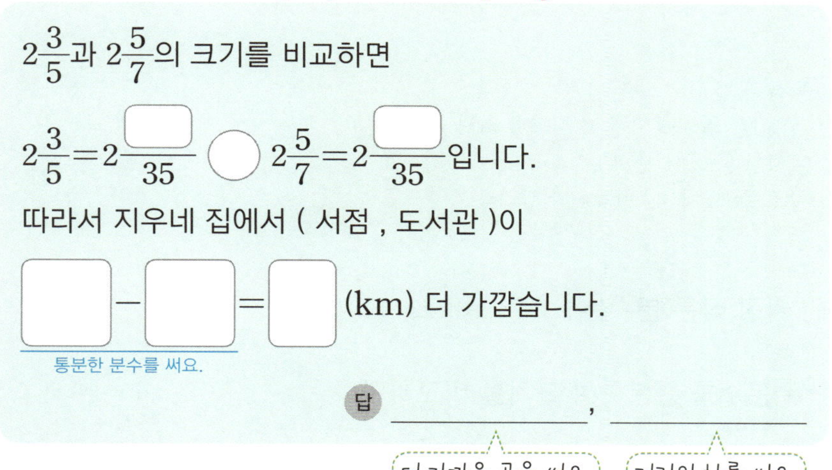

2. 냉장고에 식혜가 $5\frac{1}{3}$ L, 수정과가 $5\frac{3}{10}$ L 있습니다. 식혜와 수정과 중 어느 것이 몇 L 더 많을까요?

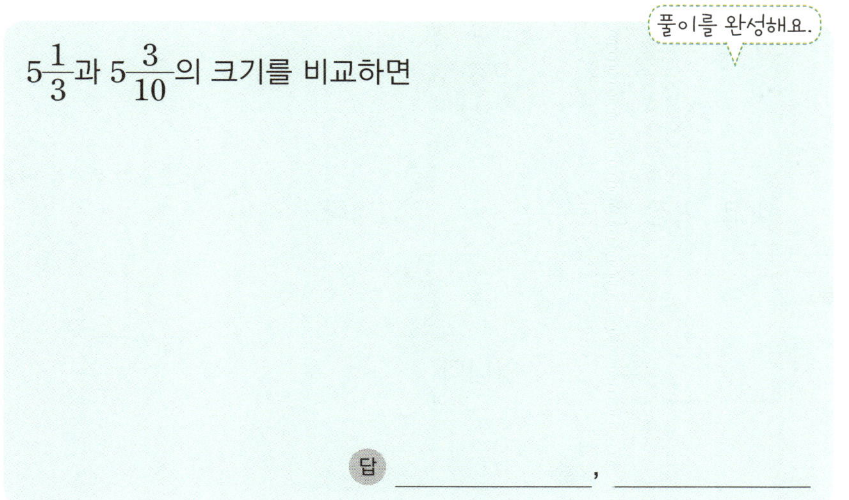

 분수 카드 4장 중에서 2장을 골라 차가 가장 큰 뺄셈식을 만들었을 때 차는 얼마인지 구하세요.

1.

$$1\frac{1}{5} \qquad 4\frac{1}{3} \qquad 3\frac{1}{2} \qquad 4\frac{2}{7}$$

자연수 부분을 비교하면 가장 작은 분수는 $\boxed{}$ 이고,

자연수 부분이 가장 큰 두 분수를 통분하여 크기를 비교하면

$4\frac{1}{3} = \boxed{} \bigcirc 4\frac{2}{7} = \boxed{}$ 이므로 가장 큰 분수는 $\boxed{}$

입니다.

통분하여 크기를 비교해요.

따라서 두 분수의 차는

$\boxed{} - \boxed{} = \boxed{} - \boxed{} = \boxed{}$ 입니다.

답 ______________

2.

$$2\frac{7}{15} \qquad 5\frac{7}{9} \qquad 2\frac{1}{3} \qquad 5\frac{5}{8}$$

가장 작은 분수는 $\boxed{}$ 이고, 가장 큰 분수는 $\boxed{}$ 입니다.

따라서 두 분수의 차는

______________ $= \boxed{}$ 입니다.

최소공배수로 통분해요.

답 ______________

23. 분수의 덧셈과 뺄셈 활용 (1)

1. 어떤 수에 $\frac{1}{3}$을 더해야 할 것을 잘못하여 뺐더니 $\frac{1}{2}$이 되었습니다. 바르게 계산하면 얼마인지 구하세요.

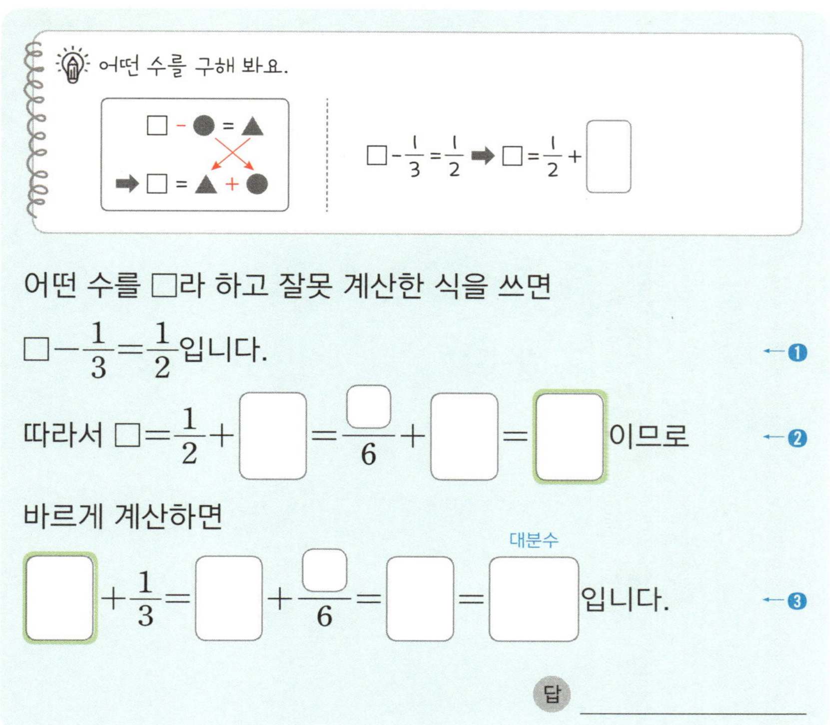

2. 어떤 수에 $\frac{1}{2}$을 더해야 할 것을 잘못하여 뺐더니 $\frac{4}{5}$가 되었습니다. 바르게 계산하면 얼마인지 구하세요.

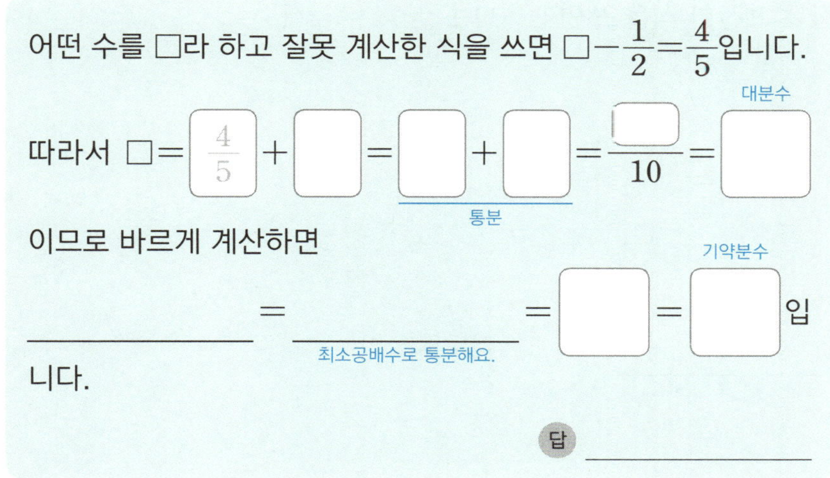

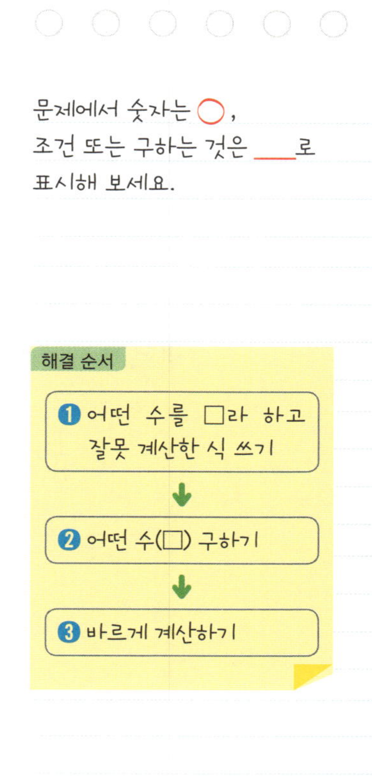

1. 어떤 수에서 $\frac{1}{8}$을 **빼야 할 것**을 **잘못하여 더했더니** $\frac{2}{3}$가 되었습니다. 바르게 계산하면 얼마인지 구하세요.

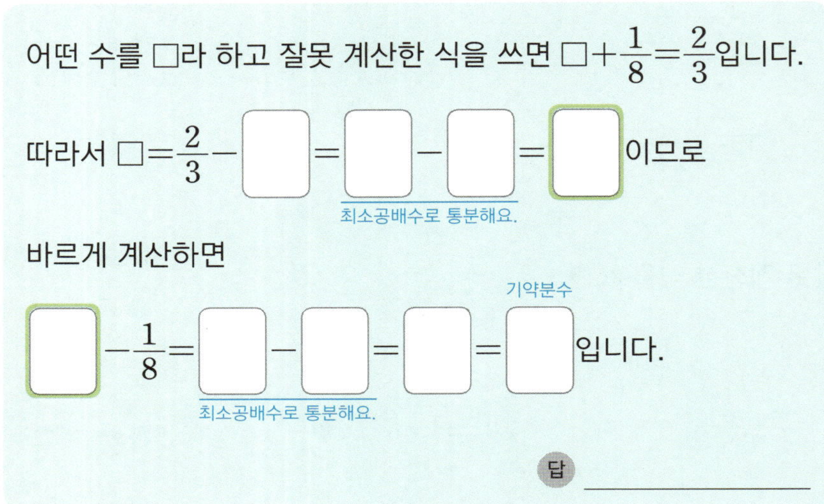

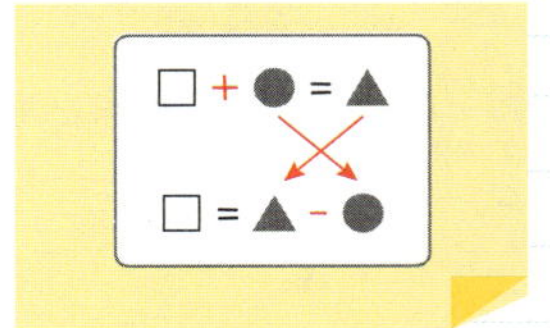

문제에서 숫자는 ◯,
조건 또는 구하는 것은 ___로
표시해 보세요.

2. 어떤 수에서 $1\frac{1}{5}$을 빼야 할 것을 잘못하여 더했더니 $5\frac{3}{4}$이 되었습니다. 바르게 계산하면 얼마인지 구하세요.

어떤 수를 □라 하고 잘못 계산한 식을 쓰면 □+$1\frac{1}{5}$=□

입니다.

따라서 □=□－□=□－□=□ 이

므로 바르게 계산하면
최소공배수로 통분해요.

　　　=　　　　　=□ 입니다.
최소공배수로 통분해요.

답 ____________

1. 민하네 가족은 팥떡 $1\frac{7}{10}$ kg과 콩떡 $4\frac{1}{6}$ kg을 샀습니다. 이 중에서 $3\frac{2}{3}$ kg을 먹었다면 <u>남은</u> 떡은 몇 kg일까요?

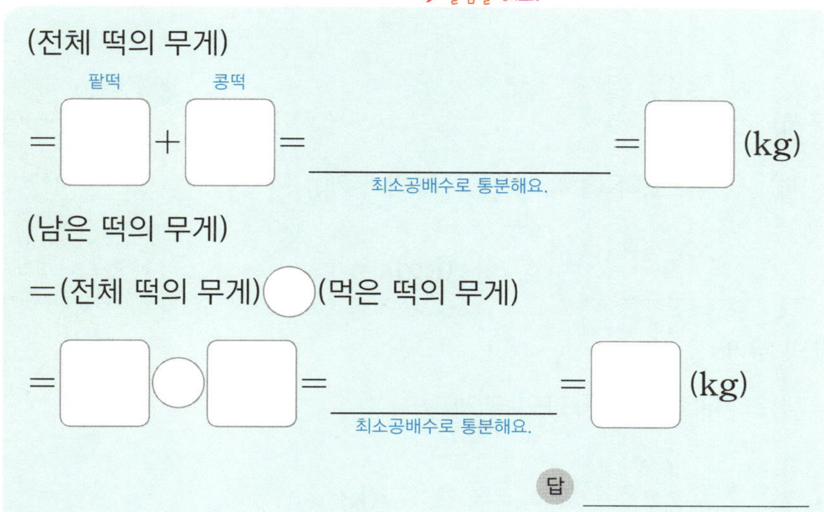

2. 혜주는 초록색 테이프 $2\frac{4}{7}$ m와 노란색 테이프 $\frac{2}{3}$ m를 가지고 있습니다. 이 중에서 $\frac{5}{6}$ m를 미술 시간에 사용했다면 남은 색 테이프는 몇 m일까요?

1. 사과 농장에서 사과를 민호는 $3\dfrac{2}{5}$ kg 땄고, 재희는 **민호보다** $1\dfrac{3}{10}$ **kg 더 적게** 땄습니다. 민호와 재희가 딴 사과는 **모두** 몇 kg일까요?

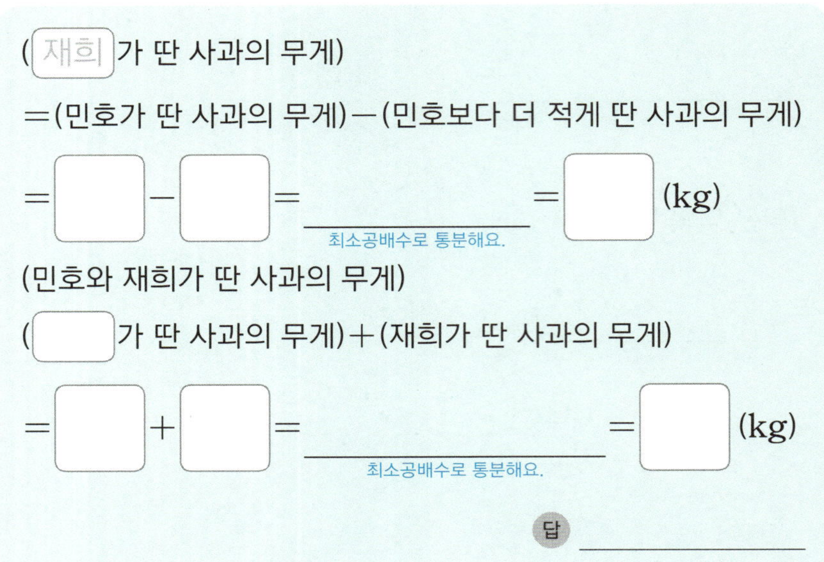

(재희 가 딴 사과의 무게)

＝(민호가 딴 사과의 무게)－(민호보다 더 적게 딴 사과의 무게)

＝ □ － □ ＝ ______ ＝ □ (kg)

최소공배수로 통분해요.

(민호와 재희가 딴 사과의 무게)

(□ 가 딴 사과의 무게)＋(재희가 딴 사과의 무게)

＝ □ ＋ □ ＝ ______ ＝ □ (kg)

최소공배수로 통분해요.

답 ____________

2. 물을 준서는 $1\dfrac{1}{6}$ L 마셨고, 윤재는 준서보다 $\dfrac{1}{4}$ L 더 적게 마셨습니다. 두 사람이 마신 물의 양은 모두 몇 L일까요?

(윤재가 마신 물의 양)

＝(준서가 마신 물의 양)－(________ 물의 양)

＝ ____________ ＝ □ (L)

(두 사람이 마신 물의 양)

(□ 가 마신 물의 양)＋(윤재가 마신 물의 양)

＝ ____________ ＝ □ (L)

답 ____________

1. 수지의 몸무게는 동생보다 $3\frac{7}{10}$ kg 더 무겁습니다. 수지의 몸무게가 $45\frac{1}{6}$ kg일 때 두 사람의 몸무게의 합은 몇 kg일까요?

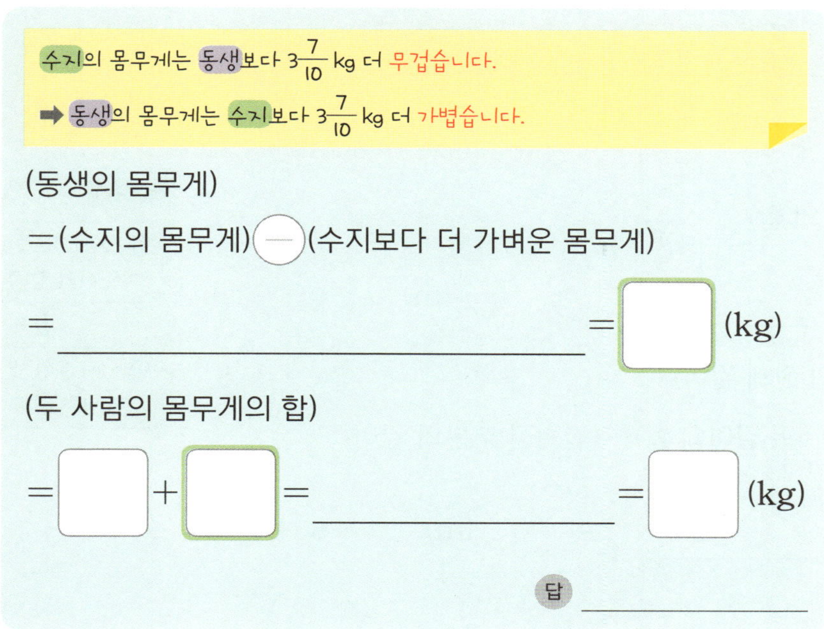

2. 준기의 몸무게는 어머니보다 $7\frac{5}{9}$ kg 더 가볍습니다. 준기의 몸무게가 $47\frac{1}{3}$ kg일 때 두 사람의 몸무게의 합은 몇 kg일까요?

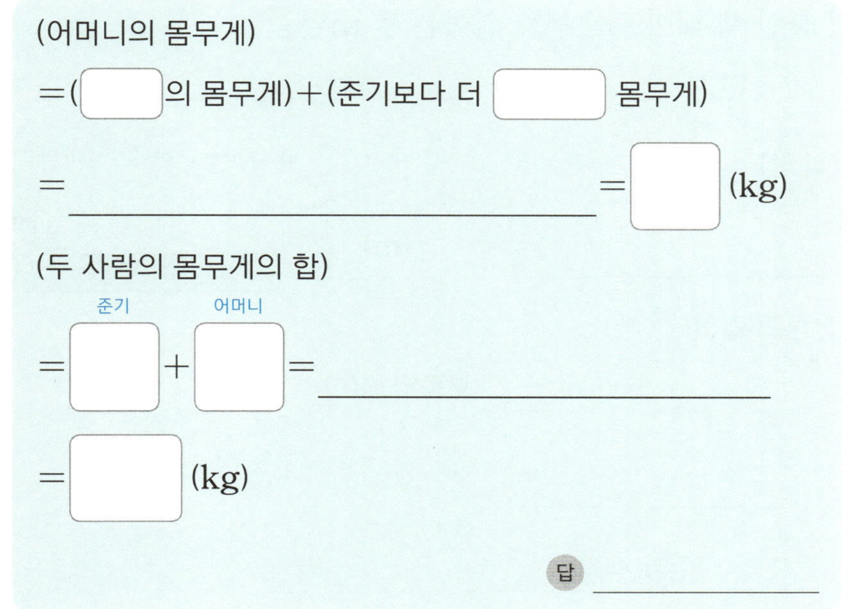

24 분수의 덧셈과 뺄셈 활용 (2)

1. 색 테이프 2장을 그림과 같이 겹쳐지게 이어 붙였습니다. 이어 붙인 색 테이프의 전체 길이는 몇 m일까요?

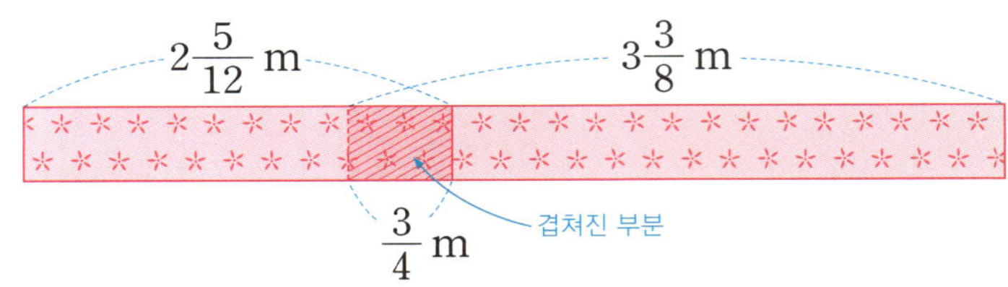

(색 테이프 2장의 길이의 합)

$$= 2\frac{5}{12} + \boxed{} = \underline{}_{\text{최소공배수로 통분해요.}} = \boxed{} \ (\text{m}) \quad \leftarrow \textbf{①}$$

(이어 붙인 색 테이프의 전체 길이)

$$= (\boxed{색 \ 테이프 \ 2장} \text{의 길이의 합}) - (\text{겹쳐진 부분의 길이})$$

$$= \boxed{} - \boxed{} = \underline{}_{\text{최소공배수로 통분해요.}} = \boxed{} \ (\text{m}) \quad \leftarrow \textbf{②}$$

답 ____________

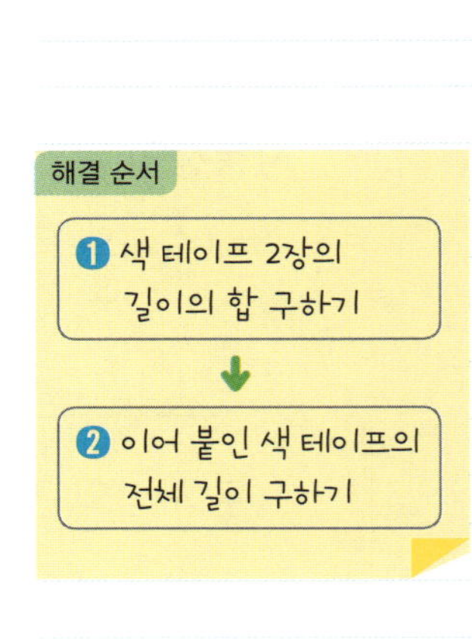

2. 길이가 $1\frac{3}{7}$ m, $2\frac{1}{6}$ m인 색 테이프 2장을 $\frac{1}{2}$ m가 겹쳐지게 이어 붙였습니다. 이어 붙인 색 테이프의 전체 길이는 몇 m일까요?

(색 테이프 2장의 길이의 합)

$$= \underline{} = \boxed{} \ (\text{m})$$

(이어 붙인 색 테이프 전체의 길이)

$$= (\boxed{}) - (\boxed{} \ \text{부분의 길이})$$

$$= \underline{} = \boxed{} \ (\text{m})$$

답 ____________

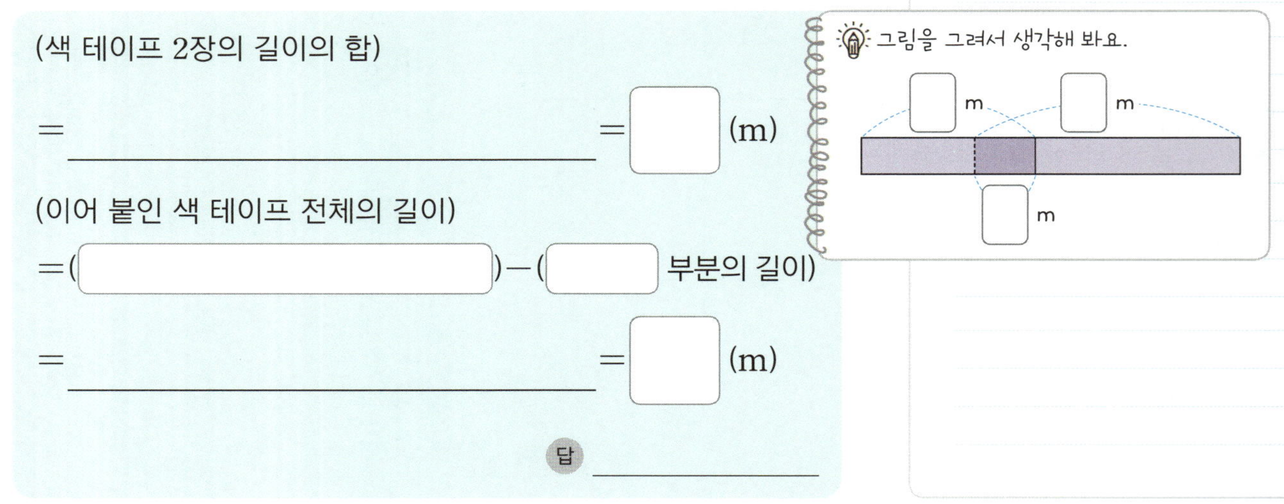

⭐ 집에서 약국까지 가는 데 세 곳 중 어느 곳을 지나는 길이 가장 가까운지 구하세요.

1.

교과서 유형

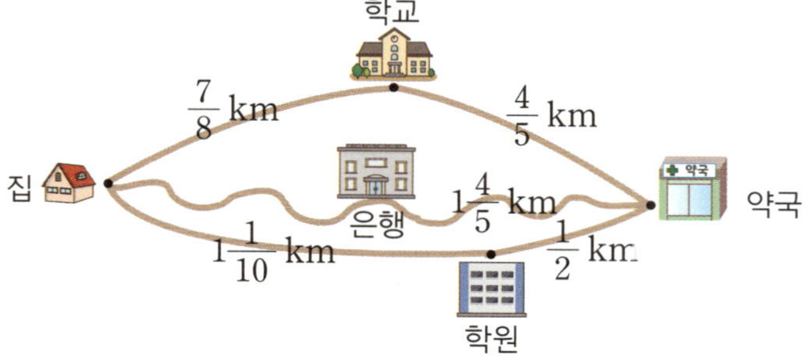

집에서 약국까지 가는 데 지나는 곳에 따라 거리를 구해 봅니다.

학교 $\dfrac{7}{8}$ + ☐ = ☐ (km),   은행 ☐ km,

학원 $1\dfrac{1}{10}$ + ☐ = ☐ (km)

따라서 세 분수의 크기를 비교하면 ☐ < ☐ < ☐

이므로 세 곳 중 ☐ 을/를 지나는 길이 가장 가깝습니다.

답 ___________

2.

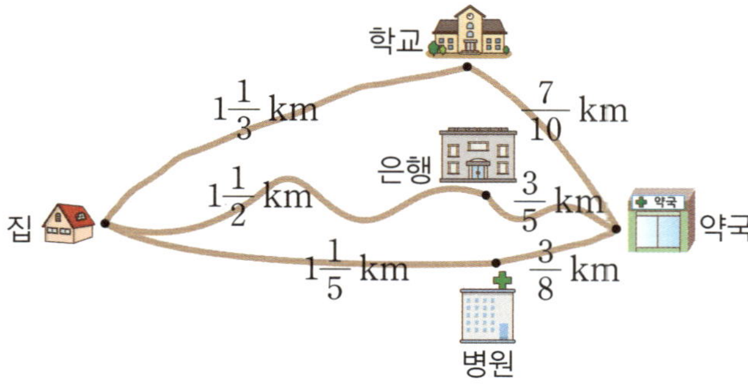

답 ___________

  □ 안에 들어갈 수 있는 자연수는 모두 몇 개인지 구하세요.

1.

$$\frac{2}{3} + \frac{7}{10} < \square < 8\frac{3}{5} - \frac{13}{15}$$

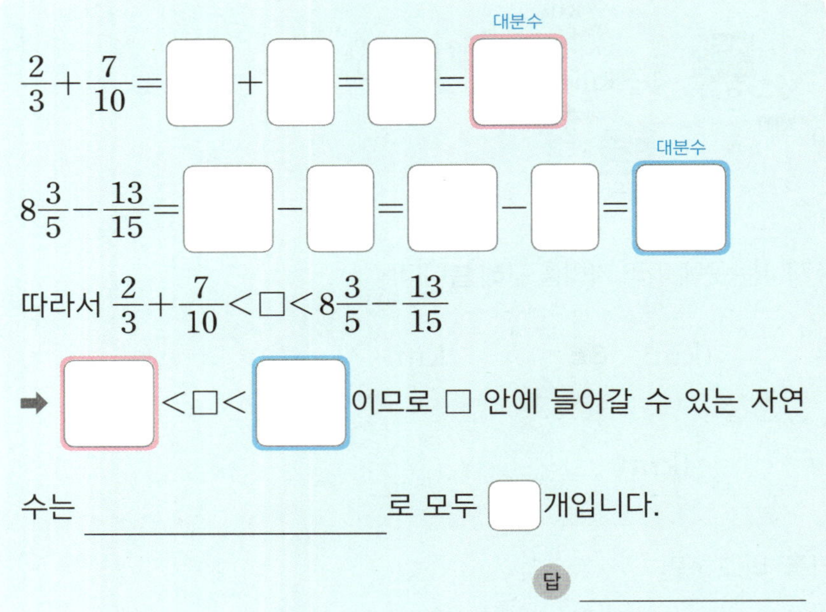

$$\frac{2}{3} + \frac{7}{10} = \boxed{} + \boxed{} = \boxed{} = \boxed{}\ \text{대분수}$$

$$8\frac{3}{5} - \frac{13}{15} = \boxed{} - \boxed{} = \boxed{} - \boxed{} = \boxed{}\ \text{대분수}$$

따라서 $\frac{2}{3} + \frac{7}{10} < \square < 8\frac{3}{5} - \frac{13}{15}$

➡ $\boxed{} < \square < \boxed{}$ 이므로 □ 안에 들어갈 수 있는 자연

수는 ___________________ 로 모두 $\boxed{}$ 개입니다.

답 ___________________

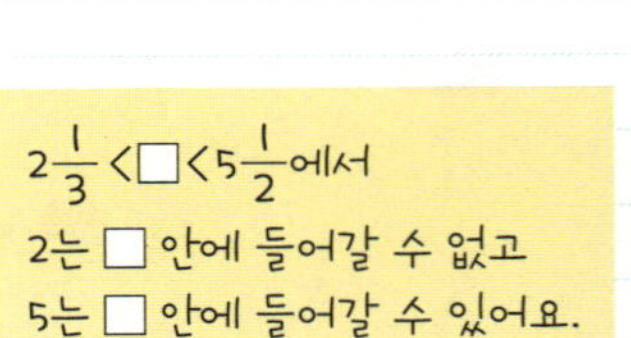

2.

$$6\frac{2}{9} - 2\frac{1}{4} < \square < 3\frac{2}{3} + 4\frac{3}{5}$$

$$6\frac{2}{9} - 2\frac{1}{4} = \underline{} = \boxed{}$$

$$3\frac{2}{3} + 4\frac{3}{5} = \underline{} = \boxed{}$$

따라서

답 ___________________

⭐ 젤리 가게에서 3가지 맛 젤리 중 고른 2가지 맛 젤리의 무게의 합이 다음과 같을 때, 고른 젤리는 무슨 맛인지 구하세요.

1.

[교과서 유형]

$\dfrac{13}{14}$ kg

$\dfrac{3}{7}$ kg

$\dfrac{1}{3}$ kg

$\dfrac{1}{2}$ kg

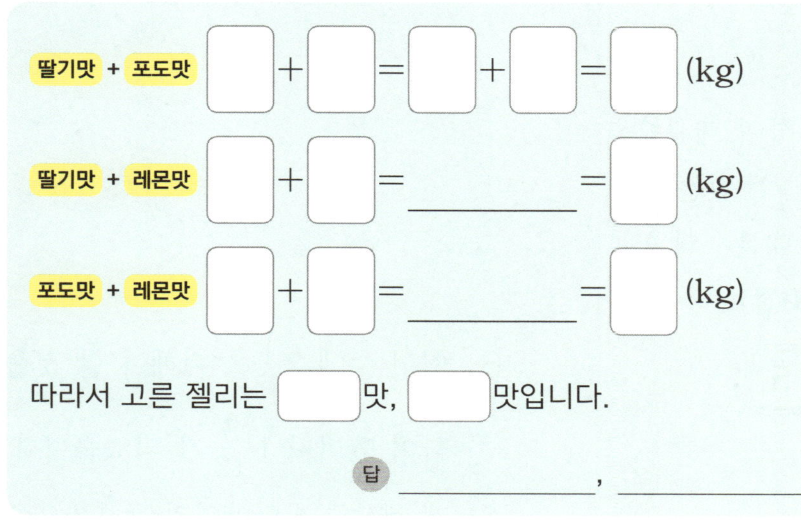

딸기맛 + 포도맛 　□ + □ = □ + □ = □ (kg)

딸기맛 + 레몬맛 　□ + □ = ——— = □ (kg)

포도맛 + 레몬맛 　□ + □ = ——— = □ (kg)

따라서 고른 젤리는 □ 맛, □ 맛입니다.

답 　＿＿＿＿＿＿, ＿＿＿＿＿＿

두 분수의 합이 $\dfrac{13}{14}$인 두 분수를 찾아요.

2.

$1\dfrac{11}{24}$ kg

$\dfrac{5}{8}$ kg

$\dfrac{6}{7}$ kg

$\dfrac{5}{6}$ kg

답 　＿＿＿＿＿＿, ＿＿＿＿＿＿

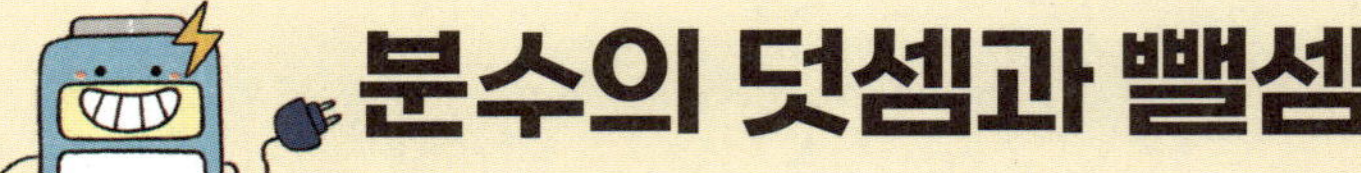

분수의 덧셈과 뺄셈

1. 주스를 시은이는 $\frac{2}{5}$ L 마셨고, 준성이는 시은이보다 $\frac{1}{4}$ L 더 많이 마셨습니다. 준성이가 마신 주스는 몇 L일까요?

(   )

2. 수 카드를 한 번씩만 사용하여 대분수를 만들려고 합니다. 만들 수 있는 가장 큰 대분수와 가장 작은 대분수의 합과 차를 각각 구하세요. (20점)

$$\boxed{3} \quad \boxed{4} \quad \boxed{5}$$

합 (   )

차 (   )

3. 길이가 $3\frac{4}{9}$ m인 빨간색 끈과 $4\frac{1}{2}$ m인 노란색 끈을 겹치지 않게 길게 이었습니다. 이은 끈의 전체 길이는 몇 m일까요?

(   )

4. 농장에서 딸기를 지우는 $\frac{5}{7}$ kg 땄고, 연서는 지우보다 $\frac{2}{5}$ kg 더 적게 땄습니다. 연서가 딴 딸기는 몇 kg일까요?

(   )

5. 소정이는 경민이보다 $2\frac{3}{10}$ kg 더 가볍습니다. 경민이의 몸무게가 $42\frac{3}{4}$ kg일 때 소정이의 몸무게는 몇 kg일까요?

(   )

6. 어떤 수에 $2\frac{1}{6}$ 을 더해야 할 것을 잘못하여 뺐더니 $1\frac{5}{12}$ 가 되었습니다. 바르게 계산하면 얼마인지 구하세요. (20점)

(   )

7. 철사가 1 m 있습니다. 이 중에서 미술 시간에 민영이가 $\frac{7}{20}$ m를 사용했고, 희서는 민영이보다 $\frac{1}{8}$ m를 더 많이 사용했습니다. 남은 철사의 길이는 몇 m일까요? (20점)

(   )

다각형의 둘레와 넓이

학교 시험
자신감 충전!

여섯째 마당에서는 다각형의 둘레와 넓이를 활용한 문장제를 배웁니다.
다각형의 둘레와 넓이를 구하는 공식은 외워서 바로 떠오르도록 연습해야
시간을 줄일 수 있어요. 공식의 원리를 생각하면서 완벽하게 외워 봐요.

를 채워 문장을 완성하면, 학교 시험 자신감 충전 완료!

📕 공부한 날짜

25 정다각형, 사각형의 둘레

1. 한 변의 길이가 4 cm인 정삼각형의 둘레는 몇 cm일까요?

↱ 세 변의 길이가 모두 같아요.

정★각형의 변의 수
➡ ★개

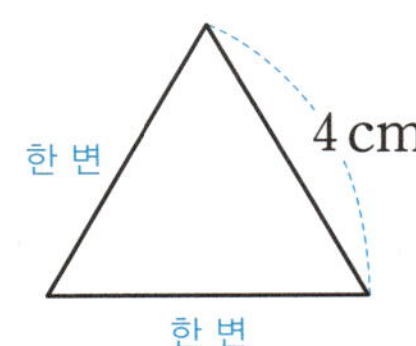

(정삼각형의 둘레)＝(한 변의 길이)×(변의 수)

$$=4×\boxed{}=\boxed{}\ (cm)$$

2. 한 변의 길이가 6 cm인 정오각형의 둘레는 몇 cm일까요?

↱ 다섯 변의 길이가 모두 같아요.

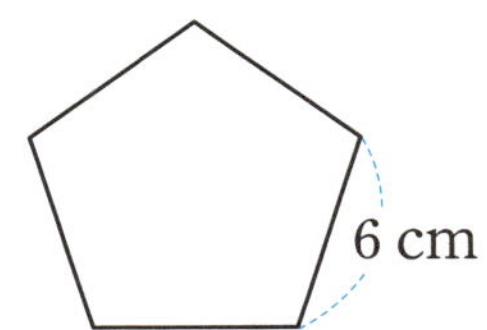

(정오각형의 둘레)＝(한 변의 길이)×(변의 수)

$$=6×\boxed{}=\boxed{}\ (cm)$$

3. 가로가 5 cm, 세로가 3 cm인 직사각형의 둘레는 몇 cm일까요?

↱ 마주 보는 두 변의 길이가 각각 같아요.

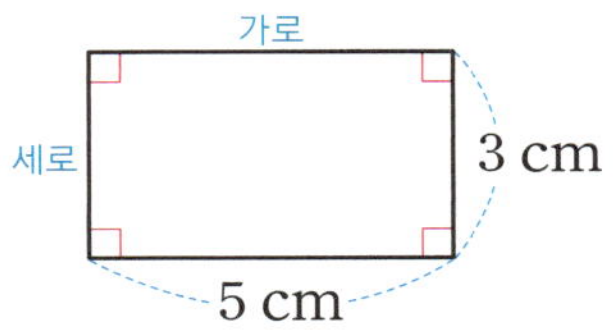

(직사각형의 둘레)＝((가로)＋(세로))×2

$$=(5+\boxed{})×2=\boxed{}×2=\boxed{}\ (cm)$$

4. 두 변의 길이가 각각 6 cm, 4 cm인 평행사변형의 둘레는 몇 cm일까요?

↱ 마주 보는 두 변의 길이가 각각 같아요.

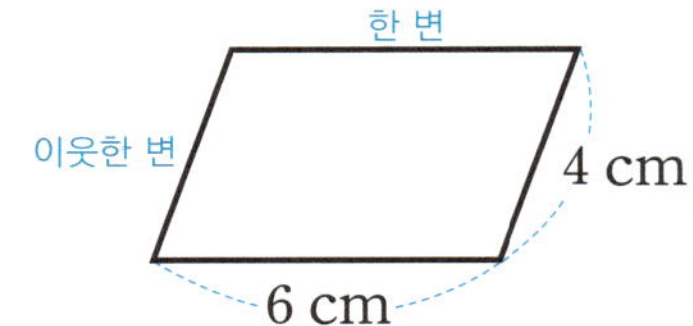

(평행사변형의 둘레)＝((한 변의 길이)＋(이웃한 변의 길이))×2

$$=(6+\boxed{})×2=\boxed{}×2=\boxed{}\ (cm)$$

5. 한 변의 길이가 8 cm인 마름모의 둘레는 몇 cm일까요?

↱ 네 변의 길이가 모두 같아요.

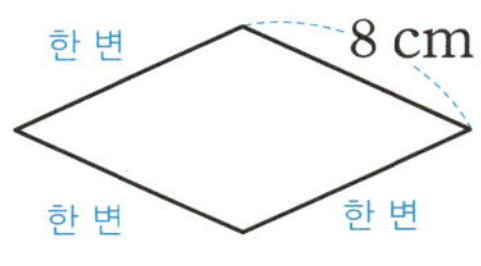

(마름모의 둘레)＝(한 변의 길이)×4

$$=8×\boxed{}=\boxed{}\ (cm)$$

1. 정오각형의 둘레가 20 cm일 때, 한 변의 길이는 몇 cm일까요?

(정오각형의 한 변의 길이)

$=$(둘레)$\div$(변의 수)

$=$ ⬚ $\div$ ⬚ $=$ ⬚ (cm)

답 ________________

2. 마름모의 둘레가 28 cm일 때, 한 변의 길이는 몇 cm일까요?

(마름모의 한 변의 길이)

$=($ ⬚ $)\div$(변의 수)

$=$ ⬚ $\div$ ⬚ $=$ ⬚ (cm)

답 ________________

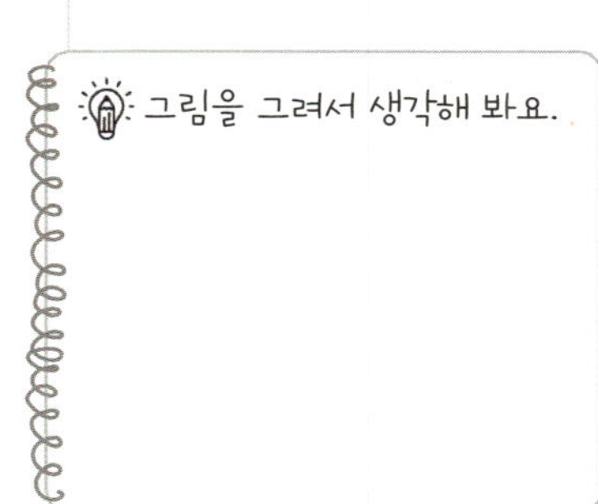

3. 직사각형의 둘레가 16 cm일 때, 세로는 몇 cm일까요?

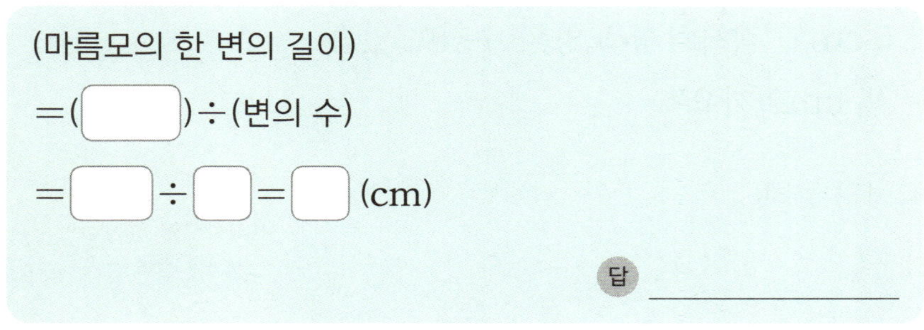

(직사각형의 둘레)$=($(가로)$+$(세로)$)\times$ 2 $=$ ⬚

(가로)$+$(세로)$=$ ⬚ $\div$ 2 $=$ ⬚ (cm)

따라서 ⬚ (가로) $+$ (세로) $=$ ⬚ 이므로

(세로)$=$ ⬚ $-$ ⬚ $=$ ⬚ (cm)입니다.

답 ________________

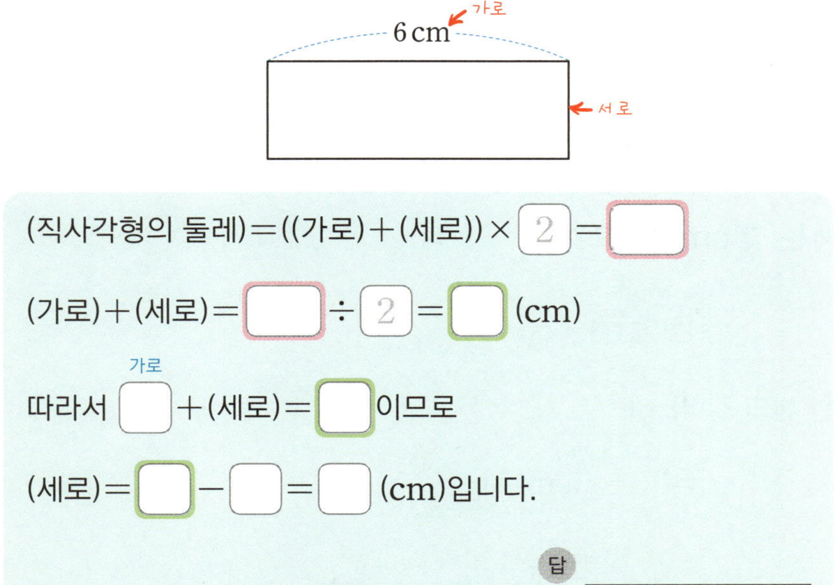

1. 한 변의 길이가 ⑫cm인 <u>정사각형</u> 모양의 색종이가 있습니다. 이 색종이의 <u>둘레는 몇 cm</u>일까요?

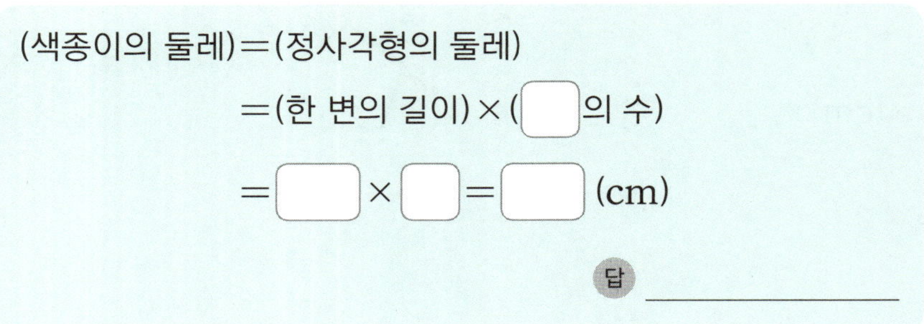

(색종이의 둘레)＝(정사각형의 둘레)

＝(한 변의 길이)×（ ☐ 의 수)

＝ ☐ × ☐ ＝ ☐ (cm)

답 ___________

2. 가로가 10 cm, 세로가 5 cm인 직사각형 모양의 수첩이 있습니다. 이 수첩의 둘레는 몇 cm일까요?

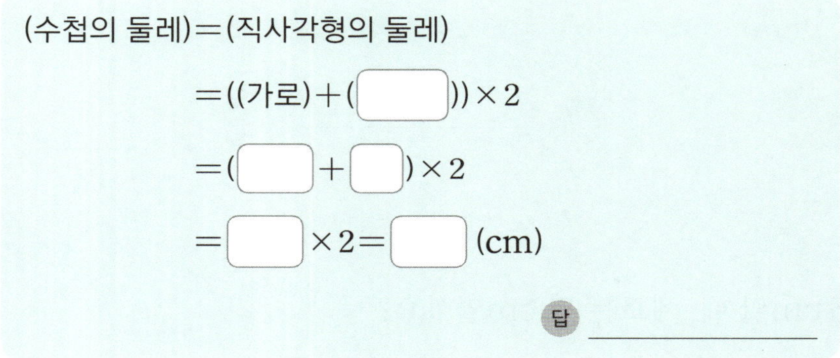

(수첩의 둘레)＝(직사각형의 둘레)

＝((가로)＋（ ☐))×2

＝（ ☐ ＋ ☐)×2

＝ ☐ ×2＝ ☐ (cm)

답 ___________

3. 한 변의 길이가 4 cm인 정육각형 모양의 컵받침대가 있습니다. 이 컵받침대의 둘레는 몇 cm일까요?

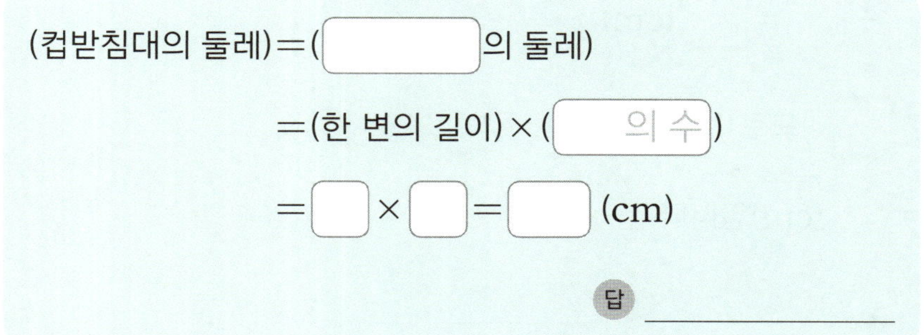

(컵받침대의 둘레)＝（ ☐ 의 둘레)

＝(한 변의 길이)×（ 의 수)

＝ ☐ × ☐ ＝ ☐ (cm)

답 ___________

1. 진희와 민재는 길이가 같은 끈으로 겹치지 않게 서로 다른 정다각형 모양을 만들었습니다. 민재가 만든 정다각형 모양의 한 변의 길이는 몇 cm일까요?

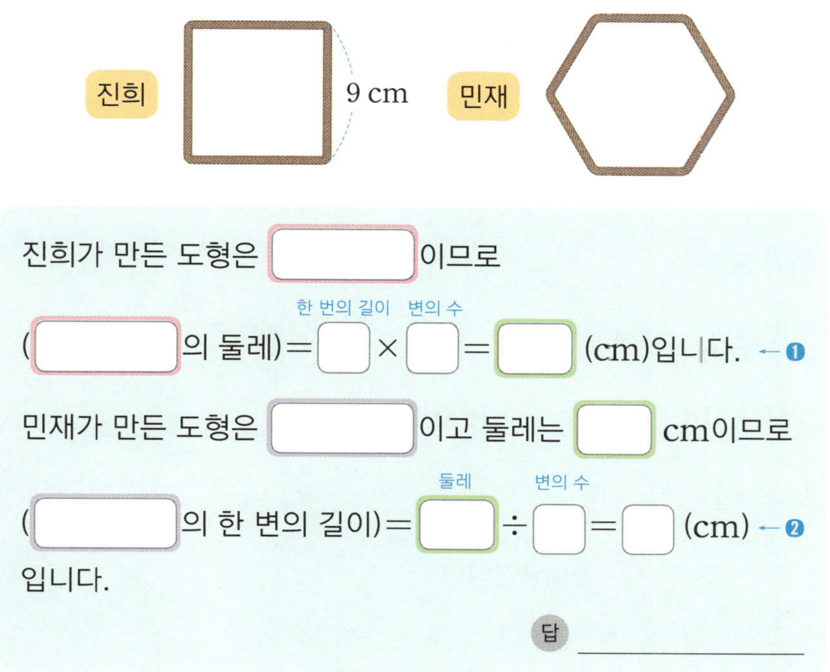

진희가 만든 도형은 [   ]이므로

한 변의 길이 변의 수
([   ]의 둘레) = [ ] × [ ] = [ ] (cm)입니다. ← ❶

민재가 만든 도형은 [   ]이고 둘레는 [ ] cm이므로

둘레   변의 수
([   ]의 한 변의 길이) = [ ] ÷ [ ] = [ ] (cm) ← ❷
입니다.

답 ________________

해결 순서

❶ 진희가 만든 도형의 둘레 구하기

↓

❷ 민재가 만든 도형의 한 변의 길이 구하기

2. 수호와 현아는 길이가 같은 끈으로 겹치지 않게 서로 다른 정다각형 모양을 만들었습니다. 현아가 만든 정다각형 모양의 한 변의 길이는 몇 cm일까요?

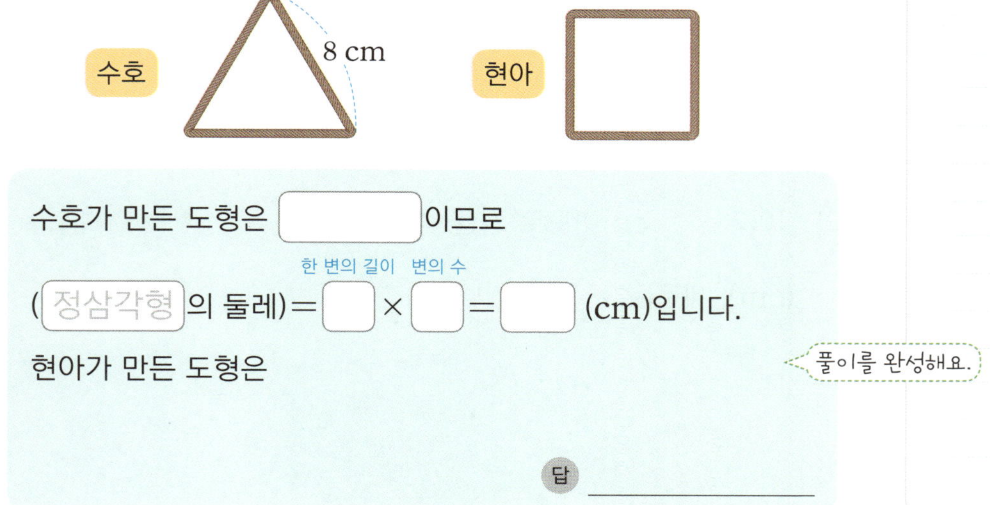

수호가 만든 도형은 [   ]이므로

한 변의 길이 변의 수
([정삼각형]의 둘레) = [ ] × [ ] = [ ] (cm)입니다.

현아가 만든 도형은

풀이를 완성해요.

답 ________________

1. 직사각형 모양의 종이를 정사각형 가만큼 잘라서 사용했습니다. 남은 종이 나의 둘레는 몇 cm일까요?

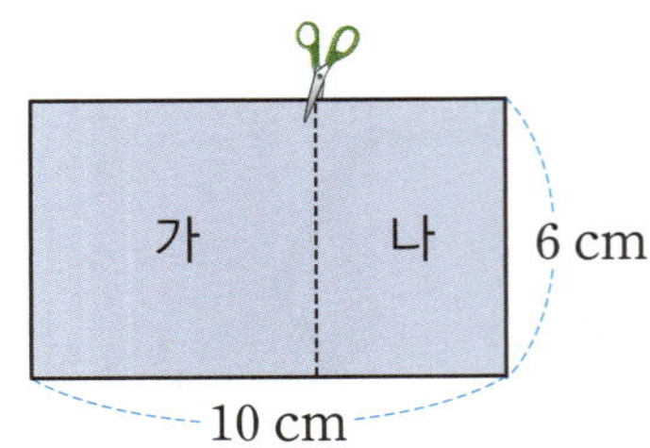

정사각형은 네 변의 길이가 모두 ☐ㅁ로

정사각형 가의 한 변의 길이는 ☐ cm입니다.

따라서 남은 종이 나의 가로는 10 − ☐ = ☐ (cm),

세로는 ☐ cm이므로 나의 둘레는

(☐ + ☐) × 2 = ☐ × 2 = ☐ (cm)입니다.

답 __________________

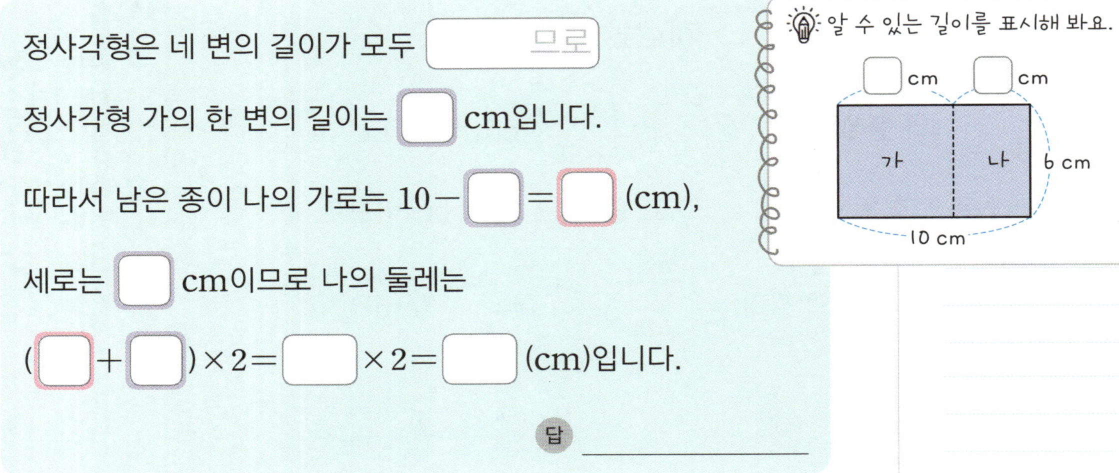

2. 직사각형 모양의 종이를 정사각형 가만큼 잘라서 사용했습니다. 남은 종이 나의 둘레는 몇 cm일까요?

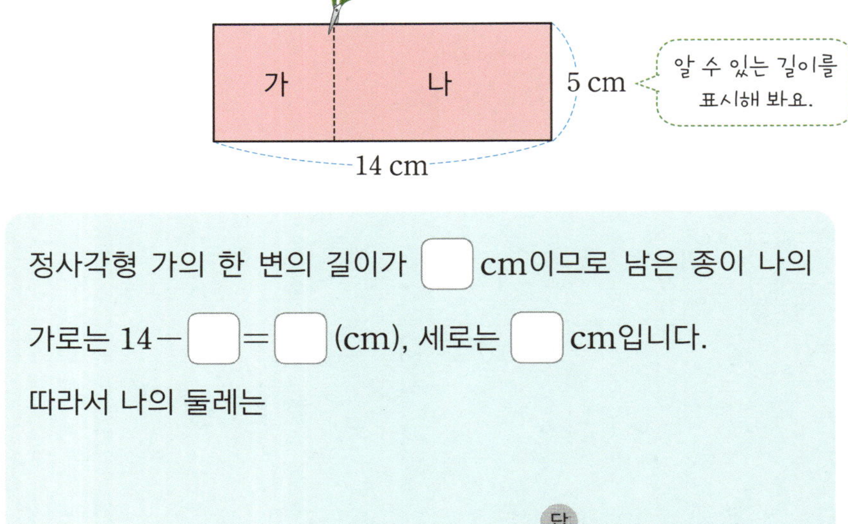

정사각형 가의 한 변의 길이가 ☐ cm이므로 남은 종이 나의

가로는 14 − ☐ = ☐ (cm), 세로는 ☐ cm입니다.

따라서 나의 둘레는

답 __________________

1. 세로가 가로보다 5 cm 더 긴 직사각형의 둘레가 50 cm일 때, 직사각형의 가로는 몇 cm일까요?

직사각형의 가로를 ★ cm라고 하면 세로는 (★+☐) cm입 니다. 직사각형의 둘레를 구하면

가로 세로   둘레

(★+★+☐)×☐=☐, ★+★+5=☐,

★+★=☐, ★=☐ 입니다.

따라서 직사각형의 가로는 ☐ cm입니다.

답 ________________

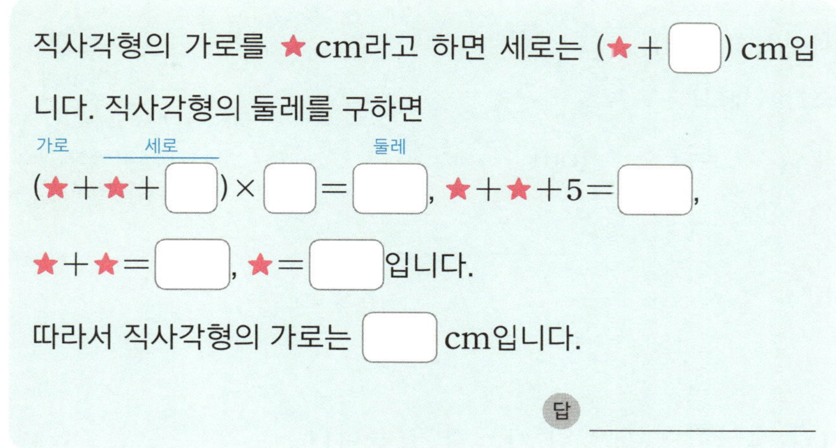

2. 가로가 세로보다 3 cm 더 긴 직사각형의 둘레가 34 cm일 때, 직사각형의 가로는 몇 cm일까요?

직사각형의 세로를 ★ cm라고 하면 가로는 (________) cm이므로

(★+★+________)×☐=☐, ★+★+3=☐,

★+★=☐, ★=☐ 입니다.

따라서 직사각형의 가로는 ★+☐=☐+3=☐ (cm) 입니다.

답 ________________

3. 세로가 가로보다 2 cm 더 긴 직사각형의 둘레가 60 cm일 때, 직사각형의 세로는 몇 cm일까요?

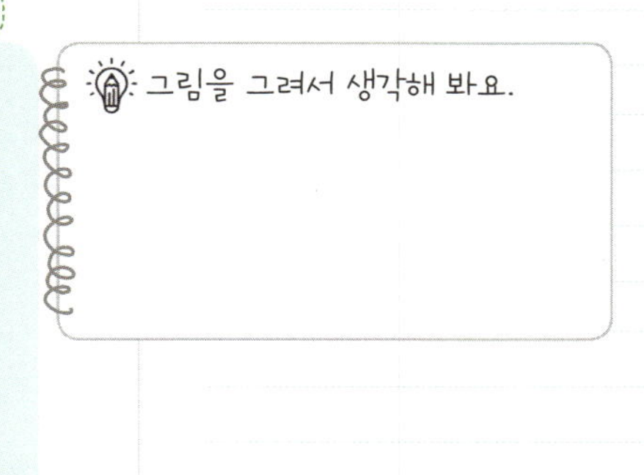

직사각형의 가로를 ★ cm라고 하면 세로는

답 ________________

직사각형, 정사각형의 넓이

1. 가로가 ⑥ cm, 세로가 ⑪ cm인 직사각형 모양의 메모지가 있습니다. 이 메모지의 넓이는 몇 cm²일까요?

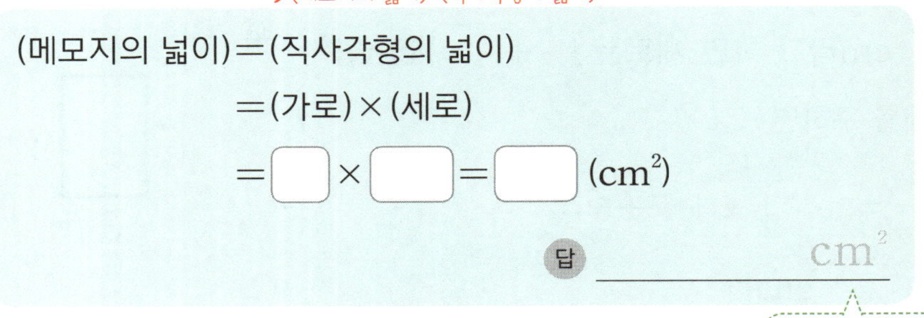

2. 한 변의 길이가 9 cm인 정사각형 모양의 카드가 있습니다. 이 카드의 넓이는 몇 cm²일까요?

(카드의 넓이)=(정사각형의 넓이)

(카드의 넓이)＝(정사각형의 넓이)
＝(☐ 의 길이)×(☐ 의 길이)
＝ ☐ ＝ ☐ (cm²)

답 ____________

3. 가로가 20 cm, 세로가 4 cm인 직사각형 모양의 액자와 한 변의 길이가 8 cm인 정사각형 모양의 액자가 있습니다. 어느 모양 액자의 넓이가 더 넓을까요?

답 ____________

1. 넓이가 96 cm²이고, 가로가 12 cm인 직사각형의 세로는 몇 cm일까요?

직사각형의 세로를 ☐ cm라 하면 <u>가로</u> × <u>세로</u> = <u>넓이</u>,

☐ = ☐ ÷ ☐ = ☐ 입니다.

따라서 직사각형의 세로는 ☐ cm입니다.

답 ___________

2. 넓이가 36 m²인 정사각형의 한 변의 길이는 몇 m일까요?

정사각형의 한 변의 길이를 ☐ m라 하면 ☐ × ☐ = ☐,

☐ × ☐ = ☐ 이므로 ☐ = ☐ 입니다.

따라서 정사각형의 한 변의 길이는 ☐ m입니다.

답 ___________

3. 넓이가 63 cm²이고 가로가 9 cm인 직사각형 모양의 초콜릿이 있습니다. 이 초콜릿의 세로는 몇 cm일까요?

(초콜릿의 세로)=(직사각형의 세로)

초콜릿의 세로를 ☐ cm라 하면

답 ___________

1. 둘레가 ⑩cm인 정사각형이 있습니다. 이 정사각형의 넓이는 몇 cm²일까요?

(정사각형의 한 변의 길이)=([   ])÷(변의 수)

=□÷□=□ (cm)

(정사각형의 넓이)=(한 변의 길이)×(한 변의 길이)

=□×□=□ (cm²)

답 ___________

2. 다음 정다각형과 둘레가 같은 정사각형의 넓이는 몇 cm²일까요?

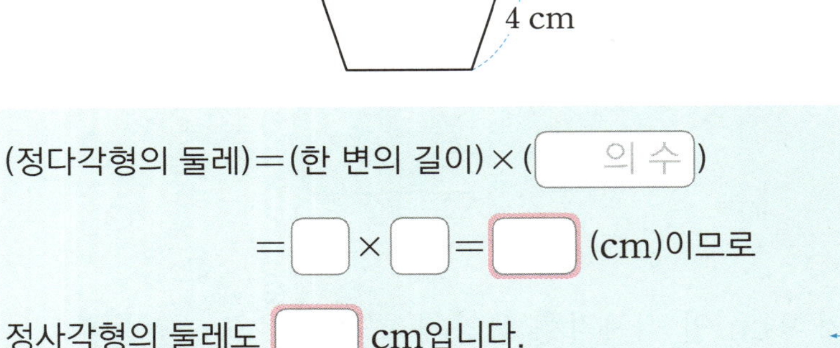

(정다각형의 둘레)=(한 변의 길이)×([의 수])

=□×□=□ (cm)이므로

정사각형의 둘레도 □ cm입니다.　　← ❶

(정사각형의 한 변의 길이)=(둘레)÷([   ])

=□÷□=□ (cm)　　← ❷

(정사각형의 넓이)=(한 변의 길이)×(한 변의 길이)

=_____×_____=□ (cm²)　　← ❸

답 ___________

1. 직사각형 가와 정사각형 나의 넓이가 같을 때, <u>직사각형 가의 가로는 몇 cm</u>일까요?

(정사각형 나의 넓이)＝ □ × □ ＝ □ (cm²)이므로

직사각형 가의 넓이도 □ cm²입니다.

직사각형 가의 가로를 □ cm라 하면

□ × □ ＝ □ , □ ＝ □ ÷ □ ＝ □ 입니다.

따라서 직사각형 가의 가로는 □ cm입니다.

답 ＿＿＿＿＿＿＿＿

2. 직사각형 가와 정사각형 나의 넓이가 같을 때, 직사각형 가의 가로는 몇 cm일까요?

(정사각형 나의 넓이)＝

답 ＿＿＿＿＿＿＿＿

1. 여러 개의 정사각형을 이어 직사각형 모양의 그림을 그렸습니다. 노란색 정사각형의 넓이는 몇 cm^{2}일까요?

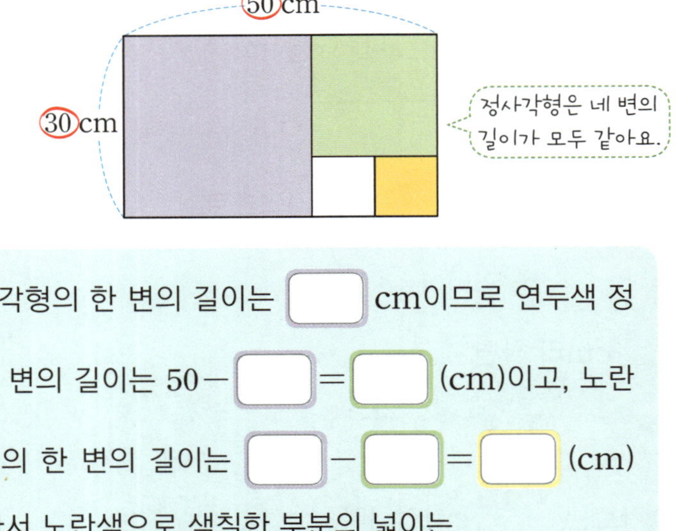

보라색 정사각형의 한 변의 길이는 [ ] cm이므로 연두색 정사각형의 한 변의 길이는 50 − [ ] = [ ] (cm)이고, 노란색 정사각형의 한 변의 길이는 [ ] − [ ] = [ ] (cm)입니다. 따라서 노란색으로 색칠한 부분의 넓이는

[ ] × [ ] = [ ] (cm^2)입니다.

답 _____________

2. 가로가 15 cm인 직사각형 안에 분홍색 정사각형과 파란색 정사각형이 있습니다. 파란색 정사각형의 넓이가 16 cm^{2}일 때, 분홍색 정사각형의 넓이는 몇 cm^{2}일까요?

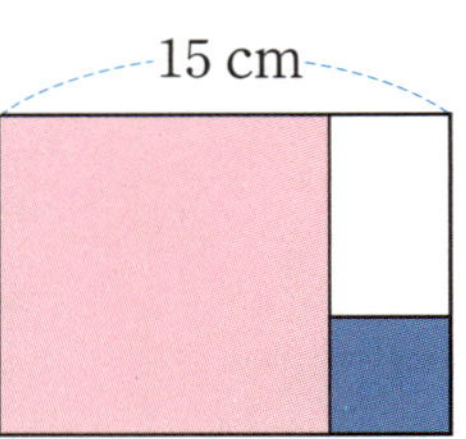

파란색 정사각형의 넓이는 [ ] × [ ] = 16 (cm^2)이므로

파란색 정사각형의 한 변의 길이는 [ ] cm입니다.

따라서 분홍색 정사각형의 한 변의 길이는

15 − [ ] = [ ] (cm)이므로 분홍색 정사각형의 넓이는

[ ] × [ ] = [ ] (cm^2)입니다.

답 _____________

(정사각형의 넓이)
=(한 변의 길이)
　×(한 변의 길이)

27 평행사변형, 삼각형의 넓이

1. 오른쪽 평행사변형의 넓이는 몇 cm^2일까요?

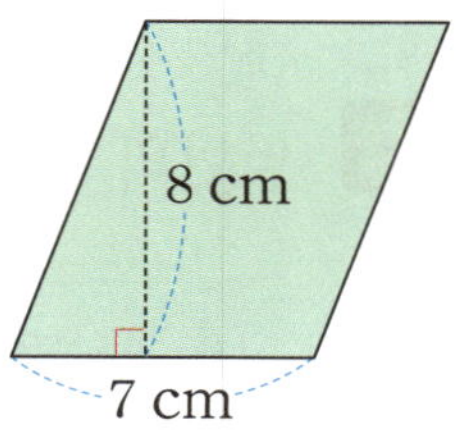

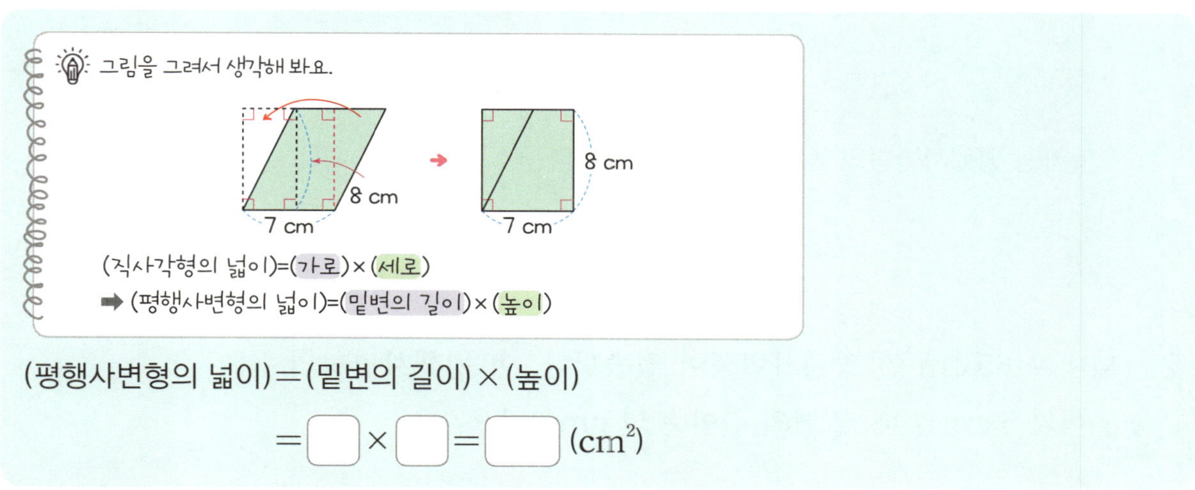

(평행사변형의 넓이)＝(밑변의 길이)×(높이)

$$= \boxed{} \times \boxed{} = \boxed{} \ (cm^2)$$

2. 오른쪽 삼각형의 넓이는 몇 cm^2일까요?

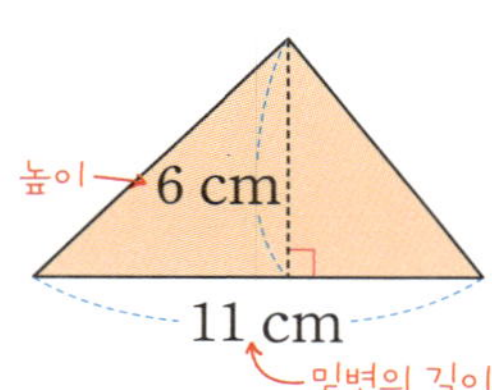

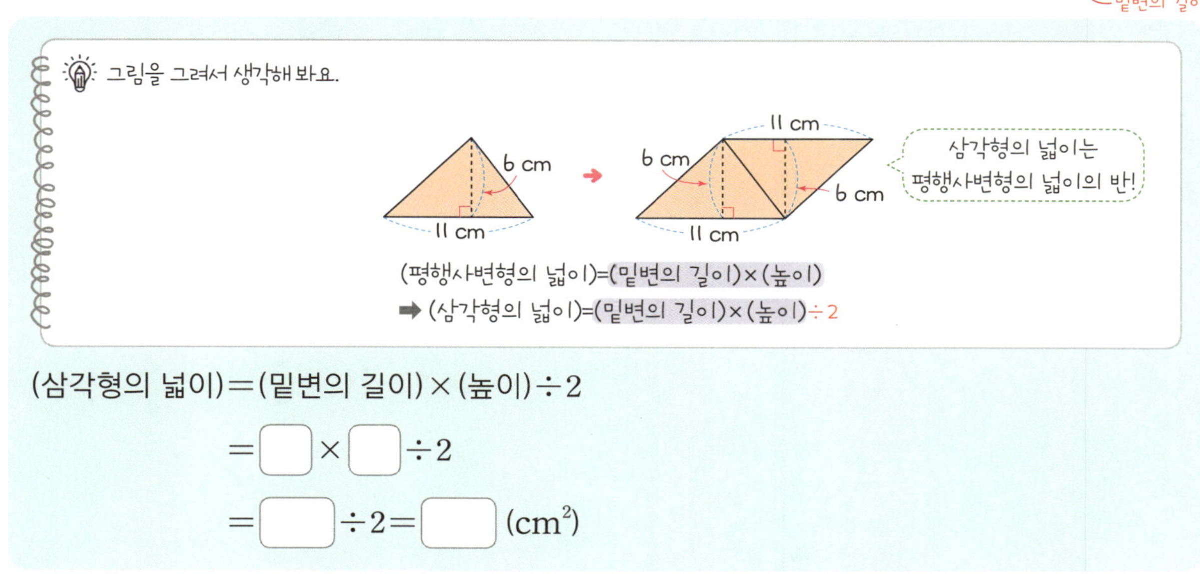

(삼각형의 넓이)＝(밑변의 길이)×(높이)÷2

$$= \boxed{} \times \boxed{} \div 2$$

$$= \boxed{} \div 2 = \boxed{} \ (cm^2)$$

1. 넓이가 60 cm²인 평행사변형이 있습니다. 이 평행사변형의 밑변의 길이가 15 cm일 때, 높이는 몇 cm일까요?

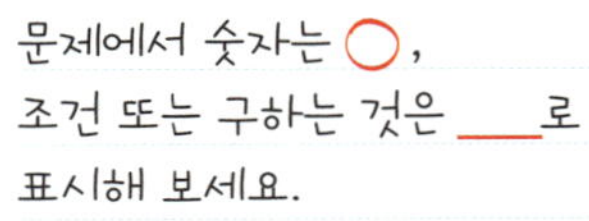

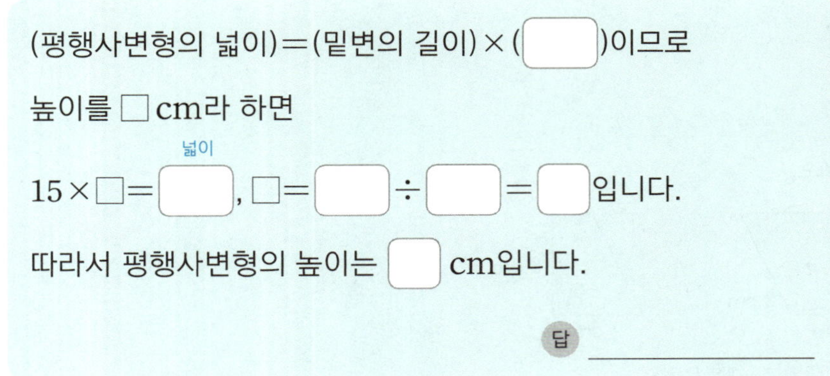

(평행사변형의 넓이)=(밑변의 길이)×(□)이므로

높이를 □ cm라 하면

넓이
15×□=□, □=□÷□=□입니다.

따라서 평행사변형의 높이는 □ cm입니다.

답 ___________

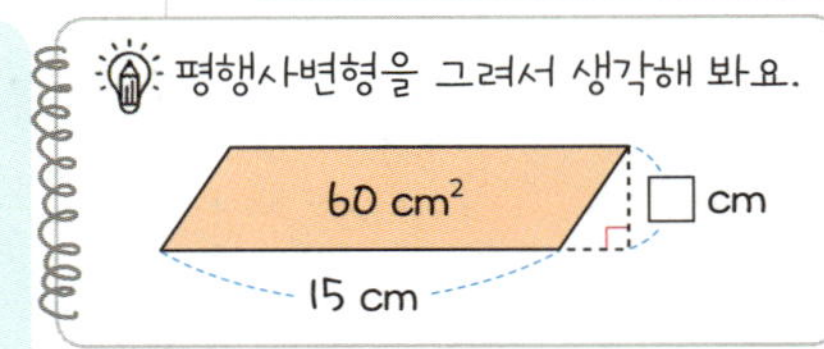

2. 넓이가 65 cm²인 평행사변형이 있습니다. 이 평행사변형의 높이가 5 cm일 때, 밑변의 길이는 몇 cm일까요?

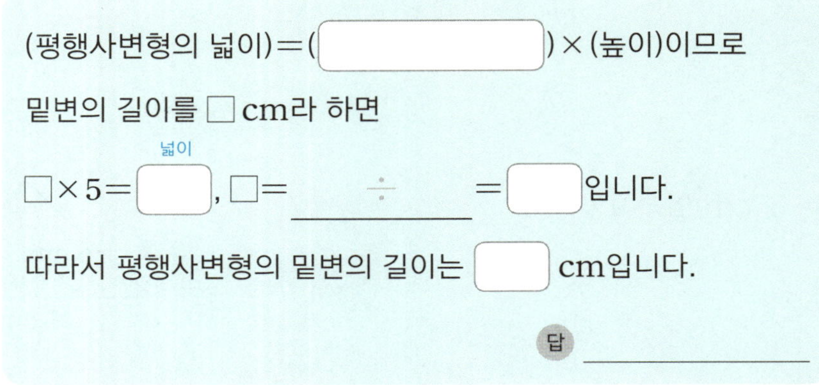

(평행사변형의 넓이)=(□)×(높이)이므로

밑변의 길이를 □ cm라 하면

넓이
□×5=□, □=___÷___=□입니다.

따라서 평행사변형의 밑변의 길이는 □ cm입니다.

답 ___________

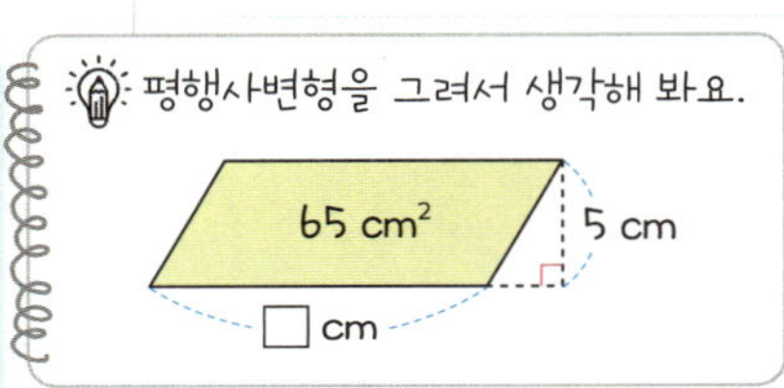

3. 넓이가 42 cm²인 평행사변형이 있습니다. 이 평행사변형의 밑변의 길이가 3 cm일 때, 높이는 몇 cm일까요?

답 ___________

1. 넓이가 ⑳ cm^{2}인 삼각형이 있습니다. 이 삼각형의 밑변의 길이가 ⑧ cm일 때, <u>높이는 몇 cm</u>일까요?

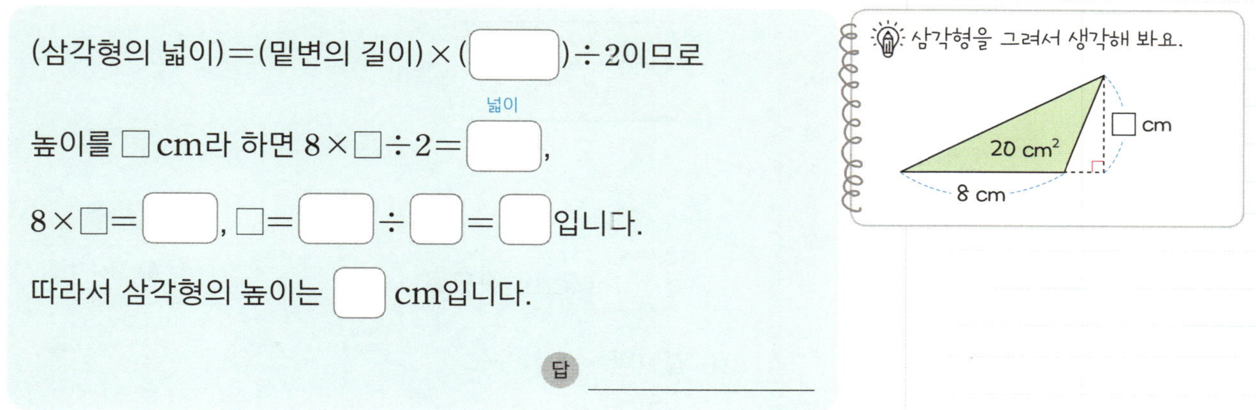

(삼각형의 넓이)=(밑변의 길이)×(　　)÷2이므로

높이를 □ cm라 하면 8×□÷2=　　 (넓이),

8×□=　　, □=　　÷　　=　　입니다.

따라서 삼각형의 높이는 　　cm입니다.

답 ____________________

2. 넓이가 24 cm^{2}인 삼각형이 있습니다. 이 삼각형의 높이가 4 cm일 때, 밑변의 길이는 몇 cm일까요?

(삼각형의 넓이)=(　　　　　　)×(높이)÷　　이므로

밑변의 길이를 □ cm라 하면 □×4÷2=　　 (넓이),

□×4=　　, □=　　÷　　=　　입니다.

따라서 삼각형의 밑변의 길이는 　　cm입니다.

답 ____________________

3. 넓이가 21 cm^{2}인 삼각형이 있습니다. 이 삼각형의 밑변의 길이가 7 cm일 때, 높이는 몇 cm일까요?

삼각형을 그려서 생각해 봐요.

답 ____________________

1. 직사각형의 넓이와 평행사변형의 넓이가 같습니다. <u>평행사변형의 밑변의 길이는 몇 cm일까요?</u>

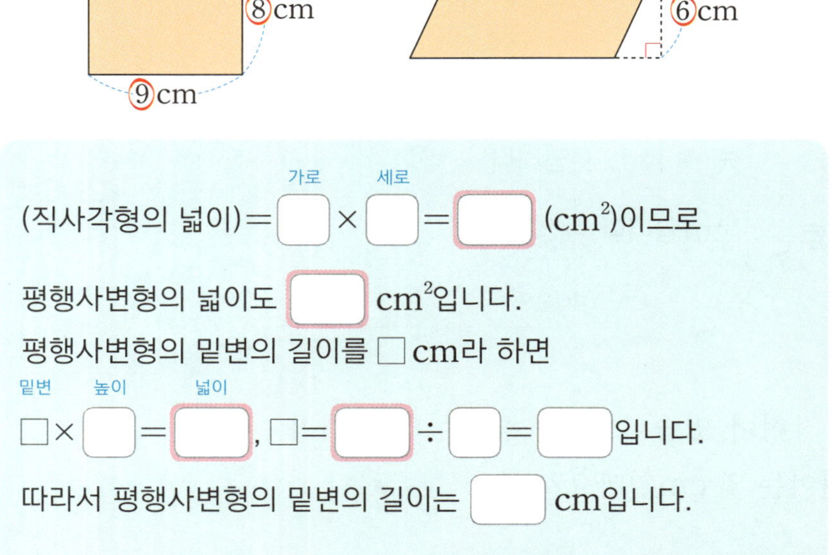

(직사각형의 넓이)= ⬜ × ⬜ = ⬜ (cm²)이므로
　　　　　　　　　가로　세로

평행사변형의 넓이도 ⬜ cm²입니다.

평행사변형의 밑변의 길이를 ⬜ cm라 하면

⬜ × ⬜ = ⬜ , ⬜ = ⬜ ÷ ⬜ = ⬜ 입니다.
밑변　높이　넓이

따라서 평행사변형의 밑변의 길이는 ⬜ cm입니다.

답 ______________

2. 삼각형의 넓이와 평행사변형의 넓이가 같습니다. 평행사변형의 높이는 몇 cm일까요?

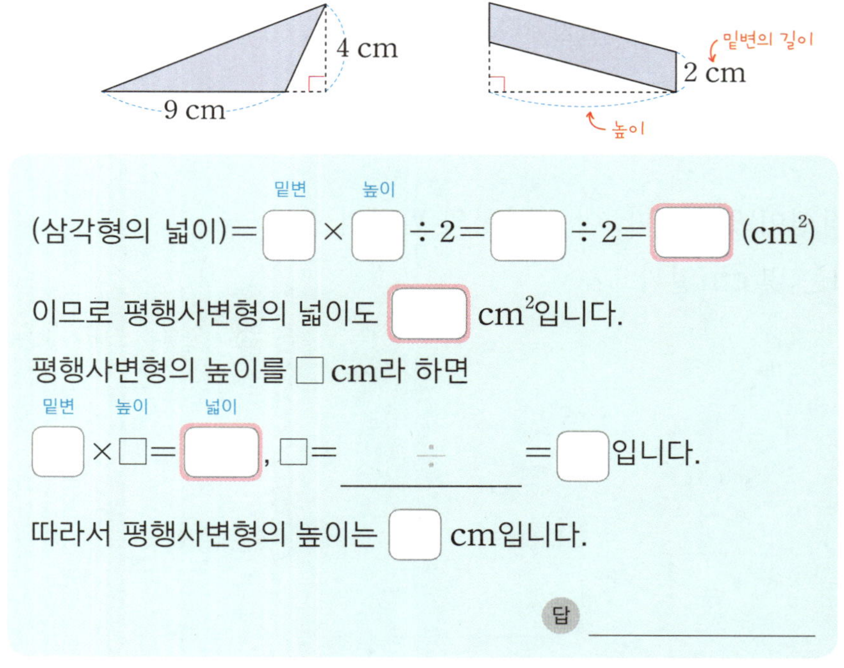

(삼각형의 넓이)= ⬜ × ⬜ ÷ 2 = ⬜ ÷ 2 = ⬜ (cm²)
　　　　　　　　밑변　높이

이므로 평행사변형의 넓이도 ⬜ cm²입니다.

평행사변형의 높이를 ⬜ cm라 하면

⬜ × ⬜ = ⬜ , ⬜ = ‾‾‾‾‾‾ = ⬜ 입니다.
밑변　높이　넓이

따라서 평행사변형의 높이는 ⬜ cm입니다.

답 ______________

28 마름모, 사다리꼴의 넓이

1. 한 대각선의 길이가 12 cm, 다른 대각선의 길이가 6 cm인 마름모의 넓이는 몇 cm²일
까요?

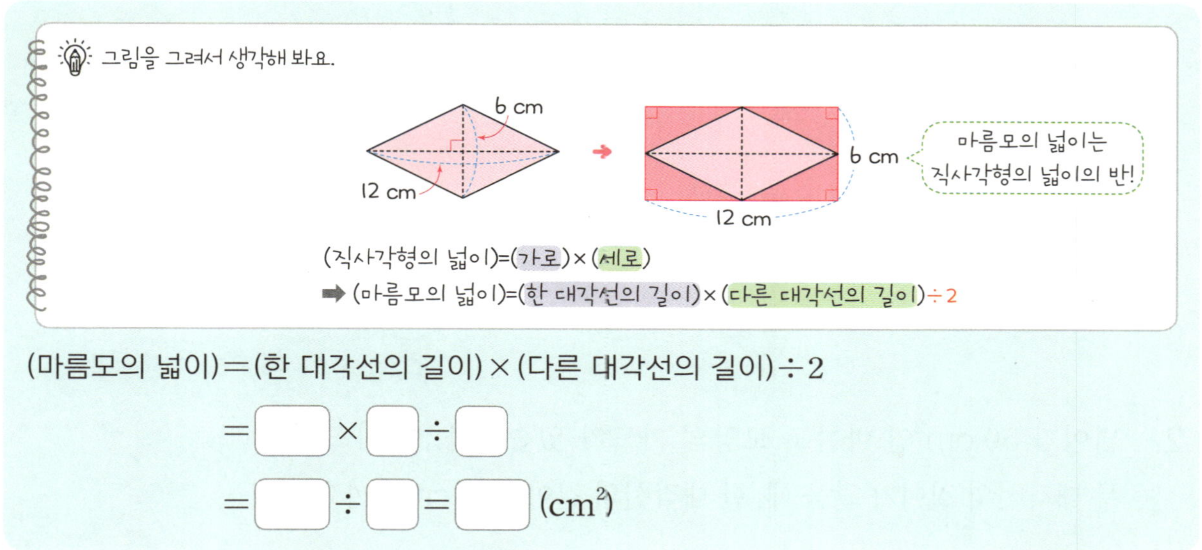

(마름모의 넓이)=(한 대각선의 길이)×(다른 대각선의 길이)÷2

$= \boxed{} \times \boxed{} \div \boxed{}$

$= \boxed{} \div \boxed{} = \boxed{}$ (cm²)

2. 윗변의 길이가 4 cm, 아랫변의 길이가 6 cm이고, 높이가 7 cm인 사다리꼴의 넓이는
몇 cm²일까요?

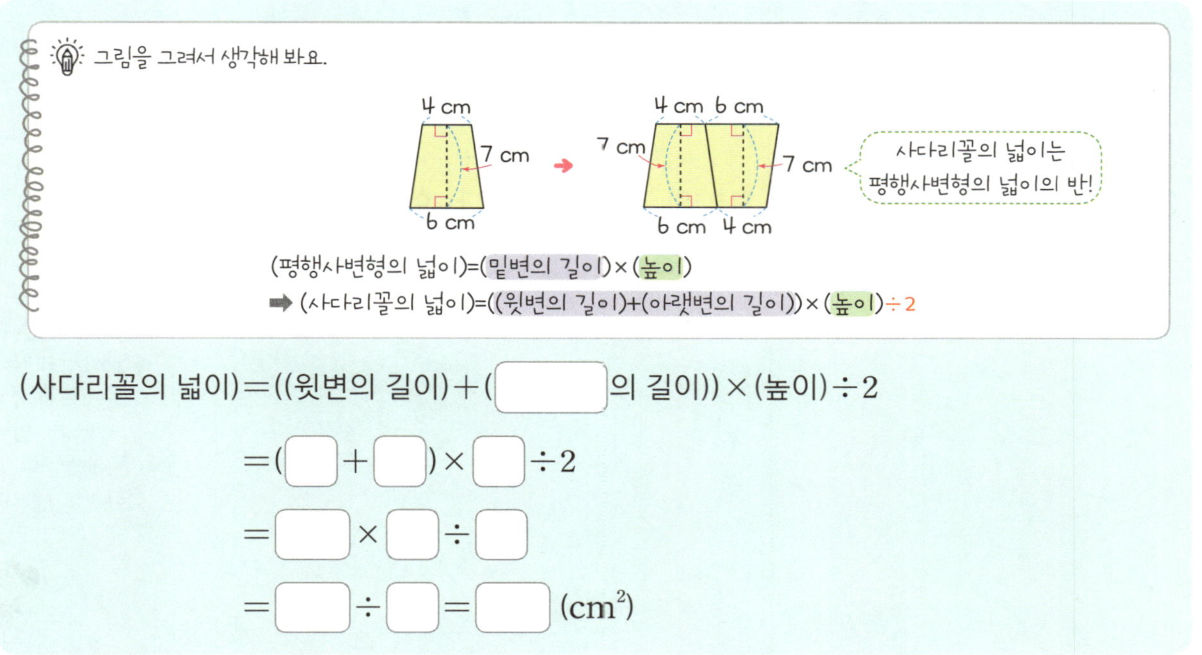

(사다리꼴의 넓이)=((윗변의 길이)+($\boxed{}$의 길이))×(높이)÷2

$= (\boxed{} + \boxed{}) \times \boxed{} \div 2$

$= \boxed{} \times \boxed{} \div \boxed{}$

$= \boxed{} \div \boxed{} = \boxed{}$ (cm²)

1. 넓이가 ⑦⓪ cm²인 마름모가 있습니다. 이 마름모의 한 대각선
의 길이가 ⑭ cm일 때, <u>다른 대각선의 길이는 몇 cm일까요?</u>

다른 대각선의 길이를 □ cm라 하면 $14 \times \square \div 2 = \boxed{}$ (넓이),

$14 \times \square = \boxed{}$, $\square = \boxed{} \div 14 = \boxed{}$ 입니다.

따라서 다른 대각선의 길이는 $\boxed{}$ cm입니다.

답 ______________

2. 넓이가 50 cm²인 마름모 모양의 카드가 있습니다. 이 카드의
두 대각선의 길이가 같을 때, 한 대각선의 길이는 몇 cm일까요?

한 대각선의 길이를 □ cm라 하면 $\square \times \square \div 2 = \boxed{}$ (넓이),

$\square \times \square = \boxed{}$ 에서 $\boxed{} \times \boxed{} = \boxed{}$ 이므로

$\square = \boxed{}$ 입니다.

따라서 한 대각선의 길이는 $\boxed{}$ cm입니다.

답 ______________

3. 넓이가 15 cm²인 마름모 모양의 떡이 있습니다. 이 떡의 한
대각선의 길이가 6 cm일 때, 다른 대각선의 길이는 몇 cm일
까요?

답 ______________

1. 넓이가 ⑧⑩cm^{2}인 사다리꼴이 있습니다. 이 사다리꼴의 윗변의 길이가 ⑦cm, 아랫변의 길이가 ⑨cm일 때, 높이는 몇 cm일까요?

사다리꼴의 높이를 ☐ cm라 하면

넓이
$(7 + ☐) × ☐ ÷ 2 = ☐$, $☐ × ☐ ÷ 2 = ☐$,

$☐ × ☐ = ☐$, $☐ = ☐ ÷ ☐ = ☐$ 입니다.

따라서 사다리꼴의 높이는 ☐ cm입니다.

답 ___________

2. 넓이가 40 cm^{2}인 사다리꼴이 있습니다. 이 사다리꼴의 윗변의 길이가 4 cm, 아랫변의 길이가 6 cm일 때, 높이는 몇 cm일까요?

사다리꼴의 높이를 ☐ cm라 하면

넓이
$(\underline{\quad + \quad}) × ☐ ÷ 2 = ☐$, $☐ × ☐ ÷ 2 = ☐$,

$☐ × ☐ = ☐$, $☐ = \underline{\quad ÷ \quad} = ☐$ 입니다.

따라서 사다리꼴의 높이는 ☐ cm입니다.

답 ___________

3. 넓이가 24 cm^{2}인 사다리꼴 모양의 나무 조각이 있습니다. 이 나무 조각의 윗변의 길이가 3 cm, 아랫변의 길이가 5 cm일 때, 높이는 몇 cm일까요?

답 ___________

29 둘레와 넓이의 활용

1. 오른쪽 정다각형과 둘레가 같은 정사각형의 넓이는 몇 cm^2일까요?

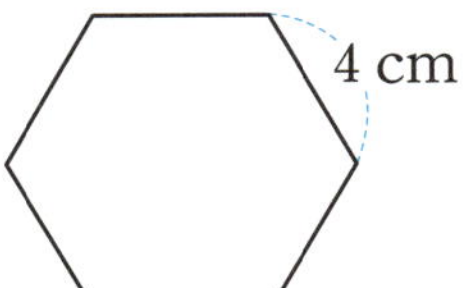

주어진 정다각형은 한 변의 길이가 ☐ cm인 정육각형이므로

한 변의 길이   변의 수
(정육각형의 둘레)=☐ × ☐ = ☐ (cm)입니다.   ← ❶

정사각형의 둘레도 ☐ cm이므로

둘레   변의 수
(정사각형의 한 변의 길이)=☐ ÷ ☐ = ☐ (cm)이고,   ❷

(정사각형의 넓이)=☐ × ☐ = ☐ (cm^2)입니다.   ← ❸

답 ____________

2. 오른쪽 정다각형과 둘레가 같은 정사각형의 넓이는 몇 cm^2일까요?

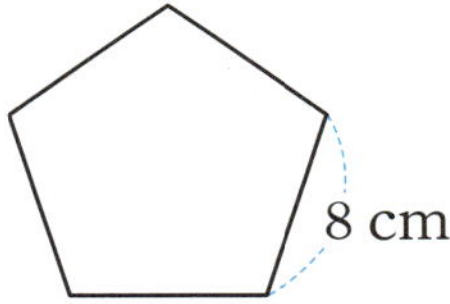

정다각형은 한 변의 길이가 ☐ cm인 [☐ 각형]이므로

([☐]의 둘레)= __________ = ☐ (cm)입니다.

정사각형의 둘레도 ☐ cm이므로

(정사각형의 한 변의 길이)= __________ = ☐ (cm)이고,

(정사각형의 넓이)= __________ = ☐ (cm^2)입니다.

답 ____________

1. 오른쪽 직사각형의 둘레가 ⃝30 cm일 때, 넓이
는 몇 cm²일까요?

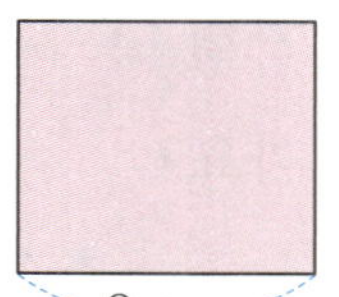

직사각형의 세로를 □ cm라 하면

가로　세로　　　　둘레
$(8+□) \times 2 = \boxed{}$, $8+□ = \boxed{}$,

$□ = \boxed{} - 8 = \boxed{}$ 이므로 직사각형의 세로는 $\boxed{}$ cm입니다.

따라서 직사각형의 넓이는 $\boxed{} \times \boxed{} = \boxed{}$ (cm²)입니다.

답 ____________

2. 오른쪽 직사각형의 둘레가 26 cm일
때, 넓이는 몇 cm²일까요?

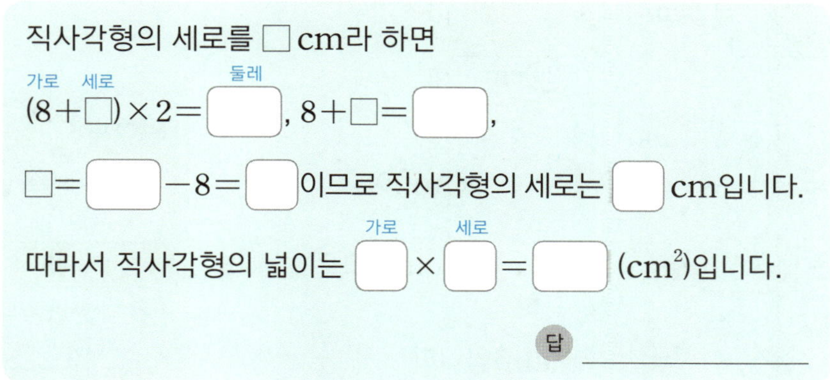

직사각형의 가로를 □ cm라 하면 $(□+4) \times \boxed{} = \boxed{}$,

$□+4 = \boxed{}$, $□ = \underline{} = \boxed{}$ 이므로

직사각형의 가로는 $\boxed{}$ cm입니다.

따라서 직사각형의 넓이는 _________ $= \boxed{}$ (cm²)입니다.

답 ____________

3. 오른쪽 직사각형의 둘레가 20 cm일 때 넓이
는 몇 cm²일까요?

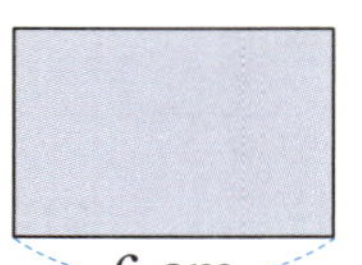

답 ____________

1. 평행사변형 가와 직사각형 나의 넓이는 같습니다. <u>평행사변형 가의 둘레는 몇 cm일까요?</u>

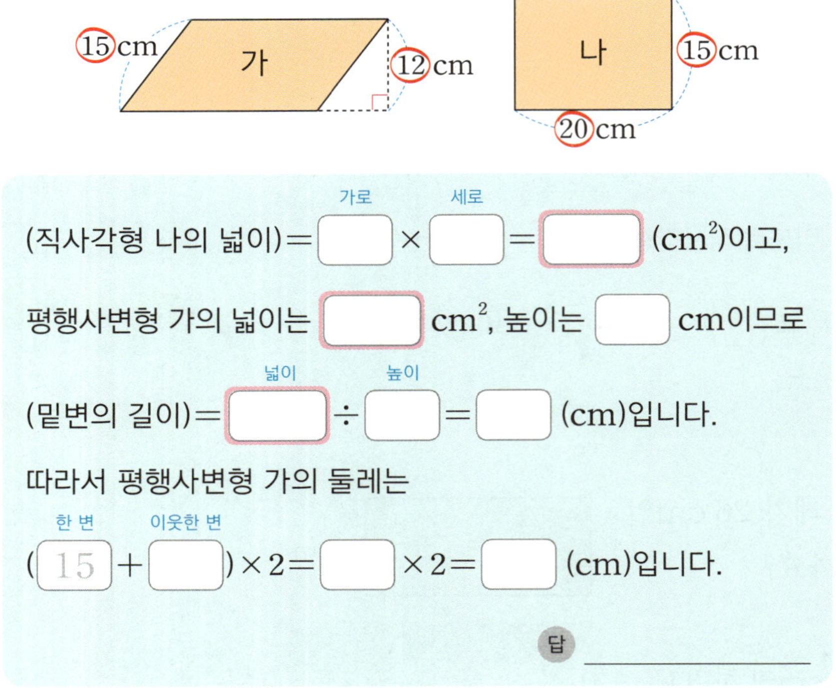

(직사각형 나의 넓이)= [　] × [　] = [　] (cm²)이고,
　　　　　　　　　　가로　　세로

평행사변형 가의 넓이는 [　] cm², 높이는 [　] cm이므로

(밑변의 길이)= [　] ÷ [　] = [　] (cm)입니다.
　　　　　　　넓이　　높이

따라서 평행사변형 가의 둘레는

([15] + [　]) × 2 = [　] × 2 = [　] (cm)입니다.
　한 변　이웃한 변

답 ____________

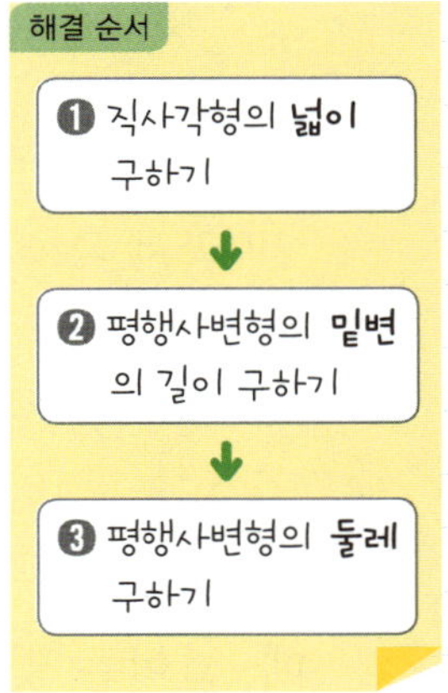

문제에서 숫자는 ◯,
조건 또는 구하는 것은 ＿로
표시해 보세요.

2. 평행사변형 가와 직사각형 나의 넓이는 같습니다. 평행사변형 가의 둘레는 몇 cm일까요?

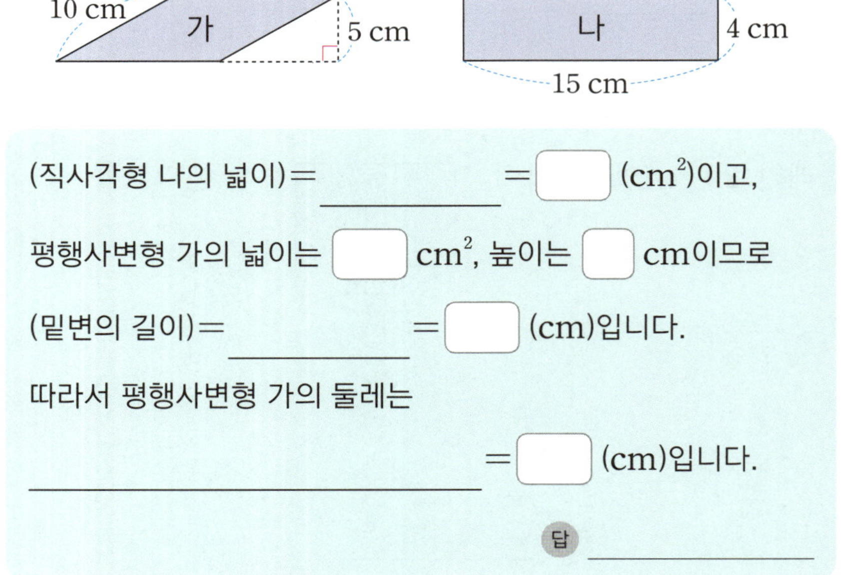

(직사각형 나의 넓이)= __________ = [　] (cm²)이고,

평행사변형 가의 넓이는 [　] cm², 높이는 [　] cm이므로

(밑변의 길이)= __________ = [　] (cm)입니다.

따라서 평행사변형 가의 둘레는

______________________ = [　] (cm)입니다.

답 ____________

1. 똑같은 평행사변형 모양의 종이 2장을 그림과 같이 겹치지 않게 이어 붙였습니다. 이어 붙인 모양 전체의 둘레가 ⟨44⟩ cm일 때, 종이 한 장의 넓이는 몇 cm^2일까요?

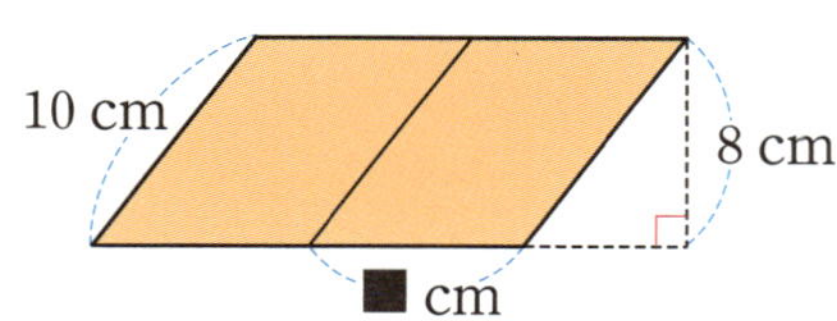

이어 붙인 모양 전체의 둘레가 ☐ cm이므로

$(■+■+10)×$ ☐ $=$ ☐ ,

$■+■+10=$ ☐ $÷$ ☐ $=$ ☐ ,

$■+■=$ ☐ $-10=$ ☐ , $■=$ ☐ 입니다.

따라서 종이 한 장의 넓이는 ☐ $×$ ☐ $=$ ☐ (cm^2)입니다.

답 ____________________

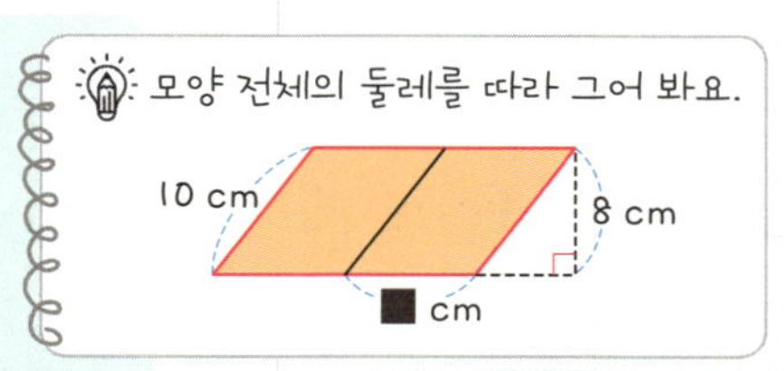

(평행사변형의 넓이)
= (밑변의 길이)×(높이)

2. 똑같은 이등변삼각형 모양의 종이 3장을 오른쪽과 같이 겹치지 않게 이어 붙였습니다. 이어 붙인 모양 전체의 둘레가 56 cm일 때, 종이 한 장의 넓이는 몇 cm^2일까요?

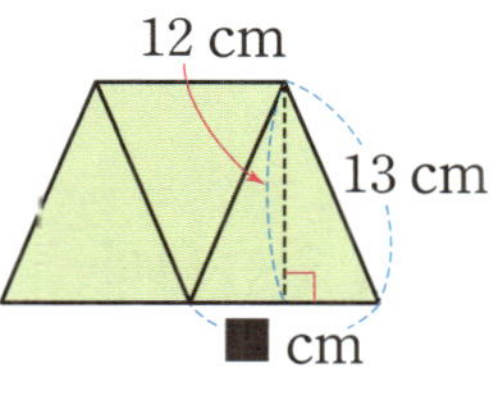

이어 붙인 모양 전체의 둘레가 ☐ cm이므로

$■×$ ☐ $+13×2=$ ☐ , $■×$ ☐ $=$ ☐ $-26=$ ☐ ,

$■=$ ☐ $÷$ ☐ $=$ ☐ 입니다.

따라서 종이 한 장의 넓이는

☐ $×$ ☐ $÷$ ☐ $=$ ☐ (cm^2)입니다.

답 ____________________

(삼각형의 넓이)
= (밑변의 길이)×(높이)÷2

다각형의 둘레와 넓이

점수　　　／100

한 문제당 10점

1. 한 변의 길이가 7 cm인 정육각형의 둘레는 몇 cm일까요?

（　　　　　　　）

2. 가로가 6 cm, 세로가 9 cm인 직사각형과 둘레가 같은 정오각형이 있습니다. 이 정오각형의 한 변의 길이는 몇 cm일까요?

（　　　　　　　）

3. 둘레가 36 cm인 정사각형이 있습니다. 이 정사각형의 넓이는 몇 cm^2일까요?

（　　　　　　　）

4. 밑변의 길이와 높이가 6 cm로 같은 삼각형이 있습니다. 이 삼각형의 넓이는 몇 cm^2일까요?

（　　　　　　　）

5. 넓이가 84 cm^2인 평행사변형이 있습니다. 이 평행사변형의 밑변의 길이가 12 cm일 때, 높이는 몇 cm일까요?

（　　　　　　　）

6. 넓이가 33 cm^2인 사다리꼴 모양의 색종이가 있습니다. 이 색종이의 윗변의 길이가 8 cm, 아랫변의 길이가 3 cm일 때, 높이는 몇 cm일까요? (20점)

（　　　　　　　）

7. 평행사변형 가와 직사각형 나의 넓이는 같습니다. 평행사변형 가의 둘레는 몇 cm일까요? (30점)

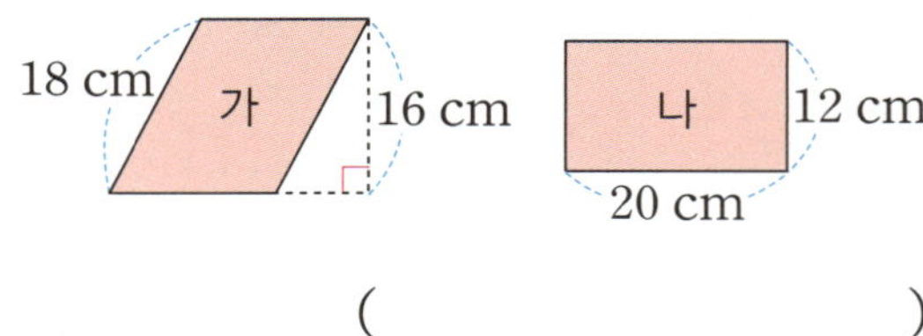

（　　　　　　　）

초등 수학 공부, 이렇게 하면 효과적!

"펑펑 내려야 눈이 쌓이듯 공부도 집중해야 실력이 쌓인다!"

학교 다닐 때는? 학기별 연산책 '바빠 교과서 연산'

'바빠 교과서 연산'부터 시작하세요. 학기별 진도에 딱 맞춘 쉬운 연산 책이니까요! 방학 동안 다음 학기 선행을 준비할 때도 '바빠 교과서 연산'으로 시작하세요! 교과서 순서대로 빠르게 공부할 수 있어, 첫 번째 수학 책으로 추천합니다-.

시험이나 서술형 대비는? '나 혼자 푼다 바빠 수학 문장제'

학교 시험을 대비하고 싶다면 '나 혼자 푼다 수학 문장제'로 공부하세요. 너무 어렵지도 쉽지도 않은 딱 적당한 난이도로, 빈칸을 채우면 풀이 과정이 완성됩니다! 막막하지 않아요~ 요즘 학교 시험 풀이 과정을 손쉽게 연습할 수 있습니다.

방학 때는? 10일 완성 영역별 연산책 '바빠 연산법'

내가 부족한 영역만 골라 보충할 수 있어요! 예를 들어 4학년인데 나눗셈이 어렵다면 나눗셈만, 분수가 어렵다면 분수만 골라 훈련하세요. 방학 때나 학습 결손이 생겼을 때, 취약한 연산 구멍을 빠르게 메꿀 수 있어요!

바빠 연산 영역 :
덧셈, 뺄셈, 구구단, 시계와 시간, 길이와 시간 계산, 곱셈, 나눗셈, 약수와 배수, 분수, 소수, 자연수의 혼합 계산, 분수와 소수의 혼합 계산, 평면도형 계산, 입체도형 계산, 비와 비례, 방정식, 확률과 통계, 19단

바빠 ^{시리즈} 초등 학년별 추천 도서

학년	학기별 연산책 바빠 교과서 연산 학기 중, 선행용으로 추천!	나 혼자 푼다 바빠 수학 문장제 학교 시험 서술형 완벽 대비!
1학년	·바빠 교과서 연산 1-1 ·바빠 교과서 연산 1-2	·나 혼자 푼다 바빠 수학 문장제 1-1 ·나 혼자 푼다 바빠 수학 문장제 1-2
2학년	·바빠 교과서 연산 2-1 ·바빠 교과서 연산 2-2	·나 혼자 푼다 바빠 수학 문장제 2-1 ·나 혼자 푼다 바빠 수학 문장제 2-2
3학년	·바빠 교과서 연산 3-1 ·바빠 교과서 연산 3-2	·나 혼자 푼다 바빠 수학 문장제 3-1 ·나 혼자 푼다 바빠 수학 문장제 3-2
4학년	·바빠 교과서 연산 4-1 ·바빠 교과서 연산 4-2	·나 혼자 푼다 바빠 수학 문장제 4-1 ·나 혼자 푼다 바빠 수학 문장제 4-2
5학년	·바빠 교과서 연산 5-1 ·바빠 교과서 연산 5-2	·나 혼자 푼다 바빠 수학 문장제 5-1 ·나 혼자 푼다 바빠 수학 문장제 5-2
6학년	·바빠 교과서 연산 6-1 ·바빠 교과서 연산 6-2	·나 혼자 푼다 바빠 수학 문장제 6-1 ·나 혼자 푼다 바빠 수학 문장제 6-2

새 교육과정 반영

5-1
5학년 1학기

이지스에듀

학교 시험 자신감
충전 완료!
주관식
서술형

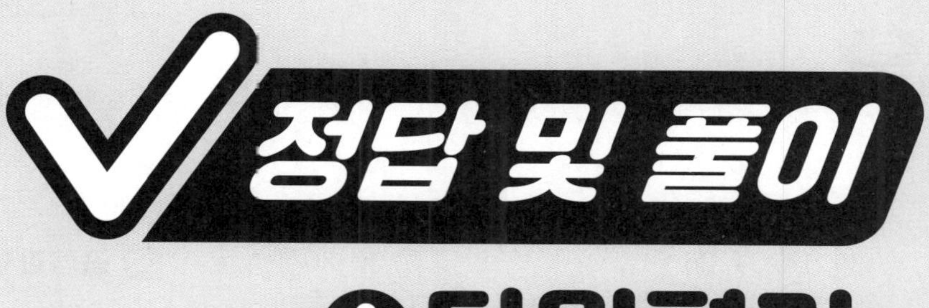

정답 및 풀이
+ 단원평가

01 덧셈과 뺄셈이 섞여 있는 식

8쪽

1. ❶ 31 ❷ 12
/ 12 / 12

2.
100에서 45를 뺀 수에 22를 더한 수 ➡ 100 − 45 + 22
/ 45, 55, 77 / 77

3.
60에서 12와 25의 합을 뺀 수 ➡ 60 − (12 + 25)
/ 12, 25, 37, 23 / 23

9쪽

1.
• 전체 사탕 수 ➡ (딸기 맛 사탕 수)+(포도 맛 사탕 수)
➡ 20 + 14 (개)
• 먹은 사탕 수 ➡ 8개
/ 20, 14, 34, 26 답 26개

2.
각각의 거리를 기호로 쉽게 알아봐요.
• (집에서 학교까지의 거리)=①+② ➡ 360 m
• (공원에서 서점까지의 거리)=②+③ ➡ 570 m
• (집에서 서점까지의 거리)=①+②+③ ➡ 800 m
겹치는 부분을 생각해 봐요.
/ +, − / 360+570−800, 930−800, 130 답 130 m

10쪽

1.
• 6명이 나가고 ➡ − 6
• 2명이 들어왔다면 ➡ + 2
/ 15, 6, 2, 9, 2, 11 답 11명

2. −, + / 12, −, 4, +, 7 / 8, +, 7 / 15 답 15개

3. 내린, 탄 / 22, 8+13, 14+13, 27 답 27명

11쪽

1.
• 은지가 내야 하는 돈 ➡ 햄버거 값 4500 원
• 현서가 내야 하는 돈 ➡ 핫도그 값 1800 + 주스 값 1000 (원)
/ 4500, 1800, 1000, 4500, 2800, 1700 답 1700원

2. 지수가 낸 돈 / 3000, 800+1500, 3000−2300, 700 답 700원

12쪽

1. '크게'에 ○, '작게'에 ○ / 24, 15, 9, 39, 9, 30 답 30

2. 크게, 작게 / 22+17−11(또는 17+22−11), 39−11, 28 답 28

02 곱셈과 나눗셈이 섞여 있는 식

13쪽

1. ❶ 4 ❷ 12
/ 12 / 12

2.
15와 4의 곱을 2로 나눈 수 ➡ 15 × 4 ÷ 2
/ 2, 60, 2, 30 / 30

3.
48을 2와 6의 곱으로 나눈 수 ➡ 48 ÷ (2 × 6)
/ 48, 2, 6, 48, 12, 4
/ 예 민지네 가족은 4명입니다.

14쪽

1. ÷, 나누어 줄 사람 수 / 12, ×, 3, ÷, 4
/ 36, ÷, 4 / 9 답 9자루

2. 전체 달걀 수, 나누어 담을 통 수 / 30, 2, 5
/ 60÷5, 12 답 12개

3. ÷ / 6, 15, ÷, 9 / 90, ÷, 9 / 10 답 10줄

1.
• 한 상자에 담은 사과 수 ➡ $40 \div 5$ (개)

/ 40, 5, 8, 16   답 16개

2. ×, 상자 수 / 42, 7, ×, 3 / 6×3, 18   답 18개

3. × / 35÷7×20 / 5×20 / 100   답 100개

1.
• 전체 도넛 수 ➡ 60 개

• 한 상자에 담을 도넛 수 ➡ 4×3 (개)

/ 60, 4, 3, 60, 12, 5   답 5개

2. 전체 곶감 수, 한 상자에 담을 곶감 수

/ 45, 3, ×, 5 / 45÷15, 3   답 3개

3. 귤, ÷ 귤 / 100÷(5×4) / 100÷20 / 5

답 5개

1.
• 전체 피자 수 ➡ 120 판

• 3명이 한 시간에 만들 수 있는 피자 수
➡ (한 시간에 만들 수 있는 피자 수)×(사람 수)
➡ 8×3 (판)

/ 3명이 한 시간에 / 120, 8, 3, 120, 24, 5

답 5시간

2. 전체 종이배 수, ÷ / 210, 14, 5 / 210÷70, 3

답 3시간

1. 문제 10, 3, 5

/ 공책 / 나누어 줄 학생 수 / 3, 5, 30, 5, 6

답 6권

2. 문제 16, 5 / 예 4개의 상자에 똑같이 나누어 담으
려고 합니다. 한 상자에 몇 개씩 담아야 할까요
/ 예 (한 상자에 나누어 담을 도넛 수)
　　＝(전체 도넛 수)÷(상자 수)
　　＝16×5÷4＝80÷4＝20(개)

답 20개

03 덧셈, 뺄셈, 곱셈이 섞여 있는 식

1. ❶ 28 ❷ 3 ❸ 9

/ 9 / 9

2.
16에 3과 5의 곱을 더한 수에서 8을 뺀 수 ➡ 16 ＋3×5－ 8

/ 15, 31, 23 / 23

1.
• 전체 색종이 수 ➡ $24 + 27$ (장)

• 4명이 사용한 색종이 수 ➡ 8×4 (장)

/ 4명이 사용한 / 24, 27, 8, 4 / 24, 27, 32

/ 51, 32, 19   답 19장

2.
• 전체 학생 수 ➡ $13 + 15$ (명)

• 놀이 기구를 탄 학생 수 ➡ 6×3 (명)

/ 전체 학생 수, － / 13, 15, －, 6, 3 / 13, 15, 18

/ 28－18, 10   답 10명

1.
• 전체 학생 수 ➡ $15 + 17$ (명)

• 야구를 한 학생 수 ➡ 9×2 (명)

/ 야구를 한 학생 수 / 15, 17, 9, 2 / 15, 17, 18

/ 32, 18, 14   답 14명

2. 전체 학생 수, 피구를 한 학생 수, 응원을 한 다른 반
학생 수 / 30, 12, 2, 3 / 30, 24, 3 / 6, 3, 9

답 9명

1.
• 전체 초콜릿 수 ➡ 50 개

• 먹은 학생 수 ➡ $(4 + 3)$ (명)

• 먹은 초콜릿 수 ➡ $(4 + 3) \times 5$ (개)

/ 먹은 초콜릿 수 / 50, 4, 3, 5 / 50, 7, 5

/ 50, 35, 15   답 15개

2. 전체 색종이 수, 나누어 준 색종이 수 / 30, 5, 6, 2
/ 30, 11, 2 / 30－22, 8 　　　　　　답 8장

23쪽

1. 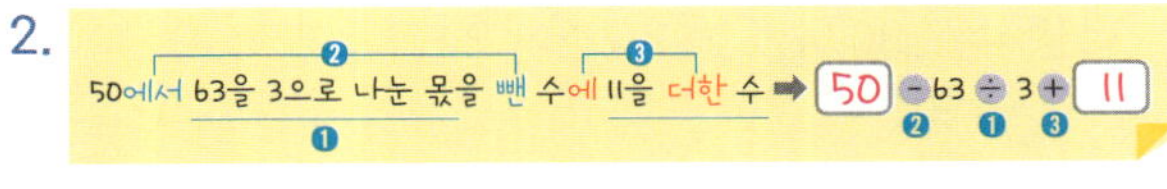

/ 6, 3 / 12, 4, 6, 3 / 8, 6, 3 / 48, 3, 45

　　　　　　답 45살

2. 언니의 나이, 3, 5 / 12, 2, 3, 5 / 14×3, 5
/ 42＋5, 47 　　　　　　답 47살

04 덧셈, 뺄셈, 나눗셈이 섞여 있는 식

24쪽

1. ❶ 4 ❷ 31 ❸ 26
/ 26 / 26

2. 50에서 63을 3으로 나눈 몫을 뺀 수에 11을 더한 수 ➡ 50 － 63 ÷ 3 ＋ 11

/ 21, 29, 40 / 40

25쪽

1.
• 키위 1개의 무게 ➡ 300 ÷ 3 (g)
• 귤 1개의 무게 ➡ 360 ÷ 4 (g)

/ 키위, －, 귤 / 300, 3, －, 360, 4
/ 100, －, 90, 10 　　　　　　답 10 g

2.
• 단팥빵 1개의 값 ➡ 6000 ÷ 5 (원)
• 찹쌀 도넛 1개의 값 ➡ 4000 ÷ 5 (원)

/ 단팥빵, －, 찹쌀 도넛 / 6000, 5, －, 4000, 5
/ 1200－800, 400 　　　　　　답 400원

26쪽

1.
• 24 cm를 2등분한 것 중 한 도막 ➡ 24 ÷ 2 (cm)
• 66 cm를 6등분한 것 중 한 도막 ➡ 66 ÷ 6 (cm)

/ 24, 2, 66, 6, 5 / 12, 11, 5 / 23, 5, 18

　　　　　　답 18 cm

2.
• 45 cm를 3등분한 것 중 한 도막 ➡ 45 ÷ 3 (cm)
• 60 cm를 5등분한 것 중 한 도막 ➡ 60 ÷ 5 (cm)

/ 이어 붙인 색 테이프의 전체 길이
/ 45, 3, ＋, 60, 5, －, 4 / 15＋12, 4
/ 27－4, 23 　　　　　　답 23 cm

27쪽

1. 5개에 1000원인 머리끈 1개의 값 ➡ 1000 ÷ 5 (원)

/ 머리끈 1개의 값 / 1000, 500, 1000, 5
/ 1000, 500, 200 / 1000, 700, 300 　　　답 300원

2. 민재가 받은 거스름돈 / 사과 1개의 값
/ 5000, 2000, 4800÷3 / 5000, 2000＋1600
/ 5000－3600, 1400 　　　　　　답 1400원

28쪽

1.
• 지구에서 잰 A와 B의 몸무게의 합 ➡ 54 ＋ 30 (kg)
• 달에서 잰 A와 B의 몸무게의 합 ➡ (54 ＋ 30)÷6(kg)
• 달에서 잰 C의 몸무게 ➡ 13 kg

/ － / 54, 30, －, 13 / 84, 13 / 14, 13, 1

　　　　　　답 약 1 kg

2. － / 48＋42, －, 10 / 90, 10 / 15－10, 5

　　　　　　답 약 5 kg

29쪽

1. 나눗셈 / 21, 21, 4, 19, 4, 23
2. 14, 14, 16, 23, 16, 7 / 7

30쪽

1. 5000, 600, 4000 / 5000, 1200, 2000
   / 5000, 3200 / 5000, 4100, 900 　답　900원
2. 10000, 2800, 3600, 1300
   / 10000, 2800, 1200, 1300
   / 10000, 2800, 4800, 1300
   / 10000, 7600＋1300 / 10000－8900, 1100
   　답　1100원

31쪽

1. 10000, 3000, 350, 3200
   / 10000, 3000, 1400, 1600
   / 10000, 4400＋1600
   / 10000－6000, 4000 　답　4000원
2. 예 (필요한 채소를 사고 남은 돈)
   ＝10000－(800×3＋4200÷6×3＋1000)
   ＝10000－(2400＋2100＋1000)
   ＝10000－5500＝4500(원) 　답　4500원

첫째 마당 통과 문제 　32쪽

1. 식 50＋24－35 　답　39 권
2. 식 17－12＋8 　답　13명
3. 식 30×3÷2 　답　45개
4. 식 54÷6×5 　답　45개
5. 식 25＋31－9×4 　답　20명
6. 식 4500÷3－5600÷7 　답　700원

둘째 마당 약수와 배수

06 약수

34쪽

1. 방법1 6, 2, 3, 6 / 2, 3, 6
   방법2 6, 3, 2, 1 / 1, 2 3 6
2. 1＝10, 예 10÷2＝5, 10÷5＝2, 10÷10＝1
   / 1, 2, 5, 10
3. 예 24를 나누어떨어지게 하는 수를 나눗셈을 이용
   하여 구하면 24÷1＝24, 24÷2＝12, 24÷3＝8,
   24÷4＝6, 24÷6＝4, 24÷8＝3, 24÷12＝2,
   24÷24＝1입니다.
   ➡ 어떤 수가 될 수 있는 자연수
   : 1, 2, 3, 4, 6, 8, 12, 24

35쪽

1. 1, 3, 5, 15 / 1, 3, 5, 15
   　답　1명, 3명, 5명, 15명
2. 약수 / 약수, 1, 2, 11, 22 / 예 똑같이 나누어 담을
   수 있는 상자는 1개, 2개, 11개, 22개입니다.
   　답　1개, 2개, 11개, 22개
3. 예 색종이 49장을 남김없이 똑같이 나누어 주려면
   49의 약수를 구해야 합니다. 49의 약수는 1, 7, 49
   이므로 똑같이 나누어 줄 수 있는 모둠 수는 1모둠,
   7모둠, 49모둠입니다. 　답　1모둠, 7모둠, 49모둠

36쪽

1. 약수 / 약수, 1, 2, 4, 8, 16 / 1, 2, 4, 8, 16, 5
   　답　5가지
2. 똑같이 나누어 담으려면, 약수 / 약수, 1, 2, 3, 4, 6,
   12 / 예 딸기를 접시에 나누어 담는 방법은 1개, 2
   개, 3개, 4개, 6개, 12개로 모두 6가지입니다.
   　답　6가지
3. 예 연필 25자루를 남김없이 똑같이 나누어 담으려
   면 25의 약수를 구해야 합니다. 25의 약수는 1, 5,
   25이므로 연필 25자루를 필통에 담는 방법은 1자
   루, 5자루, 25자루로 모두 3가지입니다.
   　답　3가지

37쪽

1. 6, 9, 12, 15 / 6, 9, 12, 15
2. 6, 12, 18, 24, 30, 36, 42 / 24, 30, 36, 3
3. 15, 30, 45, 60, 75, 90, 105
   / 15, 30, 45, 60, 75, 90 / 6

38쪽

1. 10, 20, 30, 40 / 10, 20, 30, 3   답 3일
2. 배수 / 6, 12, 18, 24, 30, 36 / 6일, 12일, 18일,
   24일, 30일로 모두 5일입니다.   답 5일
3. 예 4의 배수를 가장 작은 수부터 차례로 쓰면 4, 8,
   12, 16, 20, 24, 28, 32, …입니다. 따라서 5월은
   31일까지 있으므로 5월 한 달 동안 방청소를 하는
   날은 4일, 8일, 12일, 16일, 20일, 24일, 28일로 모
   두 7일입니다   답 7일

39쪽

1. 8 / 8, 16, 24, 4   답 4번
2. 10 / 9시 15분, 9시 25분, 9시 35분, 9시 45분,
   9시 55분 / 6번 출발합니다   답 6번
3. 예 오전 10시에 버스가 출발하였고 20분 간격으로
   출발하므로 20의 배수를 더한 수가 출발 시각이 됩
   니다. 따라서 오전 11시까지 출발 시각은 10시, 10
   시 20분, 10시 40분, 11시로 버스는 4번 출발합니
   다.   답 4번

40쪽

1. 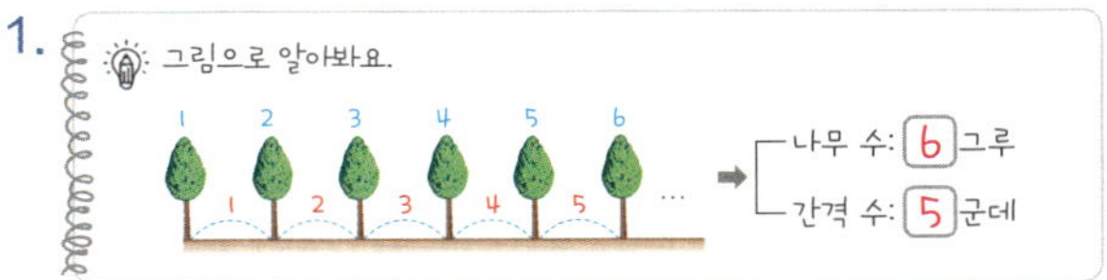

   / '배수'에 ○, 5 / 14, 5, 70   답 70 m
2. 16, 배수, 7 / 16, ×, 7, 112   답 112 m

41쪽

1. 2, 4 / 2, 3, 6 / 1, 2
2. 방법 1 (왼쪽부터) 2, 2, 3 / 2, 4
   방법 2 2, 2 / 2, 2 / 2, 2, 4
3. 최대공약수 / 3) 27 36 / 3×3, 9
                 3) 9 12
                    3 4

42쪽

1. 방법 1 10 / 10, 1, 2, 5, 10
   방법 2 1, 2, 5, 10 / 1, 2, 3, 5, 6, 10, 15, 30
          / 1, 2, 5, 10
2. 최대공약수 / 최대공약수, 9 / 9, 1, 3, 9

43쪽

1. • 남김없이 똑같이 나누어 ➡ 공약수 를 구합니다.
   • 최대한 많은 친구에게 ➡ 최대공약수 를 구합니다.

   최대공약수 / (왼쪽부터) 3, 5, 4 / 3, 6 / 6
                                    답 6명
2. 최대공약수 /
   예 2) 20 50   ➡ 20과 50의 최대공약수
       5) 10 25   : 2×5＝10
          2   5

   따라서 색종이와 색 도화지를 최대 10모둠에 나누
   어 줄 수 있습니다.   답 10모둠

44쪽

1. '공약수'에 ○, 최대공약수 / 2) 42 36
                              3) 21 18
                                 7   6
   / 2, 3, 6 / 6   답 6 cm
2. 최대공약수 / 3) 81 63 / 3, 3, 9 / 9
                3) 27 21
                   9   7
                                    답 9 cm

45쪽

1. 12, 18, 24, 30, 36, 42, 48, 54, 60
   / 18, 27, 36, 45, 54, 63 / 18, 36, 54

2. 방법1 2, 3 / 2, 3, 12
   방법2 2, 2 / 2, 3 / 2, 2, 3, 12

3. 최소공배수
   / (왼쪽부터) 3, 2, 3 / 2×3×2×3, 36

46쪽

1. 최소공배수 / 25, 50, 75, 100 / 75

2. 배수 / 30, 30, 60, 90, 120 / 90

3. 24 / 24, 24, 48, 72 / 24, 48, 2

47쪽

1. • 겹치지 않게 이어 붙여 정사각형 모양 ➡ 공배수 를 구합니다.
   • 될 수 있는 대로 작은 ➡ 최소공배수 를 구합니다.

   최소공배수 / 2, 3 / 최소공배수, 2, 3, 18 / 18
   답 18 cm

2. 예 만든 정사각형의 한 변의 길이를 구하려면 10과 8의 최소공배수를 구해야 합니다.

   2) 10   8   ➡ 10과 8의 최소공배수:
       5   4   2×5×4=40

   따라서 만든 정사각형의 한 변의 길이는 40 cm입니다.
   답 40 cm

48쪽

1. 6, 4, 6, 4, 최소공배수 / 3, 2 / 3, 2, 12 / 12
   답 12 cm

2. 최소공배수 / 3) 27   18
                   3) 9   6
                        3   2

   / 3×3×3×2, 54 / 54
   답 54 cm

49쪽

1. 최대한 많은 꽃병에 남김없이 똑같이 나누어 꽂으려면 12와 16의 최대공약수 를 구해요.

   / 2) 81   63   / 2, 2, 4, 4 / 4, 3 / 4, 4
     2) 6   8
           3   4

   답 장미: 3송이, 국화: 4송이

2. 7, 4, 5 / 7, 7 / 28÷7, 4 / 젤리, 35÷7, 5
   답 초콜릿: 4개, 젤리: 5개

50쪽

1. 3, 7, 5 / 3, 3 / 21÷3, 7
   / 바구니 한 개에 담을 배구공 수, 15÷3, 5
   답 야구공: 7개, 배구공: 5개

2. 예 5) 35   40
           7   8

   35와 40의 최대공약수는 5이므로 사과와 귤을 5봉지에 나누어 담을 수 있습니다.
   (봉지 한 개에 담을 사과 수)=35÷5=7(개)
   (봉지 한 개에 담을 귤 수)=40÷5=8(개)
   답 사과: 7개, 귤: 8개

51쪽

1. 2) 54   42   / 3, 6 / 6, 6, 9, 6, 7 / 9, 7, 63
   3) 27   21
        9   7

   답 63장

2. 3) 63   54   / 3×3, 9
   3) 21   18
        7   6

   / 9, 63÷9, 7, 54÷9, 6 / 7×6, 42
   답 42장

52쪽

1. 3, 2, 3, 2, '최소공배수'에 ○, 6 / 6, 6, 6   **답** 6번

2. 4, 6, 최소공배수, 12 / 60, 60, 12, 5, 5   **답** 5번

53쪽

1. 최소공배수 / 최소공배수, 2, 7, 14, 14

답 14일 후

2.
- 동시에 ➡ 공배수를 구합니다.
- 다음번에 처음으로 ➡ 최소공배수를 구합니다.

/ 예 다음번에 처음으로 시력 검사를 동시에 하는 때를 구하려면 6과 5의 최소공배수를 구해야 합니다. 6과 5의 최소공배수는 $6 \times 5 = 30$이므로 다음번에 처음으로 두 사람이 시력 검사를 동시에 하는 때는 30개월 후입니다.   **답** 30개월 후

54쪽

1. 다음번에 처음으로 두 버스가 동시에 출발하는 시각을 구하려면 20과 15의 최소공배수를 구해야 합니다.

4, 3 / 최소공배수, 4, 3, 60 / 60 / 60, 9, 30   **답** 오전 9시 30분

2. 예 2와 3의 최소공배수는 6이므로 서현이와 경민이는 6일마다 수영장에서 만납니다. 따라서 다음번에 처음으로 수영장에서 만나는 날은 3월 7일입니다.   **답** 3월 7일

55쪽

1. 같은 방향으로 동시에 출발했을 때 출발점에서 몇 번 만나는지 구하려면 최소공배수의 배수를 구해야 합니다.

12, 12 / 12, 24, 36 / 2   **답** 2번

2. 예 4와 5의 최소공배수는 20이므로 아버지와 어머니는 20분마다 한 번씩 출발점에서 만나게 됩니다. 따라서 아버지와 어머니가 출발 후 다시 만나는 때는 20분 후, 40분 후, 60분 후, …이므로 60분 동안 출발점에서 3번 다시 만납니다.   **답** 3번

---

1. 1개, 5개, 25개	2. 5개
3. 4일	4. 8
5. 2개	6. 사탕 8개, 과자 3개
7. 90 cm	8. 12개월 후

1. 25의 약수: 1, 5, 25

2. 19의 배수: 19, 38, 57, 76, 95 ➡ 5개

3. 7의 배수: 7, 14, 21, 28, 35, …

➡ 31보다 작은 7의 배수: 4개

4. 두 수를 모두 나누어떨어지게 하는 수는 두 수의 공약수이고, 그중에서 가장 큰 수는 최대공약수입니다.

➡ 24와 56의 최대공약수: 8

5. 5와 6의 공배수는 최소공배수의 배수입니다.

5와 6의 최소공배수: 30

5와 6의 공배수: 30, 60, 90, …

➡ 50부터 100까지의 수 중에서 5와 6의 공배수
: 60, 90 ➡ 2개

6. 최대한 많은 친구에게 남김없이 똑같이 나누어 주려면 두 수의 최대공약수를 구해야 합니다.

32와 12의 최대공약수: 4

(한 사람에게 줄 사탕 수)$= 32 \div 4 = 8$(개)

(한 사람에게 줄 과자 수)$= 12 \div 4 = 3$(개)

7.

$$3 \underline{)\ 18 \quad 45}$$
$$3 \underline{)\ \ 6 \quad 15}$$
$$\quad\ \ 2 \quad\ \ 5$$

➡ 18과 45의 최소공배수
: $3 \times 3 \times 2 \times 5 = 90$

따라서 만든 정사각형의 한 변의 길이는 90 cm입니다.

8. 다음번에 시력 검사를 동시에 하는 때를 구하려면 4와 6의 최소공배수를 구해야 합니다.

$$2 \underline{)\ 4 \quad 6}$$
$$\quad\ 2 \quad 3$$

➡ 4와 6의 최소공배수
: $2 \times 2 \times 3 = 12$

따라서 다음번에 처음으로 시력 검사를 동시에 하는 때는 12개월 후입니다.

---

12 두 양 사이의 관계

58쪽

1. (1) 2 (2) 자전거의 수 (3) 2, 10
2. (1) 3 (2) 3, 삼각형의 수 (3) 7×3, 21
3. (1) 4배입니다
   (2) 4, 자동차의 수와 같습니다
   (3) 3×4＝12(개)입니다

59쪽

1. 4, 2

도화지 수(장)	1	2	3	4	…
누름 못 수(개)	4	6	8	10	…

/ 2, 12　　　　　답　12개

2. 3, 2

사진 수(장)	1	2	3	4	5	…
자석 수(개)	3	5	7	9	11	…

/ 2, 13　　　　　답　13개

60쪽

1.

책상 수(개)	1	2	3	4	5	6	7	…
의자 수(개)	3	4	5	6	7	8	9	…

/ 3, 2 / 2, 10　　　　　답　10개

2.

사각형 수(개)	1	2	3	4	…
삼각형 수(개)	2	4	6	8	…

/ 2, 2 / 5×2, 10　　　　　답　10개

61쪽

1.

클립 수(개)	2	3	4	5	6	…
클립을 끼운 횟수(번)	1	2	3	4	5	…

/ 1, 2 / '뺀'에 ○ / ㅡ, 6　　　　　답　6번

2. 2, 3, 1 / 5＋1, 6　　　　　답　6개

13 대응 관계를 찾아 식으로 나타내기

62쪽

1. 2 / 2
2. 3 / 3, 바퀴
3. 6 / 꽃병, 6, 꽃
4. 문어 다리의 수, 8 / (문어의 수)×8
5. 달걀의 수 / (달걀판의 수)×10

63쪽

1. 1700 / 1700, 11900　　　　　답　11900원
2. 3, 2 / 3, 15, 5×2, 10

답　양상추: 15장, 햄: 10장

64쪽

1. 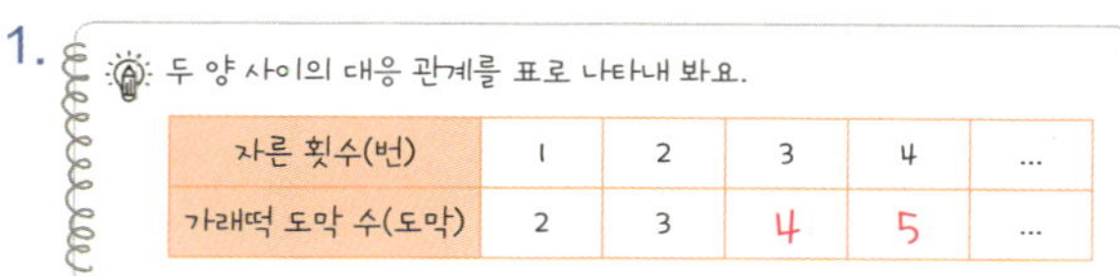

자른 횟수(번)	1	2	3	4	…
가래떡 도막 수(도막)	2	3	4	5	…

/ 1, 1 / ㅡ, 1, 4　　　　　답　4번

2. 1, 자른 횟수, 도막 수, 1 / ㅡ, 1, 6　　　　　답　6번

65쪽

1. 3 / 준기, 3 / 3, 22　　　　　답　22살
2. 35 / 35, 아버지의 나이 / 20, 35, 55　　　　　답　55살
3. 예 어머니의 나이는 아버지의 나이보다 4살 적습니다. 어머니의 나이와 아버지의 나이 사이의 대응 관계를 식으로 나타내면
(어머니의 나이)＝(아버지의 나이)－4입니다.
따라서 아버지가 60살일 때 어머니는
60－4＝56(살)입니다.　　　　　답　56살

66쪽

1. 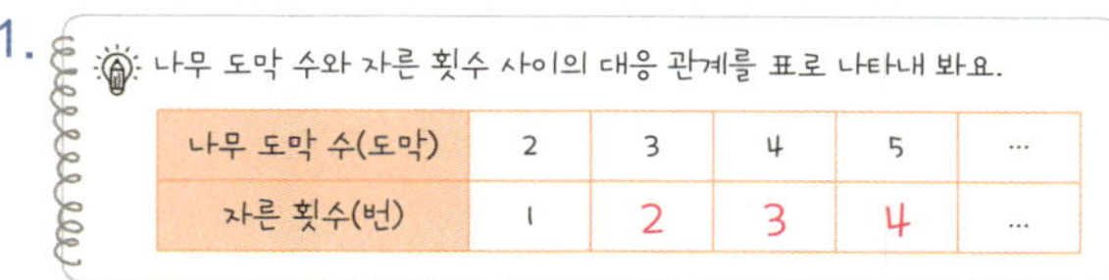

나무 도막 수(도막)	2	3	4	5	…
자른 횟수(번)	1	2	3	4	…

/ 1, 1, 9 / 9, 54　　　　　답　54분

2. 1, 1, 7 / 7, 70, 70, 1, 10　　　　　답　1시간 10분

1.
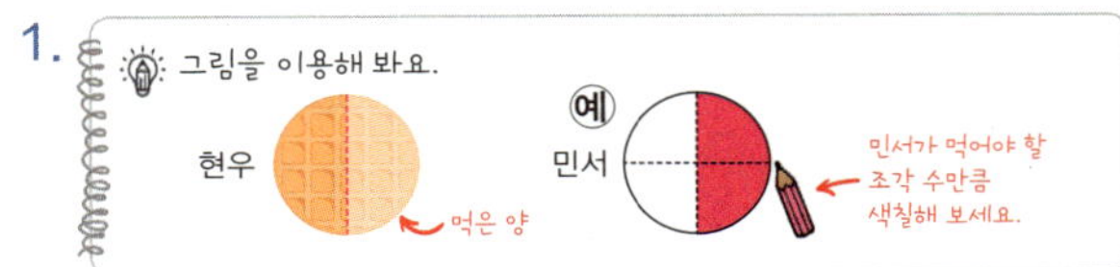

/ 3, 2 / 3, 2, 3, 12, 15

답 15개

2.

/ 4, 3 / 4, 3, 4, 15, 19

답 19개

셋째 마당 통과 문제

1. (1) 4 (2) 4, 코끼리의 수

2. 3 / 단추의 수, 3

3. 8 / 피자의 수, 8, 조각의 수

4. 35살   5. 9번

6. 21분   7. 11개

4. 형의 나이는 민서의 나이보다 5살 많습니다.

   형의 나이와 민서의 나이 사이의 대응 관계를 식으로 나타내면 (민서의 나이)＋5＝(형의 나이)입니다.

   따라서 민서가 30살일 때, 형은 30＋5＝35(살)입니다.

5. 리본 도막 수와 자른 횟수 사이의 대응 관계를 식으로 나타내면 (자른 횟수)＝(리본 도막 수)－1입니다.

   10도막이 되도록 자르면

   (자른 횟수)＝10－1＝9(번)입니다.

6. 나무 도막 수와 자른 횟수 사이의 대응 관계를 식으로 나타내면 (자른 횟수)＝(나무 도막 수)－1입니다.

   4도막이 되도록 자르려면

   (자른 횟수)＝4－1＝3(번) 잘라야 합니다.

   따라서 4도막이 되도록 자르는 데 걸린 시간은

   3×7＝21(분)입니다.

7. 처음 삼각형을 1개 만드는 데 성냥개비가 3개 필요하고, 삼각형을 1개 더 만들 때마다 성냥개비가 2개씩 더 필요합니다.

   (삼각형 5개를 만드는 데 필요한 성냥개비 수)
   ＝3＋2×4＝11(개)

넷째 마당 약분과 통분

14 크기가 같은 분수

1. $\dfrac{2}{6}$, $\dfrac{3}{9}$, $\dfrac{4}{12}$ / $\dfrac{2}{6}$, $\dfrac{3}{9}$, $\dfrac{4}{12}$

2. $\dfrac{8}{10}$, $\dfrac{4}{5}=\dfrac{4\times3}{5\times3}=\dfrac{12}{15}$, $\dfrac{4}{5}=\dfrac{4\times4}{5\times4}=\dfrac{16}{20}$

/ $\dfrac{8}{10}$, $\dfrac{12}{15}$, $\dfrac{16}{20}$

3. 2, 4 / 2, 2, $\dfrac{10}{16}$, 4, 4, $\dfrac{5}{8}$

4. 1, 2, 3, 6 / $\dfrac{18}{24}=\dfrac{18\div2}{24\div2}=\dfrac{9}{12}$,

$\dfrac{18}{24}=\dfrac{18\div3}{24\div3}=\dfrac{6}{8}$, $\dfrac{18}{24}=\dfrac{18\div6}{24\div6}=\dfrac{3}{4}$

1.

/ $\dfrac{1}{2}$, $\dfrac{1}{2}$ / 2, 2, 2 / 2, 2

답 2조각

2. $\dfrac{2}{3}$, $\dfrac{2}{3}$

/ 예 $\dfrac{2}{3}=\dfrac{2\times3}{3\times3}=\dfrac{6}{9}$입니다. 따라서 경호가 가래떡을 $\dfrac{6}{9}$만큼 먹으려면 9조각 중에서 6조각을 먹어야 합니다.

답 6조각

1. 2, $\dfrac{3}{6}$, $\dfrac{4}{8}$, $\dfrac{5}{10}$ / $\dfrac{5}{10}$

답 $\dfrac{5}{10}$

2. 4, 6, $\dfrac{8}{28}$, $\dfrac{10}{35}$ / $\dfrac{8}{28}$

답 $\dfrac{8}{28}$

3. 6, 9, $\dfrac{12}{20}$, $\dfrac{15}{25}$ / $\dfrac{9}{15}$, $\dfrac{12}{20}$, 2

답 2개

1. 3, 3, 4 / $\dfrac{4}{10}$

답 $\dfrac{4}{10}$

2. 8, 40÷8, 5 / 구하는 분수는 $\dfrac{5}{6}$입니다

답 $\dfrac{5}{6}$

3. ⟨예⟩ 분모가 8인 분수의 분자를 ■라고 하면

$\dfrac{21}{56}=\dfrac{■}{8}$입니다.

$56÷7=8$이므로 ■$=21÷7=3$입니다.

따라서 구하는 분수는 $\dfrac{3}{8}$입니다.　　답 $\dfrac{3}{8}$

1. ✎ $\dfrac{12}{16}$와 크기가 같은 분수를 구해 봐요.

12와 16의 공약수: 1, 2 , 4

➡ 1을 제외한 공약수로 분모와 분자를 나눠요.

/ 2, $\dfrac{6}{8}$ / 4, 4, $\dfrac{3}{4}$ / 3, 4, $\dfrac{3}{4}$　　답 $\dfrac{3}{4}$

2. $\dfrac{27÷3}{72÷3}$, $\dfrac{9}{24}$ / $\dfrac{27÷9}{72÷9}$, $\dfrac{3}{8}$ / 3, 8, $\dfrac{3}{8}$　　답 $\dfrac{3}{8}$

15 약분, 기약분수

1. 2, 3, 4, 5 / 2, 3, 4 / 1, 5

2. 2, 3, 4, 5, 6, 7, 8, 9 / 2, 4, 5, 6, 8 / 1, 3, 7, 9

3. ⟨예⟩ $\dfrac{□}{8}$가 진분수이므로 □ 안에는 1, 2, 3, 4, 5, 6, 7이 들어갈 수 있습니다. 이 중에서 기약분수가 되려면 □ 안의 수가 2, 4, 6은 될 수 없습니다.

➡ □ 안에 들어갈 수 있는 수는 1, 3, 5, 7입니다.

1. 10 / 3, 5, 7, 9, 5　　답 5개

2. 12 / $\dfrac{1}{18}$, $\dfrac{5}{18}$, $\dfrac{7}{18}$, $\dfrac{11}{18}$ 로 모두 4개입니다.

답 4개

3. ⟨예⟩ $\dfrac{10}{21}$보다 작은 분수 중에서 분모가 21인 분수를 $\dfrac{□}{21}$라고 하면 □ 안에는 1부터 9까지의 수가 들어갈 수 있습니다. 따라서 이 중에서 기약분수는 $\dfrac{1}{21}$, $\dfrac{2}{21}$, $\dfrac{4}{21}$, $\dfrac{5}{21}$, $\dfrac{8}{21}$로 모두 5개입니다.　　답 5개

1. 9 / 9, 9, 9, 9, 18 / $\dfrac{18}{27}$　　답 $\dfrac{18}{27}$

2. 5, 5 / 5, 5, 5, 3, 5, 15 / 구하는 분수는 $\dfrac{15}{35}$입니다　　답 $\dfrac{15}{35}$

3. ⟨예⟩ 구하는 분수의 분자를 ■라고 하면 $\dfrac{■}{48}=\dfrac{5}{8}$입니다. 분모 48이 8이 되려면 6으로 나누어야 합니다.

따라서 $\dfrac{■}{48}=\dfrac{■÷6}{48÷6}=\dfrac{5}{8}$에서 ■$÷6=5$,

■$=5×6=30$이므로 구하는 분수는 $\dfrac{30}{48}$입니다.

답 $\dfrac{30}{48}$

1. 6 / 6, 6, $\dfrac{4}{5}$　　답 $\dfrac{4}{5}$시간

2. $\dfrac{20}{32}$ / 4, $\dfrac{20}{32}$, $\dfrac{20}{32}$, $\dfrac{20÷4}{32÷4}$, $\dfrac{5}{8}$　　답 $\dfrac{5}{8}$

3. ⟨예⟩ 동물원에 입장한 어린이 수는 입장한 사람 수의 $\dfrac{220}{300}$입니다. 220과 300의 최대공약수는 20이므로 $\dfrac{220}{300}$을 기약분수로 나타내면

$\dfrac{220}{300}=\dfrac{220÷20}{300÷20}=\dfrac{11}{15}$입니다.　　답 $\dfrac{11}{15}$

1. 56, 28 / 28, $\dfrac{28}{84}$, $\dfrac{28÷28}{84÷28}$, $\dfrac{1}{3}$　　답 $\dfrac{1}{3}$

2. $\dfrac{10}{24}$, $\dfrac{10}{24}$, $\dfrac{10÷2}{24÷2}$, $\dfrac{5}{12}$　　답 $\dfrac{5}{12}$

3. ⟨예⟩ 검은색 바둑돌은 $32-12=10$(개)입니다. 검은색 바둑돌 수는 전체 바둑돌 수의 $\dfrac{20}{32}$이므로 기약분수로 나타내면 $\dfrac{20}{32}=\dfrac{20÷4}{32÷4}=\dfrac{5}{8}$입니다.

답 $\dfrac{5}{8}$

80쪽

1. 공배수 / 24, 36, 48 / 24, 36, 48

답   12, 24, 36, 48

2. 두 분모 9와 12의 공배수 / 72, 108 / 36, 72

답   36, 72

3. ㉠ 두 분모 6과 10의 공배수입니다. 6과 10의 공배
수는 30, 60, 90, 120, …이고, 이 중에서 100보다
작은 수는 30, 60, 90입니다.   답   30, 60, 90

81쪽

1. 24 / $\dfrac{4}{24}$, 3, 3, $\dfrac{9}{24}$ 답   진주: $\dfrac{4}{24}$, 슬기: $\dfrac{9}{24}$

2. 72 / $\dfrac{5\times4}{18\times4}=\dfrac{20}{72}$ / $\dfrac{7\times3}{24\times3}=\dfrac{21}{72}$

답   주스: $\dfrac{20}{72}$ L, 우유: $\dfrac{21}{72}$ L

3. ㉠ 8과 20의 최소공배수는 40입니다.

수학 공부: $\dfrac{3}{8}=\dfrac{3\times5}{8\times5}=\dfrac{15}{40}$(시간)

영어 공부: $\dfrac{9}{20}=\dfrac{9\times2}{20\times2}=\dfrac{18}{40}$(시간)

답   수학: $\dfrac{15}{40}$시간, 영어: $\dfrac{18}{40}$시간

82쪽

1. '같아지므로'에 ◯, 42 / 42, 6, 6, $\dfrac{3}{7}$ / 7, 7, $\dfrac{5}{6}$

답 $\left(\dfrac{3}{7}, \dfrac{5}{6}\right)$

2. 같아지므로, 36
/ ㉠ 따라서 통분하기 전의 두 기약분수를 구하면
$\dfrac{15}{36}=\dfrac{15\div3}{36\div3}=\dfrac{5}{12}$, $\dfrac{22}{36}=\dfrac{22\div2}{36\div2}=\dfrac{11}{18}$입니다.

답 $\left(\dfrac{5}{12}, \dfrac{11}{18}\right)$

83쪽

1. 21 / 7, 7, 7, 3 / 3, 3, 21, 3, 4

답   ㉠: 3, ㉡: 4, ㉢: 21

2. 40 / $\dfrac{3\times8}{㉠\times8}$, 40, 8, 5 / $\dfrac{㉡\times5}{8\times5}$, 5, 5

답   ㉠: 5, ㉡: 5, ㉢: 40

84쪽

1. 방법 1 80 / 50, 56 / 50, 56 / $<$
방법 2 40 / 25, 28 / 25, 28 / $<$

2. 방법 1 25, 25, 75, 0.75 / 0.75, $<$ / $<$
방법 2 8, 8, 15, 16 / 15, 16 / $<$

85쪽

1. 45 / $\dfrac{10}{45}$, $\dfrac{★\times3}{45}$ / 10, 3 / 2, 3, 3   답   3

2. $\dfrac{21}{30}$, $\dfrac{★\times5}{30}$ / 21, 5 / 1, 2, 3, 4
/ 가장 큰 수는 4입니다   답   4

3. ㉠ $\dfrac{5}{8}>\dfrac{\square}{5}$ ➡ $\dfrac{25}{40}>\dfrac{\square\times8}{40}$ ➡ $25>\square\times8$
따라서 $\square$ 안에 들어갈 수 있는 자연수는 1, 2, 3이
고, 이 중 가장 큰 수는 3입니다.   답   3

86쪽

1. 12 / 2, 9, 2, 9 / 3, 4, 5, 6, 7, 8 / 6   답   6개

2. $\dfrac{7}{28}$, $\dfrac{12}{28}$ / 7, 12 / 8, 9, 10, 11 / 4   답   4개

3. ㉠ $\dfrac{8}{15}<\dfrac{\square}{30}<\dfrac{2}{3}$ ➡ $\dfrac{16}{30}<\dfrac{\square}{30}<\dfrac{20}{30}$
➡ $16<\square<20$
따라서 $\square$ 안에 들어갈 수 있는 자연수는 17, 18,
19로 모두 3개입니다.   답   3개

87쪽

1. 3, 4 / 3, 4 / 15, 12, 16 / 16, 15, 12
/ $\dfrac{4}{5}$, $\dfrac{3}{4}$, $\dfrac{3}{5}$ / $\dfrac{4}{5}$ 답 $\dfrac{4}{5}$

2. 1, 2 / 1, 2 / 7, $\dfrac{2}{14}$, $\dfrac{4}{14}$ / 7, $\dfrac{4}{14}$, $\dfrac{2}{14}$
/ $\dfrac{1}{2}$, $\dfrac{2}{7}$, $\dfrac{1}{7}$ / 가장 큰 수는 $\dfrac{1}{2}$ 답 $\dfrac{1}{2}$

88쪽

1. 45 / $\dfrac{36}{45}$, $>$, $\dfrac{35}{45}$ / ㉮　　　답　㉮ 물통

2. 24 / $\dfrac{9}{24}$, $<$, $\dfrac{10}{24}$ / 버스　　　답　버스

3. 28 / ㉮ $\dfrac{6}{7}=\dfrac{24}{28}>\dfrac{3}{4}=\dfrac{21}{28}$ 입니다. 따라서 수학
공부를 더 짧게 한 사람은 민우입니다.　　　답　민우

89쪽

1. 2, 2, 8, 0.8 / $>$, 0.8, 우체국　　　답　우체국

2. 25, 25, 25, 0.25 / 0.25, $<$, 0.3
/ ㉮ 우유를 더 많이 마신 사람은 경수입니다
　　　답　경수

3. ㉮ 분수를 소수로 고치면 $\dfrac{3}{4}=\dfrac{3\times25}{4\times25}=\dfrac{75}{100}=0.75$
입니다. 따라서 $0.78>0.75$이므로 초콜릿을 더 적
게 먹은 사람은 혜지입니다.　　　답　혜지

90쪽

1. 30 / $\dfrac{25}{30}$, $\dfrac{26}{30}$, $<$ / 지은　　　답　지은

2. $\dfrac{18}{24}$, $<$ / $\dfrac{9}{12}$, $>$ / $\dfrac{14}{24}$, $>$ / $\dfrac{7}{12}$, $\dfrac{17}{24}$, $\dfrac{3}{4}$, 민정
　　　답　민정이네 집

91쪽

1. 29, 145, 1.45 / 9, 18, 1.8 / 1.8, 1.48, 1.45, 진호
　　　답　진호

2. $\dfrac{32}{25}=\dfrac{128}{100}$, 1.28 / $\dfrac{31}{20}=\dfrac{155}{100}$, 1.55
/ $1.55>1.28>1.18$, 소희　　　답　소희

---

1. $\dfrac{20}{45}$　　　2. 3개

3. 4개　　　4. $\dfrac{24}{56}$

5. $\dfrac{1}{3}$　　　6. $\dfrac{10}{18}$, $\dfrac{11}{18}$, $\dfrac{12}{18}$, $\dfrac{13}{18}$

7. 가 편의점　　　8. 영어

1. $\dfrac{4}{9}=\dfrac{8}{18}=\dfrac{12}{27}=\dfrac{16}{36}=\dfrac{20}{45}\cdots$

➡ 분모와 분자의 합이 65인 분수: $\dfrac{20}{45}$

2. $\dfrac{2}{5}=\dfrac{4}{10}=\dfrac{6}{15}=\dfrac{8}{20}=\dfrac{10}{25}=\dfrac{12}{30}\cdots$

➡ $\dfrac{6}{15}$, $\dfrac{8}{20}$, $\dfrac{10}{25}$로 모두 3개입니다.

4. 분모가 56인 진분수를 $\dfrac{\square}{56}$라고 하면 $\dfrac{3}{7}=\dfrac{\square}{56}$입
니다.

$\dfrac{3}{7}=\dfrac{3\times8}{7\times8}=\dfrac{24}{56}=\dfrac{\square}{56}$이므로 $\square=24$입니다.

5. 동생이 있는 학생 수는 반 전체 학생 수의 $\dfrac{8}{24}=\dfrac{1}{3}$
입니다.

6. 분모가 18인 분수를 $\dfrac{\square}{18}$라고 하면

$\dfrac{1}{2}<\dfrac{\square}{18}<\dfrac{7}{9}$ ➡ $\dfrac{9}{18}<\dfrac{\square}{18}<\dfrac{14}{18}$ ➡ $9<\square<14$
입니다.

따라서 $\square$ 안에 들어갈 수 있는 수는 10, 11, 12, 13
이고, 구하는 분수는 $\dfrac{10}{18}$, $\dfrac{11}{18}$, $\dfrac{12}{18}$, $\dfrac{13}{18}$입니다.

7. 두 분수를 통분하면 $\left(\dfrac{3}{8}, \dfrac{4}{9}\right)$ ➡ $\left(\dfrac{27}{72}, \dfrac{32}{72}\right)$입니다.

$\dfrac{27}{72}<\dfrac{32}{72}$이므로 선우네 집에서 더 가까운 곳은 가
편의점입니다.

8. 분수를 소수로 고치면 $\dfrac{3}{4}=\dfrac{3\times25}{4\times25}=\dfrac{75}{100}=0.75$
입니다. $0.7<0.75$이므로 공부한 시간이 더 긴 과목
은 영어입니다.

19 진분수의 덧셈

94쪽

1. 방법1 $\dfrac{10}{40}$, 22, $\dfrac{11}{20}$

   방법2 $\dfrac{5}{20}$, $\dfrac{11}{20}$

2. $\dfrac{10}{15}$, $\dfrac{16}{15}$, $1\dfrac{1}{15}$ / $1\dfrac{1}{15}$

3. $\dfrac{7}{14}+\dfrac{8}{14}=\dfrac{15}{14}+1\dfrac{1}{14}$ / $1\dfrac{1}{14}$

95쪽

1. 영어 / 4, 3, $\dfrac{7}{6}$, $1\dfrac{1}{6}$ 답 $1\dfrac{1}{6}$시간

2. 노란색 끈의 길이 / $\dfrac{3}{4}$, $\dfrac{1}{3}$ / $\dfrac{9}{12}+\dfrac{4}{12}$ / $\dfrac{13}{12}$, $1\dfrac{1}{12}$

   답 $1\dfrac{1}{12}$ m

3. 예 (선호가 산 쌀과 보리의 무게)

   =(쌀의 무게)+(보리의 무게)

   $=\dfrac{5}{6}+\dfrac{8}{15}=\dfrac{25}{30}+\dfrac{16}{30}=\dfrac{41}{30}=1\dfrac{11}{30}$ (kg)

   답 $1\dfrac{11}{30}$ kg

96쪽

1. + / $\dfrac{2}{9}$, 3, $\dfrac{2}{9}$, $\dfrac{5}{9}$ 답 $\dfrac{5}{9}$ L

2. 더 부은 물의 양 / $\dfrac{3}{4}$, $\dfrac{2}{7}$ / $\dfrac{21}{28}+\dfrac{8}{28}$ / $\dfrac{29}{28}$, $1\dfrac{1}{28}$

   답 $1\dfrac{1}{28}$ L

3. 예 (매듭을 만드는 데 사용한 파란색 끈의 길이)

   =(빨간색 끈의 길이)

   　+(빨간색보다 더 많이 사용한 끈의 길이)

   $=\dfrac{3}{4}+\dfrac{5}{14}=\dfrac{21}{28}+\dfrac{10}{28}=\dfrac{31}{28}=1\dfrac{3}{28}$ (m)

   답 $1\dfrac{3}{28}$ m

97쪽

1. 생크림의 양 / $\dfrac{3}{8}$, $\dfrac{7}{10}$, 15, $\dfrac{28}{40}$, $\dfrac{43}{40}$, $1\dfrac{3}{40}$

   /초콜릿, 생크림, $1\dfrac{3}{40}$ 답 $1\dfrac{3}{40}$컵

2. 예 (아이스크림 한 개와 케이크 한 개를 만드는 데
   필요한 우유의 양)

   =(아이스크림 한 개를 만드는 데 필요한 우유의 양)

   　+(케이크 한 개를 만드는 데 필요한 우유의 양)

   $=\dfrac{4}{15}+\dfrac{8}{9}=\dfrac{12}{45}+\dfrac{40}{45}=\dfrac{52}{45}=1\dfrac{7}{45}$ (L)

   답 $1\dfrac{7}{45}$ L

98쪽

1. $\dfrac{3}{8}$, $\dfrac{4}{7}$ / $\dfrac{3}{8}$, $\dfrac{4}{7}$, $\dfrac{21}{56}$, $\dfrac{32}{56}$, $\dfrac{53}{56}$ 답 $\dfrac{53}{56}$

2. $\dfrac{3}{4}$, $\dfrac{7}{9}$ / $\dfrac{3}{4}$, $\dfrac{7}{9}$ / $\dfrac{27}{36}+\dfrac{28}{36}$, $\dfrac{55}{36}$, $1\dfrac{19}{36}$

   답 $1\dfrac{19}{36}$

20 대분수의 덧셈

99쪽

1. 방법1 4, 5, 4, 5, 3, 9, $3\dfrac{9}{10}$

   방법2 7, 5, 14, 25, 39, $3\dfrac{9}{10}$

2. 8, 3, $6\dfrac{11}{12}$ / $6\dfrac{11}{12}$

3. 예 $3\dfrac{6}{8}+1\dfrac{5}{8}=(3+1)+\left(\dfrac{6}{8}+\dfrac{5}{8}\right)$

   $=4+\dfrac{11}{8}=4+1\dfrac{3}{8}$, $5\dfrac{3}{8}$ / $5\dfrac{3}{8}$

100쪽

1. $\dfrac{3}{6}$, $\dfrac{2}{6}$, $2\dfrac{5}{6}$ 답 $2\dfrac{5}{6}$ kg

2. 노란색 끈의 길이

/ $2\frac{4}{5}$, $1\frac{2}{3}$, $2\frac{12}{15}$, $1\frac{10}{15}$, $\frac{22}{15}$, $4\frac{7}{15}$

답 $4\frac{7}{15}$ m

3. 예 (만든 우유식빵과 잡곡식빵의 양)

= (우유 식빵의 양) + (잡곡식빵의 양)

$= 1\frac{5}{6} + 2\frac{3}{4} = 1\frac{10}{12} + 2\frac{9}{12} = 3\frac{19}{12}$

$= 4\frac{7}{12}$ (kg)

답 $4\frac{7}{12}$ kg

101쪽

1. $4\frac{3}{10}$, $2\frac{2}{5}$, $4\frac{3}{10}$, $2\frac{4}{10}$, $6\frac{7}{10}$

답 $6\frac{7}{10}$ L

2. + / $3\frac{2}{7}$, +, $1\frac{1}{4}$ / $3\frac{8}{28}$, +, $1\frac{7}{28}$ / $4\frac{15}{28}$

답 $4\frac{15}{28}$ kg

3. 예 (준호가 캔 고구마의 무게)

= (승기가 캔 고구마의 무게)

　+ (승기보다 더 많이 캔 고구마의 무게)

$= 4\frac{1}{8} + 1\frac{5}{6} = 4\frac{3}{24} + 1\frac{20}{24} = 5\frac{23}{24}$ (kg)

답 $5\frac{23}{24}$ kg

102쪽

1. 대분수를 만들어 봐요.
- 가장 큰 대분수: 자연수 부분에 가장 (큰 , 작은) 수를 놓고, 나머지 두 수로 진분수를 만들어요.
- 가장 작은 대분수: 자연수 부분에 가장 (큰 , 작은) 수를 놓고, 나머지 두 수로 진분수를 만들어요.

/ $3\frac{1}{2}$, $1\frac{2}{3}$ / $3\frac{1}{2}$, $1\frac{2}{3}$, 3, $1\frac{4}{6}$, 7, $5\frac{1}{6}$

답 $5\frac{1}{6}$

2. 예 만들 수 있는 가장 큰 대분수는 $7\frac{3}{4}$이고, 가장 작은 대분수는 $3\frac{4}{7}$입니다. 따라서 가장 큰 대분수와 가장 작은 대분수의 합은

$7\frac{3}{4} + 3\frac{4}{7} = 7\frac{21}{28} + 3\frac{16}{28} = 10\frac{37}{28} = 11\frac{9}{28}$입니다.

답 $11\frac{9}{28}$

21 진분수의 뺄셈

103쪽

1. 방법 1 $\frac{40}{48}$, $\frac{2}{48}$, $\frac{1}{24}$

방법 2 $\frac{20}{24}$, $\frac{1}{24}$

2. 14, 9, $\frac{5}{21}$ / $\frac{5}{21}$

3. $\frac{20}{36} - \frac{9}{36} = \frac{11}{36}$ / $\frac{11}{36}$

104쪽

1. − / $\frac{3}{4}$, −, $\frac{2}{3}$ / 9, −, 8 / $\frac{1}{12}$

답 $\frac{1}{12}$ L

2. 희수 / $\frac{7}{15} - \frac{1}{3} = \frac{7}{15} - \frac{5}{15}$, $\frac{2}{15}$

답 $\frac{2}{15}$ kg

3. 예 (파란색 끈의 길이)

= (분홍색 끈의 길이)

　− (분홍색 끈보다 더 짧은 길이)

$= \frac{3}{5} - \frac{1}{6} = \frac{18}{30} - \frac{5}{30} = \frac{13}{30}$ (m)

답 $\frac{13}{30}$ m

105쪽

1. 14, <, 15 / '고구마'에 ◯, $\frac{15}{24}$, $\frac{14}{24}$, $\frac{1}{24}$

답 고구마, $\frac{1}{24}$ kg

2. 49, >, 45 / 주혜, $\frac{49}{63}$, $\frac{45}{63}$, $\frac{4}{63}$

답 주혜, $\frac{4}{63}$ kg

3. 예 $\frac{5}{8}$와 $\frac{1}{2}$의 크기를 비교하면 $\frac{5}{8} > \frac{1}{2} = \frac{4}{8}$입니다. 따라서 지호가 책을 $\frac{5}{8} - \frac{4}{8} = \frac{1}{8}$ (시간) 더 오래 읽었습니다.

답 지호, $\frac{1}{8}$시간

106쪽

1. 방법 1 $5, 4, 5, 4, 3, 1, 3\frac{1}{10}$

   방법 2 $9, 7, 45, 14, \frac{31}{10}, 3\frac{1}{10}$

2. $3, 1\frac{10}{24}, 27, 1\frac{10}{24}, 1\frac{17}{24}$

3. $8\frac{5}{10}-2\frac{2}{10}, 6\frac{3}{10}$ / $6\frac{3}{10}$

107쪽

1. 사용한 / $1\frac{1}{2}, 1\frac{1}{3}, 1, 3, 1\frac{2}{6}, \frac{1}{6}$　답 $\frac{1}{6}$ L

2. 남은 테이프의 길이, $-$ / $8\frac{2}{3}, -, 3\frac{2}{5}$

   / $8\frac{10}{15}, -, 3\frac{6}{15}, 5\frac{4}{15}$　답 $5\frac{4}{15}$ m

3. 예 (남은 밀가루의 양)

   $=$(처음에 있던 밀가루의 양)$-$(사용한 밀가루의 양)

   $=2\frac{1}{2}-1\frac{1}{6}=2\frac{3}{6}-1\frac{1}{6}=1\frac{2}{6}=1\frac{1}{3}$ (kg)

   답 $1\frac{1}{3}$ kg

108쪽

1. $2\frac{3}{4}, 1\frac{2}{3}$ / $2\frac{9}{12}, 1\frac{8}{12}, 1\frac{1}{12}$　답 $1\frac{1}{12}$ L

2. 색종이 수, 현서, 민채

   / $6\frac{2}{5}, 4\frac{3}{8}, 6\frac{16}{40}, 4\frac{15}{40}, 2\frac{1}{40}$　답 $2\frac{1}{40}$ 장

3. 예 (더 많이 사용한 밀가루의 양)

   $=$(사용한 밀가루의 양)$-$(사용한 설탕의 양)

   $=3\frac{1}{4}-1\frac{5}{6}=3\frac{3}{12}-1\frac{10}{12}=2\frac{15}{12}-1\frac{10}{12}$

   $=1\frac{5}{12}$(컵)　답 $1\frac{5}{12}$ 컵

109쪽

1. $21, <, 25$ / '서점'에 ◯, $2\frac{25}{35}, 2\frac{21}{35}, \frac{4}{35}$

   답 서점, $\frac{4}{35}$ km

2. 예 $5\frac{1}{3}=5\frac{10}{30}>5\frac{3}{10}=5\frac{9}{30}$입니다.

   따라서 냉장고에 식혜가 $5\frac{10}{30}-5\frac{9}{30}=\frac{1}{30}$ (L)

   더 많습니다.　답 식혜, $\frac{1}{30}$ L

110쪽

1. 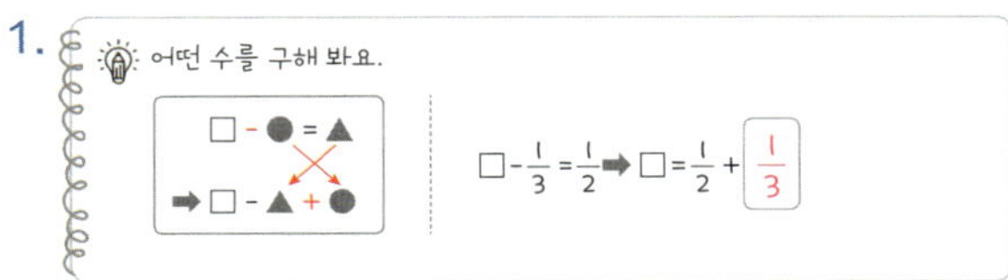

   / $1\frac{1}{5}, 4\frac{7}{21}, >, 4\frac{6}{21}, 4\frac{1}{3}$

   / $4\frac{1}{3}, 1\frac{1}{5}, 4\frac{5}{15}, 1\frac{3}{15}, 3\frac{2}{15}$　답 $3\frac{2}{15}$

2. $2\frac{1}{3}, 5\frac{7}{9}$ / $5\frac{7}{9}-2\frac{1}{3}=5\frac{7}{9}-2\frac{3}{9}, 3\frac{4}{9}$

   답 $3\frac{4}{9}$

111쪽

1. 답 $\square=\frac{1}{2}+\frac{1}{3}$

   / $\frac{1}{3}, 3, \frac{2}{6}, \frac{5}{6}$ / $\frac{5}{6}, \frac{5}{6}, 2, \frac{7}{6}, 1\frac{1}{6}$　답 $1\frac{1}{6}$

2. $\frac{4}{5}, \frac{1}{2}, \frac{8}{10}, \frac{5}{10}, 13, 1\frac{3}{10}$

   / $1\frac{3}{10}+\frac{1}{2}, 1\frac{3}{10}+\frac{5}{10}, 1\frac{8}{10}, 1\frac{4}{5}$　답 $1\frac{4}{5}$

112쪽

1. $\frac{1}{8}, \frac{16}{24}, \frac{3}{24}, \frac{13}{24}$ / $\frac{13}{24}, \frac{13}{24}, \frac{3}{24}, \frac{10}{24}, \frac{5}{12}$

   답 $\frac{5}{12}$

2. $5\frac{3}{4}$ / $5\frac{3}{4}, 1\frac{1}{5}, 5\frac{15}{20}, 1\frac{4}{20}, 4\frac{11}{20}$

   / $4\frac{11}{20}-1\frac{1}{5}, 4\frac{11}{20}-1\frac{4}{20}, 3\frac{7}{20}$　답 $3\frac{7}{20}$

1. $1\dfrac{7}{10}$, $4\dfrac{1}{6}$ / $1\dfrac{21}{30}+4\dfrac{5}{30}=5\dfrac{26}{30}$, $5\dfrac{13}{15}$

/ $-$ / $5\dfrac{13}{15}$, $-$, $3\dfrac{2}{3}$ / $5\dfrac{13}{15}-3\dfrac{10}{15}$, $2\dfrac{3}{15}$

답 $2\dfrac{3}{15}$ kg

2. $+$ / $2\dfrac{4}{7}+\dfrac{2}{3}=2\dfrac{12}{21}+\dfrac{14}{21}=2\dfrac{26}{21}$, $3\dfrac{5}{21}$

/ 전체, 사용한

/ $3\dfrac{5}{21}-\dfrac{5}{6}=3\dfrac{10}{42}-\dfrac{35}{42}=2\dfrac{52}{42}-\dfrac{35}{42}$, $2\dfrac{17}{42}$

답 $2\dfrac{17}{42}$ m

1. 재희 / $3\dfrac{2}{5}$, $1\dfrac{3}{10}$, $3\dfrac{4}{10}-1\dfrac{3}{10}$, / $2\dfrac{1}{10}$

/ 민호 / $3\dfrac{2}{5}$, $2\dfrac{1}{10}$, $3\dfrac{4}{10}+2\dfrac{1}{10}=5\dfrac{5}{10}$, $5\dfrac{1}{2}$

답 $5\dfrac{1}{2}$ kg

2. 준서보다 더 적게 마신

/ $1\dfrac{1}{6}-\dfrac{1}{4}=1\dfrac{2}{12}-\dfrac{3}{12}=\dfrac{14}{12}-\dfrac{3}{12}$ / $\dfrac{11}{12}$

/ 준서 / $1\dfrac{1}{6}+\dfrac{11}{12}=1\dfrac{2}{12}+\dfrac{11}{12}=1\dfrac{13}{12}$ / $2\dfrac{1}{12}$

답 $2\dfrac{1}{12}$ L

1. $-$ / $45\dfrac{1}{6}-3\dfrac{7}{10}=45\dfrac{5}{30}-3\dfrac{21}{30}$

$=44\dfrac{35}{30}-3\dfrac{21}{30}=41\dfrac{14}{30}$, $41\dfrac{7}{15}$

/ $45\dfrac{1}{6}$, $41\dfrac{7}{15}$, $45\dfrac{5}{30}+41\dfrac{14}{30}$ / $86\dfrac{19}{30}$

답 $86\dfrac{19}{30}$ kg

2. 준기, 무거운 / $47\dfrac{1}{3}+7\dfrac{5}{9}=47\dfrac{3}{9}+7\dfrac{5}{9}$, $54\dfrac{8}{9}$

/ $47\dfrac{1}{3}$, $54\dfrac{8}{9}$, $47\dfrac{3}{9}+54\dfrac{8}{9}=101\dfrac{11}{9}$, $102\dfrac{2}{9}$

답 $102\dfrac{2}{9}$ kg

24 분수의 덧셈과 뺄셈 활용(2)

1. $2\dfrac{5}{12}$, $3\dfrac{3}{8}$ / $2\dfrac{10}{24}+3\dfrac{9}{24}$, $5\dfrac{19}{24}$

/ 색 테이프 2장 / $5\dfrac{19}{24}$, $\dfrac{3}{4}$ / $5\dfrac{19}{24}-\dfrac{18}{24}$, $5\dfrac{1}{24}$

답 $5\dfrac{1}{24}$ m

2. $1\dfrac{3}{7}+2\dfrac{1}{6}=1\dfrac{18}{42}+2\dfrac{7}{42}$, $3\dfrac{25}{42}$

/ 색 테이프 2장의 길이의 합, 겹쳐진

/ $3\dfrac{25}{42}-\dfrac{1}{2}=3\dfrac{25}{42}-\dfrac{21}{42}=3\dfrac{4}{42}$, $3\dfrac{2}{21}$

답 $3\dfrac{2}{21}$ m

1. $\dfrac{7}{8}$, $\dfrac{4}{5}$, $1\dfrac{27}{40}$ / $1\dfrac{4}{5}$ / $1\dfrac{1}{10}$, $\dfrac{1}{2}$, $1\dfrac{3}{5}$

/ $1\dfrac{3}{5}$, $1\dfrac{27}{40}$, $1\dfrac{4}{5}$, 학원 답 학원

2. 예 $1\dfrac{1}{3}+\dfrac{7}{10}=1\dfrac{10}{30}+\dfrac{21}{30}=1\dfrac{31}{30}=2\dfrac{1}{30}$ (km)

$1\dfrac{1}{2}+\dfrac{3}{5}=1\dfrac{5}{10}+\dfrac{6}{10}=1\dfrac{11}{10}=2\dfrac{1}{10}$ (km)

$1\dfrac{1}{5}+\dfrac{3}{8}=1\dfrac{8}{40}+\dfrac{15}{40}=1\dfrac{23}{40}$ (km)

따라서 세 분수의 크기를 비교하면

$1\dfrac{23}{40}<2\dfrac{1}{30}<2\dfrac{1}{10}$ 이므로 세 곳 중 병원을 지나는 길이 가장 가깝습니다. 답 병원

1. $\dfrac{20}{30}$, $\dfrac{21}{30}$, $\dfrac{41}{30}$, $1\dfrac{11}{30}$

/ $8\dfrac{9}{15}$, $\dfrac{13}{15}$, $7\dfrac{24}{15}$, $\dfrac{13}{15}$, $7\dfrac{11}{15}$

/ $1\dfrac{11}{30}$, $7\dfrac{11}{15}$ / 2, 3, 4, 5, 6, 7 / 6

답 6개

2. $6\dfrac{8}{36}-2\dfrac{9}{36}=5\dfrac{44}{36}-2\dfrac{9}{36},\ 3\dfrac{35}{36}$

/ $3\dfrac{10}{15}+4\dfrac{9}{15}=7\dfrac{19}{15},\ 8\dfrac{4}{15}$

/ 예 $6\dfrac{2}{9}-2\dfrac{1}{4}<□<3\dfrac{2}{3}+4\dfrac{3}{5}$

➡ $3\dfrac{35}{36}<□<8\dfrac{4}{15}$ 이므로 □ 안에 들어갈 수 있

는 자연수는 4, 5, 6, 7, 8로 모두 5개입니다.

답 5개

119쪽

1. $\dfrac{3}{7},\ \dfrac{1}{3},\ \dfrac{9}{21},\ \dfrac{7}{21},\ \dfrac{16}{21}$

/ $\dfrac{3}{7},\ \dfrac{1}{2},\ \dfrac{6}{14}+\dfrac{7}{14},\ \dfrac{13}{14}$

/ $\dfrac{1}{3},\ \dfrac{1}{2},\ \dfrac{2}{6}+\dfrac{3}{6},\ \dfrac{5}{6}$ / 딸기, 레몬

답 딸기맛, 레몬맛

2. $\dfrac{5}{8}+\dfrac{6}{7}=\dfrac{35}{56}+\dfrac{48}{56}=\dfrac{83}{56}=1\dfrac{27}{56}$ (kg)

$\dfrac{5}{8}+\dfrac{5}{6}=\dfrac{15}{24}+\dfrac{20}{24}=\dfrac{35}{24}=1\dfrac{11}{24}$ (kg)

$\dfrac{6}{7}+\dfrac{5}{6}=\dfrac{36}{42}+\dfrac{35}{42}=\dfrac{71}{42}=1\dfrac{29}{42}$ (kg)

따라서 고른 젤리는 사과맛, 자두맛입니다.

답 사과맛, 자두맛

다섯째 마당 통과 문제   120쪽

1. $\dfrac{13}{20}$ L   2. 합: $9\dfrac{11}{20}$, 차: $1\dfrac{19}{20}$

3. $7\dfrac{17}{18}$ m   4. $\dfrac{11}{35}$ kg

5. $40\dfrac{9}{20}$ kg   6. $5\dfrac{3}{4}$

7. $\dfrac{7}{40}$ m

1. (준성이가 마신 주스의 양)

$=\dfrac{2}{5}+\dfrac{1}{4}=\dfrac{8}{20}+\dfrac{5}{20}=\dfrac{13}{20}$

2. • 만들 수 있는 가장 큰 대분수: $5\dfrac{3}{4}$

• 만들 수 있는 가장 작은 대분수: $3\dfrac{4}{5}$

➡ 합: $5\dfrac{3}{4}+3\dfrac{4}{5}=5\dfrac{15}{20}+3\dfrac{16}{20}=8\dfrac{31}{20}=9\dfrac{11}{20}$

차: $5\dfrac{3}{4}-3\dfrac{4}{5}=5\dfrac{15}{20}-3\dfrac{16}{20}=4\dfrac{35}{20}-3\dfrac{16}{20}$

$=1\dfrac{19}{20}$

3. (이은 끈의 전체 길이)

$=3\dfrac{4}{9}+4\dfrac{1}{2}=3\dfrac{8}{18}+4\dfrac{9}{18}=7\dfrac{17}{18}$ (m)

4. (연서가 딴 딸기의 양)

$=\dfrac{5}{7}-\dfrac{2}{5}=\dfrac{25}{35}-\dfrac{14}{35}=\dfrac{11}{35}$ (kg)

5. (소정이의 몸무게)

$=42\dfrac{3}{4}-2\dfrac{3}{10}=42\dfrac{15}{20}-2\dfrac{6}{20}=40\dfrac{9}{20}$ (kg)

6. 어떤 수를 □라 하고 잘못된 식을 세우면

$□-2\dfrac{1}{6}=1\dfrac{5}{12}$이므로

$□=1\dfrac{5}{12}+2\dfrac{1}{6}=1\dfrac{5}{12}+2\dfrac{2}{12}=3\dfrac{7}{12}$입니다.

따라서 바르게 계산하면

$3\dfrac{7}{12}+2\dfrac{1}{6}=3\dfrac{7}{12}+2\dfrac{2}{12}=5\dfrac{9}{12}=5\dfrac{3}{4}$입니다.

7. (희서가 사용한 철사의 길이)

$=\dfrac{7}{20}+\dfrac{1}{8}=\dfrac{14}{40}+\dfrac{5}{40}=\dfrac{19}{40}$ (m)

(남은 철사의 길이)

$=1-\left(\dfrac{7}{20}+\dfrac{19}{40}\right)=1-\left(\dfrac{14}{40}+\dfrac{19}{40}\right)$

$=1-\dfrac{33}{40}=\dfrac{7}{40}$ (m)

25 정다각형, 사각형의 둘레

122쪽

1. 3, 12
2. 5, 30
3. 3, 8, 16
4. 4, 10, 20
5. 4, 32

123쪽

1. 20, 5, 4   답 4 cm
2. 둘레, 28, 4, 7   답 7 cm
3. 2, 16, 16, 2, 8 / 6, 8, 8, 6, 2   답 2 cm

124쪽

1. 변, 12, 4, 48   답 48 cm
2. 세로, 10, 5, 15, 30   답 30 cm
3. 정육각형, 변의 수, 4, 6, 24   답 24 cm

125쪽

1. 정사각형, 정사각형, 9, 4, 36
   / 정육각형, 36, 정육각형, 36, 6, 6   답 6 cm
2. 정삼각형, 정삼각형, 8, 3, 24
   / 예 정사각형이고 둘레는 26 cm이므로
   (정사각형의 한 변의 길이)=24÷4=6 (cm)입니다.
        답 6 cm

126쪽

1. 같으므로, 6 / 6, 4, 6, 4, 6, 10, 20   답 20 cm
2. 5, 5, 9, 5
   / $(9+5)×2=14×2=28$ (cm)입니다.
        답 28 cm

127쪽

1. 5 / 5, 2, 50, 25, 20, 10 / 10   답 10 cm
2. ★+3, ★+★+3, 2, 34, 17, 14, 7 / 3, 7, 10
        답 10 cm

3. 예 (★+2) cm이므로 (★+★+2)×2=60,
   ★+★+2=30, ★+★=28, ★=14입니다.
   따라서 직사각형의 세로는
   ★+2=14+2=16 (cm)입니다.   답 16 cm

26 직사각형, 정사각형의 넓이

128쪽

1. 6, 11, 66   답 $66\,cm^2$
2. 한 변, 한 변 / 9×9, 81   답 $81\,cm^2$
3. 예 (직사각형 모양 액자의 넓이)
   $=20×4=80\,(cm^2)$
   (정사각형 모양 액자의 넓이)
   $=8×8=64\,(cm^2)$
   따라서 직사각형 모양의 액자의 넓이가 더 넓습니다.
        답 직사각형 모양 액자

129쪽

1. 12, 96, 96, 12, 8 / 8   답 8 cm
2. 36, 6, 6, 36, 6 / 6   답 6 m
3. 예 $9×□=63$, $□=63÷9=7$입니다.
   따라서 직사각형의 세로는 7 cm입니다.
        답 7 cm

130쪽

1. 둘레, 40, 4, 10 / 10, 10, 100   답 $100\,cm^2$
2. 변의 수, 4, 5, 20, 20 / 변의 수, 20, 4, 5
   / 5×5, 25   답 $25\,cm^2$

131쪽

1. 6, 6, 36, 36 / 3, 36, 36, 3, 12 / 12   답 12 cm
2. 예 $8×8=64\,(cm^2)$이므로 직사각형 가의 넓이도
   $64\,cm^2$입니다. 직사각형 가의 가로를 □ cm라 하
   면 $□×4=64$, $□=64÷4=16$입니다.
   따라서 직사각형 가의 가로는 16 cm입니다.
        답 16 cm

1. 30, 30, 20, 30, 20, 10 / 10, 10, 100

답 $100 \, cm^2$

2. 4, 4, 4 / 4, 11, 11, 11, 121

답 $121 \, cm^2$

27 평행사변형, 삼각형의 넓이

133쪽

1. 7, 8, 56
2. 11, 6, 66, 33

134쪽

1. 높이, 60, 60, 15, 4 / 4

답 4 cm

2. 밑변의 길이, 65, 65÷5, 13 / 13

답 13 cm

3. ⓔ (평행사변형의 넓이)=(밑변의 길이)×(높이)

이므로 높이를 □ cm라 하면

$3×□=42, □=42÷3=14$입니다.

따라서 평행사변형의 높이는 14 cm입니다.

답 14 cm

135쪽

1. 높이, 20, 40, 40, 8, 5 / 5

답 5 cm

2. 밑변의 길이, 2, 24, 48, 48÷4, 12 / 12

답 12 cm

3. ⓔ (삼각형의 넓이)=(밑변의 길이)×(높이)÷2이

므로 높이를 □ cm라 하면 $7×□÷2=21,$

$7×□=42, □=42÷7=6$입니다.

따라서 삼각형의 높이는 6 cm입니다.   답 6 cm

136쪽

1. 9, 8, 72, 72 / 6, 72, 72, 6, 12 / 12   답 12 cm

2. 9, 4, 36, 18, 18 / 2, 18, 18÷2, 9 / 9

답 9 cm

28 마름모, 사다리꼴의 넓이

137쪽

1. 12, 6, 2, 72, 2, 36
2. 아랫변, 4, 6, 7, 10, 7, 2, 70, 2, 35

138쪽

1. 70, 140, 140, 10 / 10   답 10 cm
2. 50, 100, 10, 10, 100, 10 / 10   답 10 cm
3. ⓔ 다른 대각선의 길이를 □ cm라 하면

$6×□÷2=15, 6×□=30, □=30÷6=5$입니다.

따라서 다른 대각선의 길이는 5 cm입니다.

답 5 cm

139쪽

1. 9, 80, 16, 80, 16, 160, 160, 16, 10 / 10

답 10 cm

2. 4＋6, 40, 10, 40, 10, 80, 80÷10, 8 / 8

답 8 cm

3. ⓔ 사다리꼴의 높이를 □ cm라 하면

$(3＋5)×□÷2=24, 8×□÷2=24, 8×□=48,$

$□=48÷8=6$입니다.

따라서 사다리꼴의 높이는 6 cm입니다.

답 6 cm

140쪽

1. 4, 4, 6, 24 / 24, 24, 4, 6 / 6, 6, 36　답 36 cm^2
2. 8, 정오각형, 정오각형, 8×5, 40
   / 40, 40÷4, 10, 10×10, 100　답 100 cm^2

141쪽

1. 30, 15, 15, 7, 7 / 7, 8, 56　답 56 cm^2
2. 2, 26, 13, 13−4, 9, 9 / 9×4, 36　답 36 cm^2
3. 예 직사각형의 세로를 □ cm라 하면
   (6+□)×2=20, 6+□=10, □=10−6=4이
   므로 직사각형의 세로는 4 cm입니다.
   따라서 직사각형의 넓이는 6×4=24 (cm^2)입니다.
   답 24 cm^2

142쪽

1. 20, 15, 300, 300, 12, 300, 12, 25
   / 15, 25, 40, 80　답 80 cm
2. 15×4, 60, 60, 5, 60÷5, 12
   / (10+12)×2=22×2, 44　답 44 cm

143쪽

1. 44, 2, 44, 44, 2, 22, 22, 12, 6 / 6, 8, 48
   답 48 cm^2
2. 56, 3, 56, 3, 56, 30, 30, 3, 10 / 10, 12, 2, 60
   답 60 cm^2

1. 42 cm　　2. 6 cm
3. 81 cm^2　　4. 18 cm^2
5. 7 cm　　6. 6 cm
7. 66 cm

1. 7×6=42 (cm)
2. (직사각형의 둘레)=(6+9)×2=30 (cm)
   (정오각형의 둘레)=(한 변의 길이)×5
   　　　　　　　　=30 (cm)
   (한 변의 길이)=30÷5=6 (cm)
3. (정사각형의 한 변의 길이)=36÷4=9 (cm)
   (정사각형의 넓이)=9×9=81 (cm^2)
4. (삼각형의 넓이)=6×6÷2=18 (cm^2)
5. (평행사변형의 넓이)=12×(높이)=84 (cm^2)
   (높이)=84÷12=7 (cm)
6. (사다리꼴의 넓이)=(8+3)×(높이)÷2=33
   11×(높이)=66, (높이)=66÷11=6 (cm)
7. (직사각형 나의 넓이)=20×12=240 (cm^2)
   (평행사변형 가의 넓이)
   　=(밑변의 길이)×16=240 (cm^2)
   (밑변의 길이)=240÷16=15 (cm)
   (평행사변형의 둘레)=(15+18)×2=66 (cm)

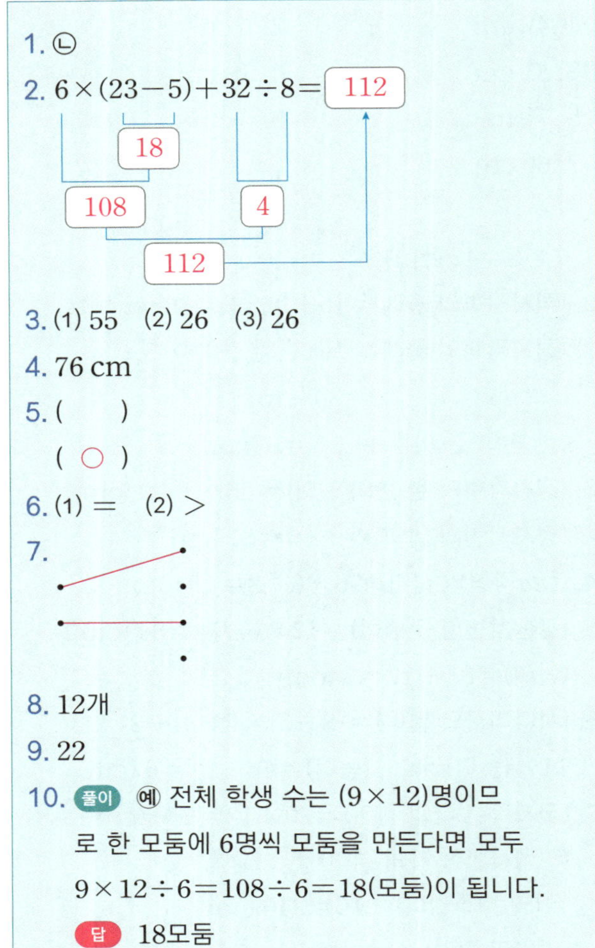

1. ㉡

2. $6 \times (23-5) + 32 \div 8 =$ 112
   18
   108   4
   112

3. (1) 55   (2) 26   (3) 26

4. 76 cm

5. (   )
   (○)

6. (1) =   (2) >

7.

8. 12개

9. 22

10. 풀이 예 전체 학생 수는 (9×12)명이므
   로 한 모둠에 6명씩 모둠을 만든다면 모두
   $9 \times 12 \div 6 = 108 \div 6 = 18$(모둠)이 됩니다.

   답 18모둠

4. (이어 붙인 색 테이프의 길이)
   =(두 색테이프의 길이의 합)
   −(겹쳐진 색 테이프의 길이)
   $= 39 + 48 - 11 = 87 - 11 = 76 \, (cm)$

6. (1) $48 \times 16 \div 8 = 768 \div 8 = 96$
       $48 \times (16 \div 8) = 48 \times 2 = 96$ ⎫ $96 = 96$

   (2) $78 \div 13 \times 6 = 6 \times 6 = 36$
       $78 \div (13 \times 6) = 78 \div 78 = 1$ ⎫ $36 > 1$

8. (남는 사탕 수)=(전체 사탕 수)−(나누어 줄 사탕 수)
   $= 32 - 5 \times 4$
   $= 32 - 20 = 12$(개)

9. $23 - 36 \div 4 + \square = 36$, $23 - 9 + \square = 36$,
   $14 + \square = 36$, $\square = 36 - 14 = 22$

1. 1, 2, 3, 4, 6, 12

2. (1) 3, 6, 9   (2) 7, 14, 21   (3) 9, 18, 27

3. (   ) (○)
   (   ) (○)

4.

5. 1, 2, 4

6. (1) 48   (2) 54   (3) 441

7. ㉢, ㉣, ㉠, ㉡

8. 6 cm

9. 12분

10. 풀이 예 흰색 바둑돌을 민주는 4의 배수 자리
   에, 재호는 2의 배수 자리에 놓으므로 흰색 바
   둑돌이 같은 자리에 놓이는 경우는 2와 4의 공
   배수 자리입니다. 30까지의 수 중에서 2와 4의
   공배수는 4, 8, 12, 16, 20, 24, 28로 7개이므
   로 흰색 바둑돌이 같은 자리에 놓이는 경우는
   모두 7번입니다.

   답 7번

7. ㉠ 24와 32의 최대공약수: 8
   ㉡ 25와 30의 최대공약수: 5
   ㉢ 42와 70의 최대공약수: 14
   ㉣ 48과 60의 최대공약수: 12
   ➡ ㉢ > ㉣ > ㉠ > ㉡

8. 자를 수 있는 가장 큰 정사각형의 한 변의 길이는
   12와 18의 최대공약수입니다.

   $2\,\underline{)\,12\quad 18}$ ➡ 12과 18의 최대공약수
   $3\,\underline{)\,6\quad 9}$ $: 2 \times 3 = 6$
   $2\quad 3$

   따라서 가장 큰 정사각형 모양으로 자를 때 정사각
   형의 한 변의 길이는 6 cm입니다.

9. 6과 4의 최소공배수는 12이므로 12분마다 한 번씩
   출발점에서 만나게 됩니다.

1.

사각형의 수(개)	1	2	3	4	…
삼각형의 수(개)	2	4	6	8	…

2. 2, 2, 10

3.

사각형의 수(개)	1	2	3	4	…
원의 수(개)	3	5	7	9	…

4. 2

5. 17개

6. 1 / 1, 리본

7. 2 / 앵무새, 2

8. ㉢, ㉣

9. 21개

10. 풀이 예 1시간＝60분이고, 60분은 5분의

60÷5＝12(배)입니다.

따라서 1시간 동안 달리는 거리는

2×12＝24 (km)입니다.

답 24 km

5. 사각형이 1개일 때 원이 3개이고, 사각형이 1개씩

늘어날 때마다 원이 2개씩 많아집니다.

➡ (원의 수)＝3＋2×(늘어난 사각형의 수)

따라서 사각형이 8개일 때 원은

3＋2×7＝3＋14＝17(개)입니다.

9. 종이 1장을 붙이는 데 누름 못이 2개 필요하고, 종

이를 1장 더 붙일 때마다 누름 못이 1개씩 더 필요

합니다.

➡ (누름 못의 수)＝(종이의 수)＋1

따라서 종이 20장을 붙이는 데 필요한 누름 못은

20＋1＝21(개)입니다.

1. $\dfrac{2}{3}$, $\dfrac{6}{9}$ **2.** $\dfrac{1}{3}$, $\dfrac{2}{6}$에 ○

3. (1) $\dfrac{3}{4}$ (2) $\dfrac{1}{17}$ (3) $\dfrac{7}{9}$

4. $\dfrac{9}{42}$, $\dfrac{10}{42}$

5. ㉢, ㉠, ㉡ **6.** $\dfrac{56}{63}$

7.

$\dfrac{4}{5}$ → 0.76, $\dfrac{4}{5}$ → $\dfrac{3}{4}$, 0.76, $\dfrac{5}{8}$, $\dfrac{4}{5}$

8. $\dfrac{3}{12}$, $\dfrac{7}{28}$ **9.** 10

10. 풀이 예 $1\dfrac{11}{25}＝1\dfrac{11×4}{25×4}＝1\dfrac{44}{100}＝1.44$

1.44＞1.4이므로 노란색 물통에 물이 더 많이 들

어 있습니다.

답 노란색 물통

4. 공통분모가 가장 작은 수가 되려면 두 분수의 분모

인 14와 21의 최소공배수로 통분해야 합니다.

➡ 14와 21의 최소공배수: 42

➡ $\left(\dfrac{3}{14},\dfrac{5}{21}\right)$ ➡ $\left(\dfrac{9}{42},\dfrac{10}{42}\right)$

6. 분모가 63인 진분수의 분자를 ■라고 하면

$\dfrac{8}{9}＝\dfrac{■}{63}$ 입니다. ➡ $\dfrac{■}{63}＝\dfrac{56}{63}$

8. $\dfrac{6}{24}＝\dfrac{6÷2}{24÷2}＝\dfrac{3}{12}$, $\dfrac{6}{24}＝\dfrac{6÷3}{24÷3}＝\dfrac{2}{8}$,

$\dfrac{6}{24}＝\dfrac{6÷6}{24÷6}＝\dfrac{1}{4}$

9. $\dfrac{\square}{13}＜\dfrac{5}{6}$, $\dfrac{6×\square}{78}＝\dfrac{65}{78}$, $6×\square＜65$

➡ $\square$ 안에 들어갈 수 있는 자연수는 1, 2, 3, 4, 5,

6, 7, 8, 9, 10이고, 이 중 가장 큰 수는 10입니다.

1. 4 / 5
2. 3 / 8
3. (1) $\dfrac{25}{36}$ (2) $3\dfrac{23}{54}$ (3) $\dfrac{9}{70}$ (4) $1\dfrac{1}{12}$

4. $\boxed{6\dfrac{1}{9}} \xrightarrow{-2\frac{1}{2}} \boxed{3\dfrac{11}{18}} \xrightarrow{+1\frac{2}{3}} \boxed{5\dfrac{5}{18}}$

5. (1) $<$ (2) $=$
6. ㉠, ㉣

7. $2\dfrac{3}{5}$
8. 분수대

9. $\dfrac{63}{100}$ L

10. 풀이 예 (색 테이프 두 장의 길이의 합)

$$3\dfrac{3}{8}+1\dfrac{3}{4}=3\dfrac{3}{8}+1\dfrac{6}{8}=4\dfrac{9}{8}=5\dfrac{1}{8}\ (\text{m})$$

(이어 붙인 색 테이프의 전체 길이)

$$=5\dfrac{1}{8}-\dfrac{5}{6}=5\dfrac{3}{24}-\dfrac{20}{24}=4\dfrac{27}{24}-\dfrac{20}{24}$$

$$=4\dfrac{7}{24}\ (\text{m})$$

답 $4\dfrac{7}{24}$ m

4. $5\dfrac{5}{18}-1\dfrac{2}{3}=5\dfrac{5}{18}-1\dfrac{12}{18}=4\dfrac{23}{18}-1\dfrac{12}{18}=3\dfrac{11}{18}$

$3\dfrac{11}{18}+2\dfrac{1}{2}=3\dfrac{11}{18}+2\dfrac{9}{18}=5\dfrac{20}{18}=5\dfrac{10}{9}=6\dfrac{1}{9}$

7. 어떤 수를 □라 하고 잘못 계산한 식을 쓰면

$\square+1\dfrac{2}{7}=5\dfrac{6}{35}$ 입니다.

따라서 $\square=5\dfrac{6}{35}-1\dfrac{2}{7}=5\dfrac{6}{35}-1\dfrac{10}{35}$

$=4\dfrac{41}{35}-1\dfrac{10}{35}=3\dfrac{31}{35}$ 이므로

바르게 계산하면

$3\dfrac{31}{35}-1\dfrac{2}{7}=3\dfrac{31}{35}-1\dfrac{10}{35}=2\dfrac{21}{35}=2\dfrac{3}{5}$ 입니다.

8. $3\dfrac{5}{6}+3\dfrac{3}{14}=3\dfrac{35}{42}+3\dfrac{9}{42}=6\dfrac{44}{42}=6\dfrac{22}{21}=7\dfrac{1}{21}$

$4\dfrac{13}{25}+2\dfrac{7}{15}=4\dfrac{39}{575}+2\dfrac{35}{75}=6\dfrac{74}{75}$

➡ 자연수 부분을 비교하면 $7\dfrac{1}{21}>6\dfrac{74}{75}$ 이므로

분수대를 지나는 길이 더 가깝습니다.

1. 2, 20
2. 7, 21
3. 7, 4 / 26
4. 81 cm^2
5. ㉠, ㉣ / ㉡, ㉢
6. ㉢, ㉠, ㉡
7. 8 cm
8. 8 m
9. 25 cm^2

10. 풀이 예 직사각형의 가로를 □ cm라 하면
직사각형의 세로는 (□−10) cm입니다.
(직사각형의 둘레)＝(□＋□−10)×2＝80,
□＋□−10＝40, □＋□＝50, □＝25이므
로 직사각형의 가로는 25 cm, 세로는 15 cm
입니다. 따라서
(직사각형의 넓이)＝25×15＝375 (cm^2)입
니다.

답 375 cm^2

4. (정육각형의 둘레)＝6×6＝36 (cm)
(정사각형의 한 변의 길이)＝36÷4＝9 (cm)
➡ (정사각형의 넓이)＝9×9＝81 (cm^2)

6. ㉠ (평행사변형의 넓이)＝8×5＝40 (cm^2)
㉡ (마름모의 넓이)＝12×6÷2＝36 (cm^2)
㉢ (직사각형의 넓이)＝11×4＝44 (cm^2)

7. (마름모의 넓이)＝9×8÷2＝36 (cm^2)
사다리꼴의 아랫변의 길이를 ■ cm라고 하면
(사다리꼴의 넓이)＝(■＋4)×6÷2＝36 (cm^2)입
니다.
(■＋4)×6÷2＝36, (■＋4)×6＝72,
■＋4＝12, ■＝8이므로 사다리꼴의 아랫변의 길
이는 8 cm입니다.

8. (직사각형 가의 넓이)＝6×4＝24 (m^2)
직사각형 나의 가로의 길이를 ■ m라고 하면
■×9＝24×3, ■×9＝72, ■＝72÷9＝8이므
로 직사각형 나의 가로는 8 m입니다.

9. (삼각형의 넓이)＝5×2÷2＝5 (cm^2)
(사각형의 넓이)＝5×4＝20 (cm^2)
➡ (만든 도형의 넓이)＝5＋20＝25 (cm^2)

1. 다음 식에서 가장 먼저 계산해야 하는 부분을 찾아 기호를 쓰세요.

$$96 \div (32-16) \times 2$$

ㄱ $96 \div 32$　　ㄴ $32-16$　　ㄷ 16×2

(　　　　　　　　)

2. ☐ 안에 알맞은 수를 써넣으세요.

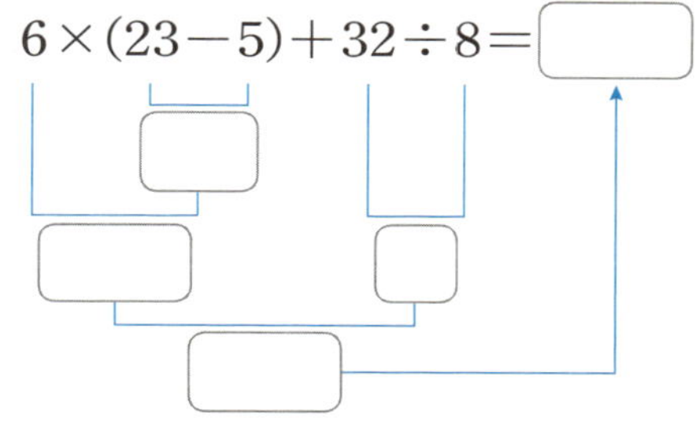

$$6 \times (23-5) + 32 \div 8 = \boxed{}$$

3. 계산해 보세요.

(1) $16 + 45 - 6$

(2) $41 - 17 + 2$

(3) $87 - (26 + 35)$

4. 길이가 각각 39 cm, 48 cm인 색 테이프 두 장을 11 cm가 겹쳐지게 이어 붙였습니다. 이어 붙인 색 테이프의 전체 길이는 몇 cm일까요?

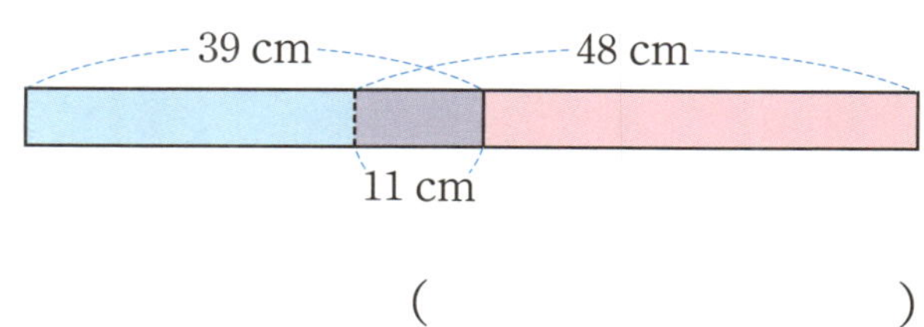

(　　　　　　　　)

5. 계산 순서를 바르게 나타낸 것에 ◯표 하세요.

$$57 \div (22-3) + 7 \times 6$$

(　　　)

$$57 \div (22-3) + 7 \times 6$$

(　　　)

6. 계산 결과를 비교하여 ◯ 안에 $>$, $=$, $<$ 중 알맞은 것을 써넣으세요.

(1) $48 \times 16 \div 8$ ◯ $48 \times (16 \div 8)$

(2) $78 \div 13 \times 6$ ◯ $78 \div (13 \times 6)$

7. 계산 결과를 찾아 이어 보세요.

$24 + 32 \div 8 - 3 \times 2$ •

$4 + 49 \div 7 \times (8 - 2)$ •

• 22

• 8

• 46

• 50

8. 사탕 32개가 있습니다. 이 사탕을 한 사람에게 5개씩 4명에게 나누어 준다면 남는 사탕은 몇 개일까요?

(   )

9. □ 안에 알맞은 수를 구하세요.

$$23 - 36 \div 4 + \square = 36$$

(   )

10. 운동장에 학생들이 9명씩 12줄로 서 있습니다. 이 학생들이 한 모둠에 6명씩 모둠을 만든다면 모두 몇 모둠이 되는지 하나의 식으로 나타내어 구하세요.

풀이 ________________________

____

____

____

답 ____________

점수 　　 / 100

한 문제당 10점

1. 곱셈식을 보고 12의 약수를 모두 구하세요.

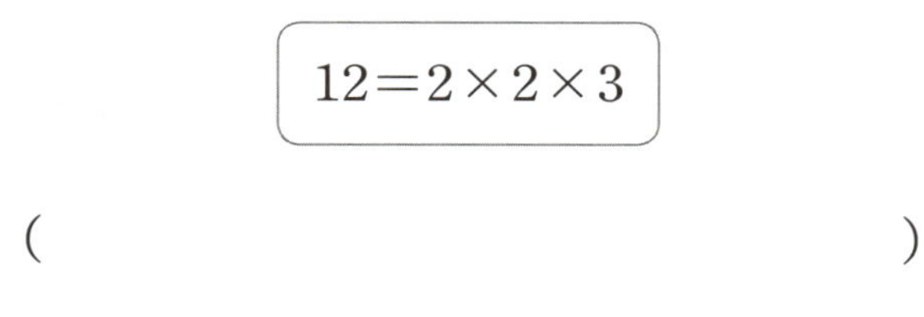

$$12 = 2 \times 2 \times 3$$

(　　　　　　　　　　　　　)

2. 배수를 가장 작은 수부터 3개 구하세요.

(1) 3의 배수 ➡ ____________________

(2) 7의 배수 ➡ ____________________

(3) 9의 배수 ➡ ____________________

3. 왼쪽 수가 오른쪽 수의 약수인 것을 모두 찾아 ◯표 하세요.

7	26

(　　　)

8	96

(　　　)

12	44

(　　　)

13	52

(　　　)

4. 왼쪽 수와 오른쪽 수가 약수와 배수의 관계인 것을 모두 찾아 이어 보세요.

6	·	·	12
4	·	·	20
9	·	·	45
8	·	·	24

5. 16의 약수이면서 20의 약수인 수를 모두 구하세요.

(　　　　　　　　　　　　　)

6. 두 수의 최소공배수를 구하세요.

(1) (6, 16) ➡ 최소공배수: _______

(2) (18, 27) ➡ 최소공배수: _______

(3) (49, 63) ➡ 최소공배수: _______

7. 두 수의 최대공약수가 큰 것부터 차례로 기호를 쓰세요.

㉠ 24와 32	㉡ 25와 30
㉢ 42와 70	㉣ 48과 60

(   )

8. 가로가 12 cm, 세로가 18 cm인 직사각형 모양의 종이를 남는 부분 없이 크기가 같은 정사각형 모양으로 자르려고 합니다. 가장 큰 정사각형 모양으로 자를 때 정사각형의 한 변의 길이는 몇 cm일까요?

(   )

9. 운동장을 한 바퀴 도는 데 재석이는 6분, 지수는 4분이 걸립니다. 두 사람이 출발점에서 같은 방향으로 동시에 출발했다면 두 사람이 출발점에서 처음으로 다시 만나는 때는 출발하고 몇 분 후일까요?

(   )

서술형 문제

10. 민주와 재호가 각각 아래의 규칙에 따라 바둑돌을 30개씩 놓으려고 합니다. 흰색 바둑돌이 같은 자리에 놓이는 경우는 모두 몇 번인지 풀이 과정을 쓰고, 답을 구하세요.

민주 ●●●○●●●○● …

재호 ●○●○●●○● …

풀이 ________________________________

____

____

____

답 _______________

[1~2] 두 양 사이의 대응 관계를 알아보려고 합니다. 물음에 답하세요.

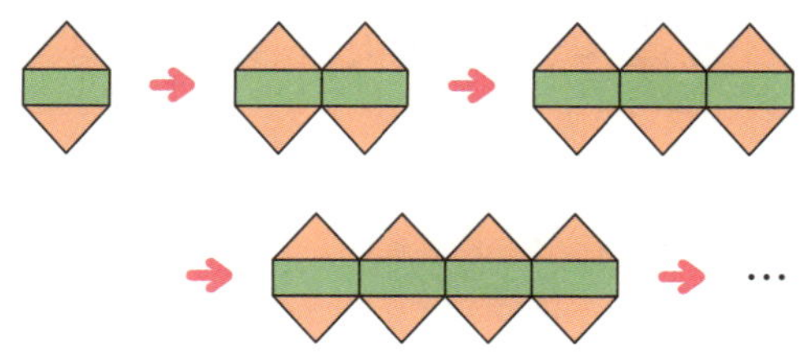

1. 사각형의 수와 삼각형의 수가 어떻게 변하는지 표로 나타내세요.

사각형의 수(개)	1	2	3	4	⋯
삼각형의 수(개)					⋯

2. ▢ 안에 알맞은 수를 써넣으세요.

- 삼각형의 수는 사각형의 수의 ▢배입니다.
- 사각형이 5개일 때 삼각형은
  $5 \times ▢ = ▢$ (개)입니다.

[3~5] 사각형과 원으로 규칙적인 배열을 만들고 있습니다. 물음에 답하세요.

3. 사각형의 수와 원의 수가 어떻게 변하는지 표로 나타내세요.

사각형의 수(개)	1	2	3	4	⋯
원의 수(개)					⋯

4. 사각형의 수와 원의 수 사이의 대응 관계를 알아보려고 합니다. ▢ 안에 알맞은 수를 써넣으세요.

사각형이 1개씩 늘어날 때마다 원은 ▢개씩 늘어납니다.

5. 사각형이 8개일 때 원은 몇 개일까요?

(　　　　　　　　　)

[6~7] 두 양 사이의 대응 관계를 식으로 나타내려고 합니다. □ 안에 알맞은 수나 말을 써넣으세요.

6.

> 리본의 수는
>
> 매듭의 수보다 □개 더 많습니다.
>
> ➡ (매듭의 수)+□=(□의 수)

7.

> 앵무새 다리의 수는
>
> 앵무새의 수의 □배입니다.
>
> ➡ (앵무새 다리의 수)
>
>   =(□의 수)×□

8. 두 양 사이의 대응 관계를 알맞게 나타낸 식을 모두 찾아 기호를 쓰세요.

> ㉠ (잠자리의 수)+4=(잠자리 날개의 수)
>
> ㉡ (잠자리 날개의 수)-4=(잠자리의 수)
>
> ㉢ (잠자리의 수)×4=(잠자리 날개의 수)
>
> ㉣ (잠자리 날개의 수)÷4=(잠자리의 수)

(   )

9. 그림과 같이 누름 못을 사용하여 게시판에 종이를 붙이려고 합니다. 종이를 20장 붙이려면 필요한 누름 못은 몇 개일까요?

(   )

10. 하은이는 자전거를 타고 일정한 빠르기로 5분 동안 2 km를 달립니다. 같은 빠르기로 자전거를 타고 1시간 동안 달리는 거리는 몇 km인지 풀이 과정을 쓰고, 답을 구하세요.

> 풀이
>
> ________________________
>
> ________________________
>
> ________________________
>
> 답 ________________________

4. 약분과 통분

1. 그림을 보고 크기가 같은 두 분수를 찾아 쓰세요.

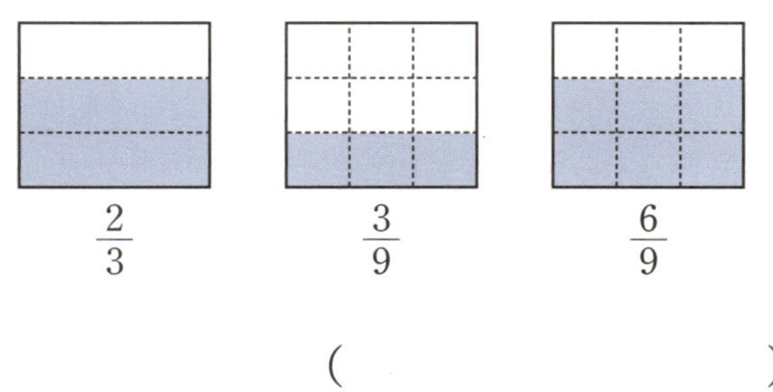

$$\frac{2}{3} \qquad \frac{3}{9} \qquad \frac{6}{9}$$

(   )

2. 왼쪽 분수와 크기가 같은 분수를 모두 찾아 ○표 하세요.

$\dfrac{6}{18}$	$\dfrac{1}{3}$ $\dfrac{2}{6}$ $\dfrac{3}{6}$ $\dfrac{2}{9}$

3. 기약분수로 나타내세요.

(1) $\dfrac{6}{8}$ ➡

(2) $\dfrac{3}{51}$ ➡

(3) $\dfrac{56}{72}$ ➡

4. 두 분수를 공통분모가 가장 작은 수가 되도록 통분하세요.

$$\left(\frac{3}{14} , \frac{5}{21} \right)$$

(,   )

5. 크기가 작은 분수부터 차례로 기호를 쓰세요.

$$㉠ \ \frac{5}{8} \qquad ㉡ \ \frac{9}{14} \qquad ㉢ \ \frac{4}{7}$$

(   )

6. 분모가 63인 진분수 중에서 약분하면 $\dfrac{8}{9}$ 이 되는 분수를 구하세요.

( )

7. 두 수의 크기를 비교하여 더 큰 수를 위의 □ 안에 써넣으세요.

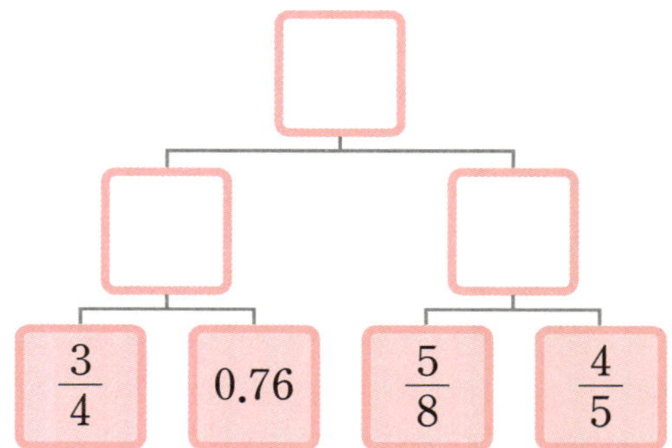

8. 수 카드 4장 중에서 2장을 골라 한 번씩만 사용하여 만들 수 있는 분수 중에서 $\dfrac{6}{24}$ 과 크기가 같은 분수를 모두 구하세요.

| 3 | 7 | 12 | 28 |

( )

9. □ 안에 들어갈 수 있는 자연수 중에서 가장 큰 수를 구하세요.

$$\dfrac{\square}{13} < \dfrac{5}{6}$$

( )

10. 물이 노란색 물통에 $1\dfrac{11}{25}$ L, 초록색 물통에 1.4 L 들어 있습니다. 두 물통 중에서 물이 더 많이 들어 있는 물통은 어느 것인지 풀이 과정을 쓰고, 답을 구하세요.

풀이

답

[1~2] 그림을 보고 ☐ 안에 알맞은 수를 써넣으세요.

1.

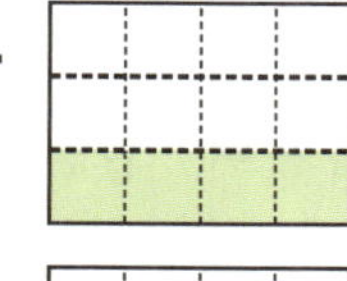

$$\frac{1}{3} = \frac{\square}{12}$$

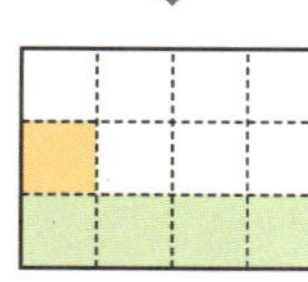

$$\frac{1}{12}$$

$$\frac{1}{3} + \frac{1}{12} = \frac{\square}{12}$$

2.

$$2\frac{1}{3} = 2\frac{\square}{9}$$

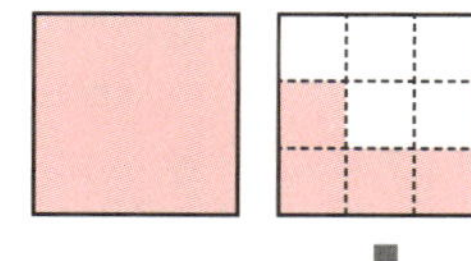 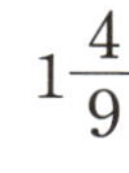

$$1\frac{4}{9}$$

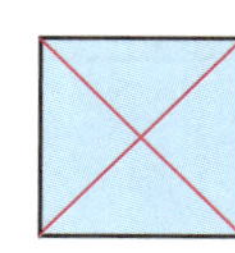 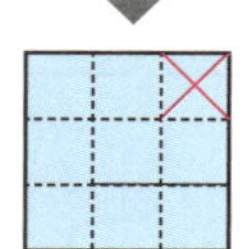 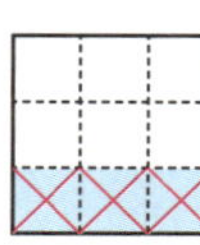

$$2\frac{1}{3} - 1\frac{4}{9} = \frac{\square}{9}$$

3. 계산해 보세요.

(1) $\dfrac{5}{9} + \dfrac{5}{36}$

(2) $2\dfrac{5}{18} + 1\dfrac{4}{27}$

(3) $\dfrac{3}{7} - \dfrac{6}{20}$

(4) $6\dfrac{5}{6} - 5\dfrac{3}{4}$

4. 빈칸에 알맞은 수를 써넣어으세요.

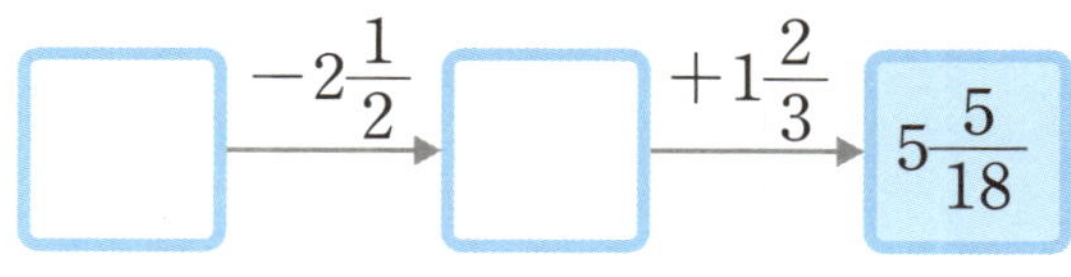

$$\square \xrightarrow{-2\frac{1}{2}} \square \xrightarrow{+1\frac{2}{3}} 5\frac{5}{18}$$

5. 계산 결과를 비교하여 ◯ 안에 ＞, ＝, ＜ 중 알맞은 것을 써넣으세요.

(1) $\dfrac{1}{12} + \dfrac{1}{10} \bigcirc \dfrac{1}{2} - \dfrac{1}{5}$

(2) $2\dfrac{1}{12} - 1\dfrac{1}{3} \bigcirc \dfrac{1}{2} + \dfrac{1}{4}$

※정답 및 풀이는 24쪽을 확인하세요.

6. 계산 결과가 같은 두 식을 찾아 기호를 쓰세요.

$$\bigcirc\ \frac{1}{6}+\frac{2}{9} \qquad \bigcirc\!\!\!\bigcirc\ \frac{7}{27}+\frac{11}{54}$$

$$\bigcirc\!\!\!\bigcirc\!\!\!\bigcirc\ \frac{10}{18}-\frac{5}{12} \qquad \bigcirc\!\!\!\bigcirc\!\!\!\bigcirc\!\!\!\bigcirc\ \frac{42}{54}-\frac{14}{36}$$

(   )

7. 어떤 수에서 $1\frac{2}{7}$ 를 빼야 할 것을 잘못하여 더했더니 $5\frac{6}{35}$ 이 되었습니다. 바르게 계산하면 얼마인지 구하세요.

(   )

8. 학교에서 약국까지 가려고 합니다. 놀이터와 분수대 중 어느 곳을 지나는 길이 더 가까울까요?

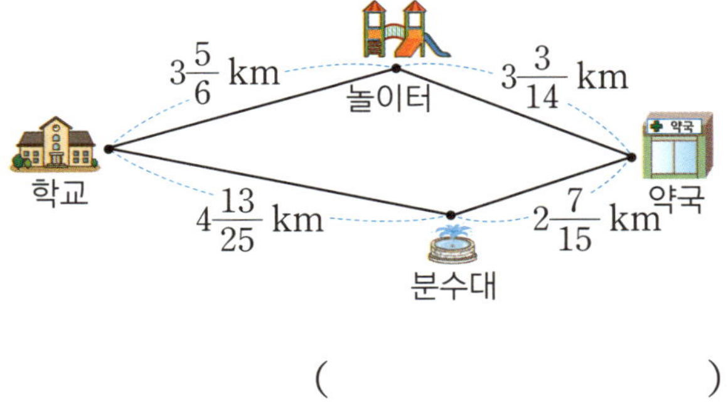

(   )

9. 보리차 1 L가 있습니다. 이 중에서 민지가 오전에 $\frac{1}{8}$ L를 마셨고, 오후에는 오전보다 $\frac{3}{25}$ L를 더 많이 마셨습니다. 남은 보리차는 몇 L일까요?

(   )

10. 색 테이프 두 장을 그림과 같이 겹쳐지게 이어 붙였습니다. 이어 붙인 색 테이프의 전체 길이는 몇 m인지 풀이 과정을 쓰고, 답을 구하세요.

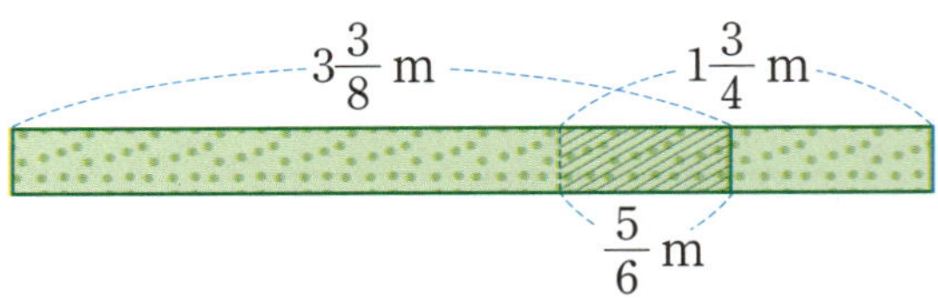

풀이

답

점수   / 100
한 문제당 10점

[1~3] 다음 도형을 보고 ☐ 안에 알맞은 수를 써넣으세요.

1.
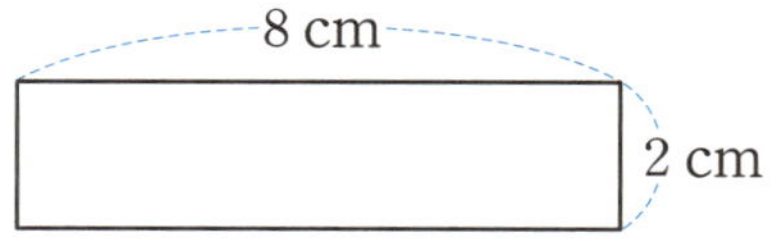

(직사각형의 둘레)
$=(8+\boxed{})\times2=\boxed{}$ (cm)

2.
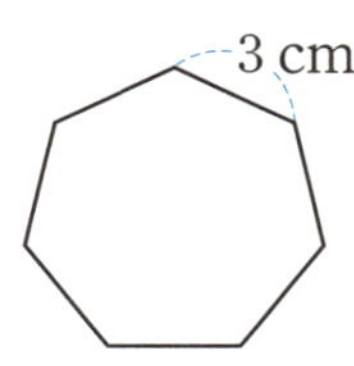

(정칠각형의 둘레)
$=3\times\boxed{}=\boxed{}$ (cm)

3.
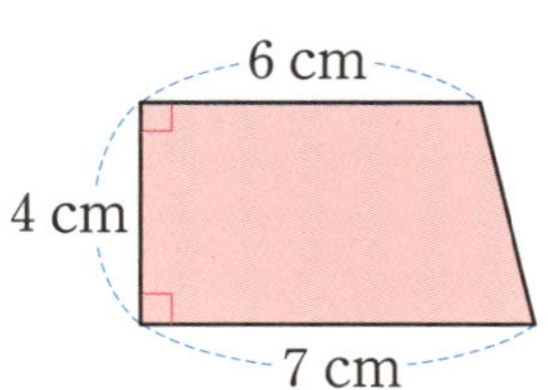

(사다리꼴의 넓이)
$=(6+\boxed{})\times\boxed{}\div2=\boxed{}$ (cm²)

4. 정육각형과 정사각형의 둘레가 같습니다. 정사각형의 넓이는 몇 cm²일까요?

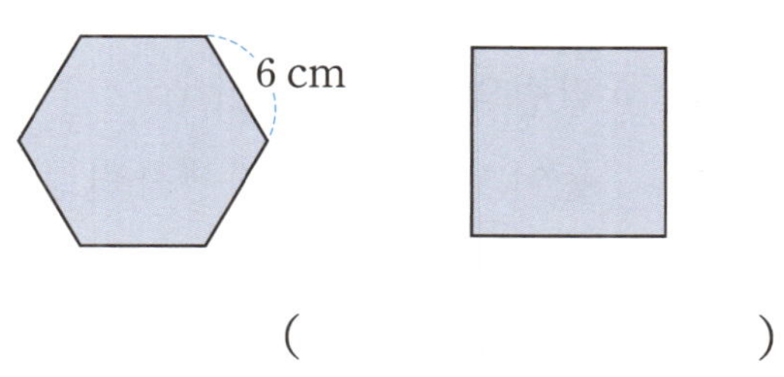

(   )

5. 도형의 둘레가 같은 것끼리 짝 지어 보세요.

⊙ 한 변의 길이가 7 cm인 마름모
⊙ 한 변의 길이가 6 cm인 정사각형
⊙ 서로 다른 두 변의 길이가 각각
   4 cm, 8 cm인 평행사변형
⊙ 한 변의 길이가 4 cm인 정칠각형

(   )과 (   ), (   )과 (   )

6. 도형의 넓이가 넓은 것부터 차례로 기호를 쓰세요.

> ㉠ 밑변의 길이가 8 cm,
>   높이가 5 cm인 평행사변형
> ㉡ 한 대각선의 길이가 12 cm,
>   다른 대각선의 길이가 6 cm인 마름모
> ㉢ 가로가 11 cm, 세로가 4 cm인
>   직사각형

(   )

7. 마름모와 사다리꼴의 넓이가 같습니다. 사다리꼴의 아랫변의 길이는 몇 cm일까요?

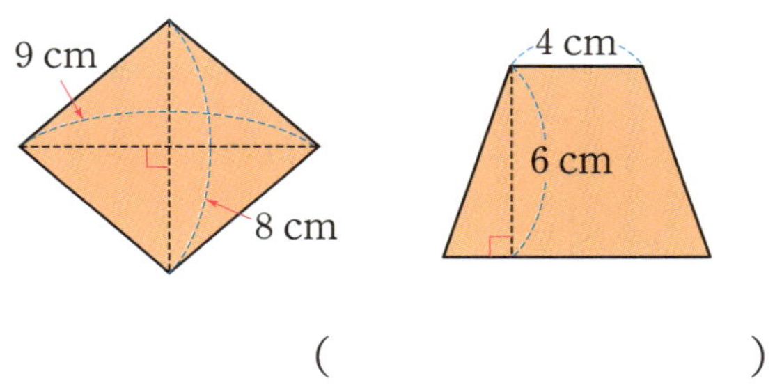

(   )

8. 직사각형 나의 넓이는 직사각형 가의 넓이의 3배입니다. 직사각형 나의 가로는 몇 m일까요?

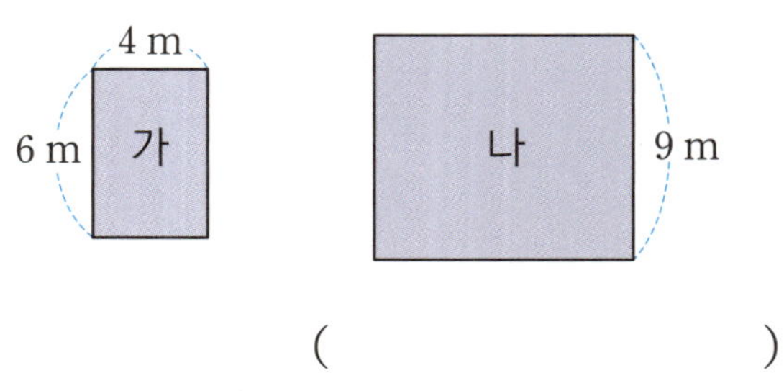

(   )

9. 직사각형과 삼각형으로 만든 모양입니다. 만든 모양의 넓이는 몇 cm^{2}일까요?

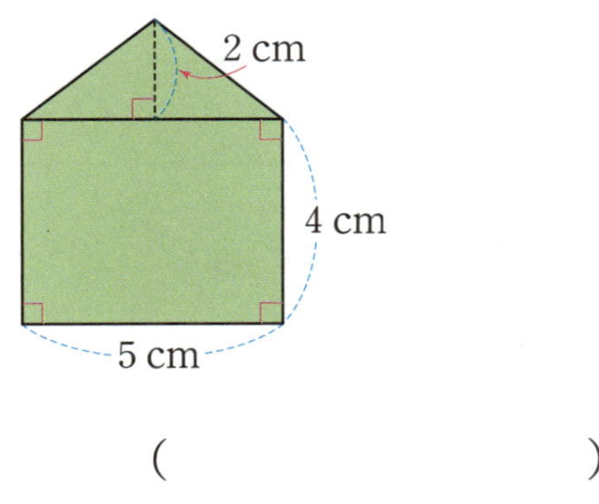

(   )

서술형 문제

10. 둘레가 80 cm이고, 가로가 세로보다 10 cm 더 긴 직사각형이 있습니다. 이 직사각형의 넓이는 몇 cm^{2}인지 풀이 과정을 쓰고, 답을 구하세요.

풀이

답

잘 가르치기로 소문난 수학학원의 비결!

혼합 계산 한 권으로 끝!

중학 수학까지 연결되는 혼합 계산 끝내기

바빠
연산법
시리즈

징검다리 교육연구소, 호사라 지음

바쁜
빠른

초등학생을 위한
자연수의
혼합 계산

먼저 푸는
계산을 덩어리로
묶는 게 비법!

2 + 3 × 4
덩어리 묶음 계산법!

한 권으로
총정리!

• 혼합 계산의 기초
• 괄호가 있는 계산
• 혼합 계산의 응용

5학년 필독서

이지스에듀